Die
Staatslehre,

oder

über das Verhältniß des Urstaates zum Vernunftreiche

in Vorträgen,

gehalten im Sommer 1813 auf der Universität zu Berlin

durch

Johann Gottlieb Fichte.

(Aus seinem Nachlasse herausgegeben.)

Berlin 1820,
gedruckt und verlegt
bei G. Reimer.

Vorbericht.

Nachfolgendes Werk des zu frühe verstorbenen Weisen erscheint hier zum ersten Male vollständig, und in der Gestalt, wie es in seinem Nachlasse sich vorgefunden; nachdem ein kleines Bruchstück daraus (drei Vorlesungen über den Begriff des wahrhaften Krieges, 1815 bei Cotta) bereits vor fünf Jahren einzeln herausgegeben worden war. — Das hier Dargebrachte ist ein beinahe unveränderter Abdruck seines Entwurfs für den akademischen Vortrag; eigentliche, schriftstellerisch darstellende Bearbeitung des Abgehandelten ist daher hier überhaupt nicht zu erwarten: doch, hoffen wir, werde die gegenwärtige eigenthümlichere Form nicht minder anziehen durch die kräftige Konzentration des Gedankens zugleich neben den freieren, bald vielseitig erörternden, bald in Uebersichten und Hauptsätze zusammendrängenden Wendungen, die der lebendige Kathedervortrag immer veranlaßt, und die absichtlich überall unverwischt geblieben sind. — Die allgemeinere Aufschrift: angewendete Philosophie, unter der diese Vorlesungen zuerst von Fichte angekündigt wurden, und auf die sich der Anfang des Vortrags bezieht, schien bei der öffentlichen Bekanntmachung, die vor Allem eine genaue Bestimmung des Inhalts fordert, nicht beibehalten werden zu können: die gegenwärtige spricht sich fast auf jeder Seite des Werkes selbst aus, und bedarf wohl keiner weitern Rechtfertigung. —

In diesen Vorlesungen nun, die, damals zunächst veranlaßt durch den plötzlichen Umschwung der Ereignisse, mit einem Worte der Weihe und der Seegnung, wenigstens aus der Ferne den herrlichen Kampf des Vaterlandes zu begleiten bestimmt waren, — da unerwartete Umstände Fichte verhinderten, auf eine ihm angemessene Weise persönlichen Antheil daran zu nehmen, was Anfangs sein Entschluß gewesen war; — in diesen suchte Er, wie in den Reden an die Deutschen, so auch jetzt in der That die Philosophie „anzuwenden" auf die Gegenwart, aus klarer Vernunfteinsicht ihr zu deuten, was eigentlich das höchste Ziel ihres Ringens sey, was wahrhaft sie verfechte, und wie erhabene Bestimmung vornehmlich dem geliebten Vaterlande im allgemeinen Weltplane beschieden sey, der es ruhig und unverwirrt von Aussen wie von Innen entgegenreifen solle. — Aber dunkel und ungewiß bleibt immer die Zukunft; und in der bangen Zeit der Entscheidung, wo sich oft in das Schicksal weniger Stunden der Wendepunkt der ganzen Zukunft zusammenzudrängen scheint, wo von dem Heile nicht bloß der gegenwärtigen Generation, sondern vieler Enkelgeschlechter gehandelt werden soll, da zagt wohl mit Recht der Sterbliche, und verlangt nach höherem Troste, und nach festerer Zuversicht, als die auf den Zufall des einzelnen Erfolgs, und auf die ganze schwankende und zerbrechliche Gegenwart sich stützt. Und diese zu gewähren, soll wohl auch die Philosophie vornehmlich trachten: die unerschütterte Ueberzeugung nämlich, daß, wie drohend und unerfreulich es sich auch zunächst um uns gestalten möge, dennoch diese vorübergehenden Schwankungen den ewigen Schritt der Geschichte nicht hemmen oder verrücken können, der durch alle zufälligen oder absichtlichen Krümmungen vom geraden Wege ab unser Geschlecht sicher seinem Ruhepunkte zuleiten werde.

Ein ähnlicher Fall nun scheint uns auch im gegenwärtigen Momente eingetreten zu seyn, und dadurch die Herausgabe dieses Werkes unmittelbar zeitgemäß zu machen. Auch jetzt blicken wir ahndungsvoll und gedankenschwer in die Zukunft, denn auch jetzt sucht sich viel Wichtiges bald ruhiger bald gewaltsamer in unserer Mitte zu entwickeln. Niemand verkennt, daß ein Kampf bestehe zwischen zwei Partheien, ja zwei Lebensansichten, der stets heftiger zu entbrennen, und immer mehr Stoff und Gegenstand des Streites in die Flamme mit hinabzuziehen scheint: die Eine derselben lediglich dem Bestehenden, durch Alter und Gebrauch Erprobten Glauben schenkend; die Andere, nur die Idee anerkennend für das, was da seyn solle, öfter freilich bei dem allgemeinen Ahnden und Wollen eines Neuen und Bessern überhaupt es bewenden lassend, als in klarem Wissen solches besitzend. Und eben darum scheinen beide Prinzipe schon fast weniger um einstige Ausgleichung und Einigung zu streiten, als um die unbedingte Unterwerfung des andern: denn immer weniger sieht man sie bemüht, bei ihren Erörterungen über die gegenseitigen Ansprüche von gemeingültigen Prämissen auszugehen, und nun in ruhiger Gedankenfolge der ersten Trennung ihrer Ansichten und der Wurzel ihres Streites nachzuforschen, um statt dessen desto unablässiger in den Aussenwerken der Folgerungen sich bekämpfen zu können. Aber gerade dieses gründliche Eindringen in den Kern der ganzen Streitsache möchte, meinen wir, in jedem Falle das Erste seyn und das Unerlaßliche, geschehe es Anfangs auch nur um die entgegengesetzte Meinung desto vernichtender treffen zu können: hier, wo die eigenthümliche Kraft der gegenüberstehenden Ansicht, der Stützpunkt gleichsam ihrer Ueberzeugung klar hervortreten muß, wird die kräftige Ausscheidung schon fast immer Versöhnung werden. Und dieser Gegensatz eben zwischen Idee und Gegebenheit, der sich unter uns in Allem hervorthut, was unmittelbar praktisch ist, in Religion wie Politik, in Pädagogik und Staatslehre, wird in nachfolgendem Werke nach allen jenen Richtungen hin bis in seinen Geburtsort zurückverfolgt, und aus dem gemeinsamen Ursprunge hergeleitet: dargestellt nämlich, wie Beides die lebendigen Elemente der Menschheitsentwicklung, und zugleich die Endpunkte der Geschichte seyen; das Seyn aber nichts mehr, denn die nothwendige Vermittlung der Idee, durch die allein auch diese einst in's Seyn treten könne; das Vorausgehende, gesetzt nur um des Andern willen, aber als solches unvermeidlich und unabweisbar: so daß der Ausgang jener nothwendigen Reibungen dem nicht zweifelhaft seyn könne, der da begriffen habe, wie das bloß Vermittelnde immer weichen müsse dem Eigentlichen und Wahrhaften, sobald dies in der That erscheint, — und wie gerade an diesem stets gleichmäßig sich lösenden Kampfe der lebendige Fortschritt der Geschichte offenbar werde.

So ist denn dadurch dieses Werk zugleich ein Beitrag zur Vermittlung jenes Streites überhaupt, und insbesondere für unsere Gegenwart; (ganz kann ihn nur die Geschichte lösen, und wird es sicherlich!) und Letzteres vorzüglich der Gesichtspunkt, aus welchem wir diese Schrift betrachtet wünschten. — Von Wem aber könnte wohl füglicher diese Vermittlung ausgehen, als von demjenigen Philosophen, der selbst nicht mehr gegenwärtig unter den jetzt Lebenden, und unsere nächste Umgebung unmittelbar nicht anredend, dennoch die Lage derselben wohl vorausgesehen hat, und den in ihr durchzuführenden Kampf; wie denn in der folgenden Schrift deutliche Hinweisungen darauf nicht fehlen! Konnte jedoch sich ihm dieses nicht verbergen, so mochte er vielleicht auch mit gleicher Klarheit den sichern Ausgang dieser ganzen Entwicklung voraussagen können, der da ohne drängendes Treiben von der einen, und trotz des gegenstrebenden Hinderns von der andern Seite, ruhig und ebenmäßig, wie das Licht aus Nacht und Dämmerung sich erhebt, endlich hervorgehen werde aus dem Streite der feindlichen Kräfte.

Und zu dieser ruhigen Milde der ungetrübten Klarheit, die auch im grellen Widerstreite schon die künftige Harmonie erblickt, zu diesem Frieden mit der Zeit und dem Troste über dieselbe aus besonnenem Verstehen heraus ladet eben die gegenwärtige Schrift ein; sie möchte den Geist der Versöhnung und Liebe, der ja stets die letzte, aber köstlichste Frucht ist der wahrhaften und herangereiften Erkenntniß, gerade unserer vielbewegten Gegenwart verkündigen: und sie wird Jedem diese Verheißung immer mehr erfüllen, je tiefer er in ihre Tiefe hinabtauchend, ihr Auge — ihr organisches Durchschauen des Mannigfaltigsten und Entlegensten aus der Einen Grundidee heraus — sich anzueignen vermag, und vor Allem, je ernster und andächtiger er selbst dem Ernste und der Andacht ihrer Betrachtungen sich nahet. — Und so möchten wir als das Resultat und zugleich den Wahlspruch des Ganzen die wahrhaft schließenden Worte aus dem Ende der Schrift schon hier hervorheben, innig wünschend, daß auch allen Lesern vergönnt sey, überzeugt sie mitzusprechen; — die folgenden: „Wir können drum ruhig seyn über die Welteräugnisse, sogar unsere Ruhe verstehen, und Rechenschaft ablegen über den Grund derselben. Die sich der Wissenschaft widmen, denen bleibt das beste Theil, — ein ewiges, unberührt vom verworrenen, und zuletzt doch in Nichts endenden Treiben der Welt."

Noch ist für diejenigen, welchen die im Folgenden entwickelte Darstellung des Christenthums ein besonderes Interesse haben sollte, wegen der unter dem Texte beigefügten Bibelstellen zu erinnern, daß sie sämmtlich nicht vom Verfasser herrühren, sondern erst später aus einer mehrmaligen Lesung und Vergleichung des neuen Testamentes mit der hier dargestellten Lehre nach und nach sich zusammengefunden haben, und so ein Versuch sind, die Hauptstellen des Testaments in der That aus jener Grundansicht heraus zu verstehen, und auf dieselbe zurückzuführen; welchen Versuch wir, falls er nur als solcher betrachtet und beurtheilt würde, ohne uns an der Unverletzlichkeit des nachgelassenen Werkes zu vergehen, hier aufnehmen zu dürfen glaubten, da er, den Vortrag selbst nicht unterbrechend oder störend, durch die unmittelbare Anführung der Bibelstellen zugleich darauf hinweist, welche Dunkelheiten und Verwicklungen durch die neue Erklärung vielleicht gelöst werden möchten: und so soll er nur auffordern, desto aufmerksamer und selbstthätiger jene weiterdurchzudenken. —

Noch fügen wir in dieser Beziehung hinzu, daß wir freilich zu Allem nicht gleich schlagende Stellen haben beibringen können, daß wir oft uns mit solchen begnügen mußten, die das im Texte Gesagte nur als Folgerung enthalten. Auch wissen wir, daß die meisten derselben gewöhnlich in einer andern Bedeutung genommen werden, als es hier geschieht; aber gerade durch ihren Platz sollen sie auffordern, aus dem neuen Sinne heraus sie einmal im Zusammenhange zu überdenken, und zu prüfen, ob dieser Zusammenhang nicht zwinge, sie gerade in dem angegebenen Sinne, und keinem andern, zu verstehen. Uebrigens bittet man wegen einzelner etwaniger Irrthümer im Voraus um Entschuldigung!

— Was ausserdem die angefügten Beilagen betrifft, so gehört die erste durch ihren Inhalt wesentlich in den Umkreis des hier Abgehandelten, und erschien daher schon gleichfalls als Anhang zu der erwähnten kleinen Schrift: Ueber den Begriff des wahrhaften Krieges. Sie enthält den Vortrag, mit welchem Fichte im Frühjahre 1813 nach dem Königlichen Aufrufe an die studierende Jugend seine Vorlesungen beschloß, und worin er seinen scheidenden Schülern mit dem Ernste der Wissenschaft und des klaren Sittengebotes die Zeitumstände zu deuten, und den Beruf eines Wissenschaftlichen in denselben festzustellen suchte. Es ist die Beurtheilung eines einzelnen, jedoch wichtigen Falles aus der im ganzen folgenden Werke entwickelten Denkart; und so scheint uns denn der kleine Anhang seine Stelle vollkommen rechtfertigen zu können.

Da zugleich in der letzten Zeit Mancherlei über Universitätsdisziplin und dem Aehnliches in Anregung gekommen, veranlaßt durch die eigene nach Aussen hin sich drängende Richtung der Jugend, die zudem in dieser Ueberhebung manche einzelnen Aeusserungen Fichte's in ihren Sinn hinübergedeutet haben mag: so wußten wir kein besseres Mittel, um auch über diese Gegenstände seine Denkart, und so sein ganzes Verhältniß zu allen jenen Ansichten deutlich hervortreten zu lassen, als den Wiederabdruck der in der zweiten Beilage angefügten akademischen Rede, die auch ausserdem, als Gelegenheitsschrift vorher nicht sehr verbreitet, eine neue Bekanntmachung verdient. Sie zeige wenigstens, wie auch nach Ihm das erste und wahrhaft gedeihliche Element des akademischen Lebens lediglich in der ungestörten, durch Sorgen keiner Art verkümmerten Muße bestehe, die vor Allem sich zu erhalten, und allein der Wissenschaft zuzuwenden der Studierende trachten solle, und in deren ungestörtem Genusse er auch von Aussen kräftig zu schützen sey.

Bei diesem Anlasse wünschen wir ausserdem ausführlicher reden zu dürfen von einem schon lange beschlossenen und auch von Aussen vielfach in Anregung gekommenen Unternehmen, das bisher mancherlei Umstände noch immer verzögerten, dess'n raschen Fortgang wir jedoch jetzt glauben versprechen zu können: die Herausgabe nämlich von Fichte's sämmtlichen Werken, wozu nachstehender Plan der Beurtheilung des Publikum vorgelegt wird.

Daß zuförderst von bereits gedruckten größern und kleinern Werken in dieser Sammlung Alles anzutreffen seyn werde, versteht sich von selbst: auch die Rezensionen und gelegentlichen, meist polemischen Aufsätze, theils an sich charakteristisch und werthvoll, theils einzelne Seiten des philosophischen Systems erläuternd, dürfen dabei nicht ausgeschlossen werden. — Was sodann die Zugaben aus dem noch ungedruckten Nachlaß betrifft, so möchten wir dabei nach dem Grundsatze verfahren, alles Dasjenige von Bedeutung aufzunehmen in die Sammlung, was Fichte zur Mittheilung an Andere bestimmte, sey's als Schriftsteller, sey's durch den Vortrag, und in dieser Absicht von ihm niedergeschrieben. So wird das neu Erscheinende theils bestehen in dem eigentlich für den Druck bestimmten (ein größeres, vollständig ausgearbeitetes Werk ist nicht hinterblieben, dagegen bedeutende Fragmente zu einer neuen Darstellung der Wissenschaftslehre, einzelne Abhandlungen in verschiedener Form, über Philosophie, Staat, Kunst, Geschichte, Erziehung u. s. w.) theils in der bedeutendern und wichtigern Anzahl der Kollegienhefte. Unter diesen wird indeß die Auswahl also getroffen werden, daß von den, einen gleichen Gegenstand behandelnden dem spätesten oder dem in der Darstellung ausführlichsten der Vorzug gegeben, die übrigen aber zurückbehalten werden. Dagegen glauben wir Nichts ausschließen zu dürfen, was die innere Fortentwicklung des Systemes selbst betrifft, und vornehmlich die Stufen bezeichnen könnte, durch die sich dasselbe besonders zu der letzten Gestalt hindurchgebildet hat. So würden verschiedene Darstellungen der Wissenschaftslehre erscheinen, aus der frühern Zeit wie aus der spätesten, umgeben mit dem, was theils als Einleitung, theils als Folge dazu gehört. Hierbei nun könnte nach einer geringen Vergleichung sich ergeben, daß jene Lehre in ihrer spätern Form auch äusserlich so gut als nicht gekannt seyn möchte, und daß sie, ihren ganz eigenthümlichen Weg verfolgend, überhaupt gar nicht nach ihrer Gleichheit oder Ungleichheit mit den jetzt etwa herrschenden Ansichten beurtheilt oder abgeschätzt werden könne. Es könnte wahrlich ein Unbefangener sich wundern, wie doch überhaupt bei einer tief angelegten Forschung jeder Kenner oder Halbkenner, im Vorübergehen etwa von aussen hineinblickend, oder vielleicht sogar die bis jetzt gelieferten Resultate und Bruchstücke überschauend, alles Uebrige ohne Mühe sich hinzudenken zu können glaube, und das höchste Ziel und wahre Ergebniß der Lehre, das vielleicht noch gar nicht ausgesprochen, ja kaum in den Hauptsätzen entwickelt seyn könnte, sofort sicher zu errathen sich getraue. Bedarf schon ein jedes einzeln dastehende Geisteswerk der andächtigen Hingebung, des völligen Hineinversetzens, damit nicht bloß Buchstab und Wort erfaßt werde, sondern in der That das Auge der verschlossenen Seele uns anleuchte, so möchte dies beim Erfassenwollen der ganzen geistigen Lebenskraft eines Denkers und seiner festen, ihn tragenden Weltansicht, wohl ohne Vergleich nöthiger seyn, — und überhaupt nicht so leicht! Scheint es daher freilich unvermeidlich, daß über Alles dergleichen verschiedene Meinungen obwalten je nach der Auffassungskraft und Auffassungsweise eines Jeden; so ist es allerdings leichter und gewöhnlicher, daß man solche Ideen durch eine Art von Veraltung bloß aus den Augen verliert, und, falls Einzelne sie dennoch hervorziehen, zu dem sogenannten „Abgemachten" zurückweist; so z. B. jetzt Leibnitz, Spinosa gegenüber. Doch so wenig ein einsam und ungenossen blühendes Prachtgeschöpf der Natur dadurch verliert an Schönheit und Werth, eben so wenig ein treffliches Geisteswerk durch Nichtachten oder Vergessen; und noch mehr, es kehrt sicherlich einst im Triumphe zurück aus seiner Verweisung, und empfängt den schuldigen Tribut; denn es ist ja eine nothwendige Forderung der Menschheit, ein unerlaßliches Glied in der ewigen Fortbildung der Erkenntniß.

Indem uns nun besonders daran gelegen, die innere Entwicklung der in jenen Werken niedergelegten Grundansicht recht hervortreten zu lassen; so ist dadurch, was die Anordnung der Schriften anbetrifft, diese durch eine Art von Nothwendigkeit uns vorgezeichnet die Zeitfolge nämlich, in der sie geschrieben sind, also die Anordnung nach derselben wird ganz von selbst auch ein Bild der innern Entwicklung geben können; und so wird denn dieses die Grundnorm seyn, mit der wir übrigens die Gruppirung nach den Materien so viel als möglich werden zu verbinden suchen, und wo das Ungedruckte nach den verschiedenen Epochen und Inhalte eingefügt werden wird. Eine Sammlung von Briefen philosophischen und litterarischen Inhalts wird die Reihe der sämmtlichen Werke schließen, die sich nicht über zehn bis vierzehn Bände belaufen wird.

So können wir für die erste Lieferung, die nächstens erscheinen soll, den hauptsächlichen Inhalt vorläufig festsetzen: Im ersten Bande — die in die Uebergangsepoche vom Kantischen Standpunkt zur Ausbildung der eigenen Lehre fallenden Werke: Kritik aller Offenbarungen; die politischen Gelegenheitsschriften („Zurückforderung der Denkfreiheit, eine Rede an die Fürsten ꝛc." und Berichtigung der Urtheile über die französische Revolution), dann die Abhandlungen aus dem philosophischen Journal von Niethammer: über den Ursprung der Sprache, über Geist und Buchstaben in der Philosophie u. s. w. — Im zweiten Bande — Ankündigung, und Einleitung in das eigene System: Rezension des Aenesidemus, über den Begriff der Wissenschaftslehre, die Einleitungen in dieselbe, aus dem philosophischen Journal, und die W. L. selbst, wie sie zuerst erschienen; dazu Alles aus dem Nachlasse, was theils erläuternd, theils weiter ausführend hineinschlägt. — Im dritten Bande: die Rechts- und die Sittenlehre, beide theils nach den gedruckten Werken, theils in einer spätern Bearbeitung aus dem Nachlasse.

Das Erscheinen dieser ersten Lieferung hoffen wir übrigens zur künftigen Michaelismesse versprechen zu können.

Berlin im Juni 1820.

I.

Einleitung.

Vorträge verschiedenen Inhalts aus der angewendeten Philosophie haben wir angekündigt: - was nun zuförderst Philosophie, und was angewendete sey, darüber können wir vorläufig und mit Einem Worte nicht deutlich werden; wie wir außerdem zu dem angegebenen verschiedenen Inhalte kommen, wird sich zeigen.

Philosophie anwenden: was ist denn aber Pilosophie überhaupt? Dies beantworten wir vor allen Dingen, indem ohne dies über alles Künftige sich keine Klarheit verbreiten kann.

Der Name in der Wortbedeutung macht schon wahrscheinlich, daß man Etwas suche, was man selbst nicht kennt, durch Misvergnügen mit dem Bekannten, und dunkele Ahnung getrieben. — Wenn wir über diesen Zustand hinaus sind, so ist es unsere Sache, jenen ihre Ahnung zu erklären, und ihnen genau zu sagen, was sie eigentlich wollen. In dieser Lage könnte uns nun wohl begegnen:

a) daß Keiner, der bisher darüber gesprochen, so sich erklärt, weil sie nämlich alle nur suchten, nicht fanden.

b) Daß also unsere Erklärung nicht schon bekannt sey, drum schon verständlich, sondern daß man eben lernen müsse sie verstehen, indem man sie construirt, im freien Denken sich beschreibt. — Gleich jetzt also, beim Beginne schon, haben wir ein solches Selbstdenken zu vollziehen. Die Historie würde erinnern: „Du kennst doch!" So nicht wir.

c) Daß Andere, die bisher schon darüber gesprochen haben, und sprechen, unwillig werden; weil, wenn wir Recht hätten, an den Tag käme, daß sie bisher Etwas nicht gewußt, sondern es erst lernen müßten, was niemals ein Meister gern sich sagen läßt. Dies Schicksal nun müssen wir tragen, und uns darein ergeben, als unabtrennlich von der Sache!

1. Erkennen, Wissen, Sichvorstellen, — dies kennt ein Jeder, kennt es unmittelbar, und muß es kennen, dadurch, daß er es ist: und wer es nicht so kennete durch sich, dem wäre von Aussen her diese Kenntniß nicht beizubringen. (Denken wir uns nur einen Stock oder Stein.) Nun bemerken Sie wohl das Postulat, nicht überhaupt zu erkennen, sondern das Erkennen wieder zu erkennen, besonders, als Etwas, das da ist, sich hinzustellen. — Dies nun muß Jeder in eigener Person thun; Jeder hat selbst etwas zu construiren, und anzuschauen: dadurch ist er unwiderruflich in unserer Methode. Und nur von dem also Construirten ist die Rede, von Fremdem bloß erzählen thun wir nicht, und so kann es auch Keiner auffassen: dies ist gegen alle philosophische Methode.

2. Philosophie wäre nun wohl Erkenntniß, Wissen aber nicht alles Wissen, vielmehr ein besonderes, unter ein gewisses genus gehörendes, mit seiner specifischen Differenz: — ein bestimmtes im Gegensatz mit anderem. Welches nun? Recht wär' es wohl nur durch den Besitz zu erkennen; — jetzt durch seinen Gegensatz.

Alle Erkenntniß liefert und hat ihre Welt, ihr System des Seyns. Im Gegensatz gegen die gewöhnliche Welt, und ihr System des Seyns, liefert die Erkenntniß von der wir sprechen, eine durchaus neue; — sie selbst ist schöpferisches Organ, neues Auge, eben für eine neue Gesichtswelt.

Denken Sie einen Blindgebornen: für ihn ist da, was durch den Gefühlssinn gegeben ist, aber kein Licht, keine Farbe, und alle die dadurch gebildeten Verhältnisse. Denken Sie, das Gesicht wird ihm geöffnet. So gerade ist es in der Philosophie. — Durch die Geburt sind wir niedergesetzt in einem gewissen Erkennen und Bewußtseyn, der Dinge, der gegebenen Erfahrungswelt. Durch diese Erkenntniß werden eben die Dinge erkannt und gewußt: nicht einmal gewußt das Bewußtseyn selbst, erkannt das Erkennen: dieses ist, in ihm geht man auf, als dem Höchsten, und Letzten, dem absoluten Seyn: — nach obiger Vergleichung der innere Gefühlssinn zu nennen. Dabei nun kann der Mensch bleiben, aber auch darüber sich erheben: —

Eben das Erkennen und Bewußtseyn selbst erkennen, wie ich Ihnen schon im Eingange angemuthet habe. — Ich habe Sie dadurch in der That schon auf den Boden der Philosophie erhoben. Dies die neue Welt, gegeben durch das neue Organ. Es ist weiter auseinander zu setzen: den Ort hätten wir gefunden.

3. Diese Bemerkung, daß man eben wisse, vorstelle die Erfahrungswelt, kann man nun zerstreut fassen, und doch bei der ersten Ansicht bleiben, daß Dinge an sich sind, kann beides für wahr halten, weil man seine Erkenntniß nicht zur Einheit vereinigt, unverständig und zerrissen ist. — Soll sie aber zur Einheit gedeihen, so kann Beides nicht wahr seyn: entweder nur Dinge, oder nur Bilder. Die Dinge sind durch ihr Seyn vollendet: woher

denn also ihre Bilder? Woher ein Wissen derselben? — Umgekehrt aber folgen aus den Bildern die Dinge nothwendig, eben als die gebildeten, als der Gegenstand des selbst als Bild erkannten, und schlechthin dafür sich gebenden Bildes. *)

Dadurch nun hat die Welt sich uns verwandelt in eine ganz andere: dort Dinge, hier nur Erkenntnisse, Begriffe; dort materielle Welt und geistige; uns gilt die letztere nur als das Rechte und Einzige; und darüber muß Jeder mit sich selbst aufs Reine kommen. — Also dies ist festzuhalten: 1) daß nur eine geistige, Begriffs-Welt, durchaus nicht und in keinem möglichen Sinne des Wortes eine materielle zugegeben werde; 2) daß wir dies nicht zufolge eines Räsonnements, sondern eines **unmittelbaren** Bewußtseyns erkennen. Eben nur der Bilder, der Bestimmungen des Wissens ist man sich bewußt, und durchaus keines **Andern**: zufolge der vorgegangenen **Erhebung**.

Philosophie sonach wäre ein **unmittelbares** Bewußtseyn, das sich nicht andisputiren läßt, eben so wenig wie dem Blinden das Auge; das nicht erwiesen, vermittelt werden kann, oder deß Etwas, sondern nur gebildet und entwickelt.

Zur fernern Erläuterung:

1) Der Philosophie Weltansicht, deutlich ausgesprochen, ist diese: a) Es ist Etwas, fest, unwiederruflich bestimmt. — Man denkt vielleicht, der Philosoph nehme kein Seyn an: dies ist grober Misverstand. b) Dieses Seyende ist nun kein System von stehenden, auf sich beruhenden, materiel-

*) Für wen bei der Kürze dieses übrigens vollkommen exakt ausgedrückten Beweises eine Erläuterung nöthig seyn sollte, der kann außer den andern Schriften desselben Verfassers vergleichen die **Darstellung der Wissenschaftsl.** (Phil. Journ. V. Bd. 1. H. S. 10. u. folgg.)

len Dingen, sondern ein System von Bildern, in denen eben ein solches System von Dingen hingebildet wird. Es ist ein auf sich selbst beruhendes, und durch sich selbst bestimmtes Bewußtseyn, und durchaus nichts Anderes. (Ich glaube Ihnen einen großen Dienst zu thun, wenn Sie auch nur diese Ansicht verstehen, und sich fest einprägen. — Für Wenige nur erinnere ich: dies ist unser, die wir uns für Philosophen halten, ganzer und unumwundener Ernst, nicht etwa bloß eine Redensart, die an sich deuteln und drehen, und mit sich unterhandeln ließe. Wir wissen es unmittelbar, wie wir unseres Lebens uns bewußt sind: sonderbar kommt es nur denen vor, welchen jenes Auge noch nicht aufgegangen ist.)

2) Welches ist nun der eigentliche innere Unterschied jener ersten natürlichen und dieser erhöhten philosophischen Weltansicht: d. i. was ist eigentlich mit dem Menschen im Uebergange von der ersten zur zweiten vorgegangen? (Es ist entscheidend für die Klarheit der Lehre, und von den wichtigsten Folgen.) Die Bilder, sich darstellend als solche, setzen ihr Abgebildetes. In dieser Operation des Bewußtseyns gehet der natürliche Mensch auf mit seinem ganzen Wesen: das Bild drum selbst und dessen Seyn wird ihm nicht sichtbar. Er geht auf darin: d. h. sein Seyn ist ein Produkt des ihm gänzlich verborgenen Gesetzes des Bewußtseyns: er ist gefangen und befangen in dieser ihm dunkel bleibenden Gesetzgebung. Darin beruht sein formales Wesen. — Dagegen reißt das philosophische Bewußtseyn sich los von dieser Befangenheit, und erhebt sich, frei über ihr schwebend, zu einem Bewußtseyn ihrer selbst.

Im Vorbeigehen: Freiheit von irgend einem Gesetze giebt Bewußtseyn dieses Gesetzes. (Dieses Verhältniß ist selbst ein Grundgesetz. Jenes Befangenheit, Blindheit, Mechanismus. Dieses Sehen, durch Befreiung erworben.)

Dies das Wesen und die absolut und specifisch verschiedene Welt der Philosophie. Wer dies gewonnen, der ist im Gebiete der Philosophie, und ist derselben fähig, ohnerachtet er freilich noch keinen eigentlichen philosophischen Erkenntnißstoff sich erworben hat; wovon tiefer unten!

Jetzt nur zwei vorauszuschickende Bemerkungen:

1) Wer auf irgend eine Weise auch nur mit und neben der geistigen Welt eine materielle gelten läßt, — Dualismus nennen sie es — ist nicht Philosoph. Räsonniren, ein Mannigfaltiges von Kenntnissen verknüpfen ist nicht Philosophiren; es kann dies in dem ganz gewöhnlichen Bewußtseyn geschehen. Dahin gehört der Sprachgebrauch: wir wollen darüber philosophiren; gewöhnlich allerlei Träume und Erdichtungen schwatzen. — Die Verschiedenheit liegt in der Grundansicht. Ein Räsonniren, Sich-bewegen in der Erkenntniß, frei construirend und Begriffe verknüpfend, kann allerdings ein Philosophiren seyn; aber nicht dadurch wird es dies, sondern durch seine Grundansicht. Dies weiß man gewöhnlich nicht, giebt es nicht zu, ärgert sich daran, glaubt es nicht: aber es kann alles dieses nichts helfen, so ist's.

2) Jenen nichtigen Namen drum müßten wir aufgeben: offenbar wäre sie Wissen, Theorie, Lehre; und zwar, während das Andere Dingelehre, Seynslehre, Weltlehre (gar Weltweisheit) sich nennte, müßte diese Erkenntniß-, Bewußtseyns-, Wissenschaftslehre heißen. a) In Absicht des unmittelbar bewußten Seyns sagt jene: es ist eine materielle Welt; diese: es ist ein so und so bestimmtes Bewußtseyn. b) Analysiren beide, so behauptet jene: die Welt enthält das und das; diese: das ursprüngliche Bewußtseyn enthält das. — Philosophie drum bedeutet eigentlich nichts; erst wenn sie Wissenschaftslehre wird, wird ihr ihre Aufgabe bestimmt angezeigt: das Wort könnte wohl anders gebildet werden: aber ein anderer Begriff kann der seit

Jahrtausenden dunkel gestellten Aufgabe nicht untergelegt werden.

Misverständnisse wären es a) zu meinen, die Wissenschaftslehre sey nur der Name für **meine** Schriften, Vorträge u. s. w., um etwas Historisch Gegebenes zu bezeichnen, wie: Theorie des Vorstellungsvermögens, Kritik der Vernunft. — Nein, das, was schlechthin Allen angemuthet wird, ist sie, und was vom Anbeginn eines bis auf einen gewissen Punkt klaren Denkens Alle suchten. Man könnte mir verstreiten, daß meine Schriften oder Vorträge nicht die Wissenschaftslehre seyen: dies ein Anderes. Daß Wissenschaftslehre überhaupt nicht sey, und nicht Philosophie — die unter dieser schwankenden Benennung gesuchte Erkenntniß über alle bekannte Erkenntniß hinaus — sey, das kann man nicht wissen, nicht verstehen, weil man eben blind ist; aber man kann es nicht verstreiten. Auf solch' einen Streit lasse ich mich gar nicht ein; eben so wenig als ich Jemandem den Beweis seines Daseyns führen kann. (Dies ist in der That das höhere geistige Daseyn eines Jeden, das sich ihm nicht geben läßt.) b) So denke ich auch über Philosophie nicht der Erste, oder allein. Kant genau so: er hat sich nur nicht mit dieser Bestimmtheit ausgesprochen. Transcendentaler Idealismus! — ganz dasselbe. Man hat ihn nur nicht verstanden, (wohl über einiges Einzelne, nicht aber über den Grundgedanken:) seit geraumer Zeit aber ihn gänzlich verlassen, sich tiefer als jemals in den Materialismus hinein begeben und will in ihm durch räsonnirendes Verknüpfen eine Philosophie haben: Naturphilosophie. — c) Unsere Benennung sey ein neugemachtes Wort. Wohl: weil die Erkenntniß neu ist, und vorher nie dagewesen. — Man solle nicht neue Worte machen. Richtig, wenn alte da sind: „Weltweisheit" z. B.! Wie lange datirt denn dieser Name zurück; und was heißt Jenen denn neu? Ihn haben die Wolfianer gemacht, und höchst unglücklich. Die Abgeschmacktheit desselben ist so allgemein gefühlt worden, daß ihn nicht leicht Jemand mehr in den Mund genommen ausser der Nicolaischen Bibliothek. — Uebrigens ist es gut, daß man, bis man zur Einsicht kommt, bei dem Worte bleibe, das die Ungewißheit bezeichnet, der Philosophie.

Ehe ich weiter gehe, will ich den Grundunterschied zwischen der unphilosophischen Ansicht und der philosophischen noch von einer andern Seite zeigen. (Charakteristische Grundunterschiede erstrecken sich über das Ganze, und gehen in die Tiefe. Es versteht sich drum, daß ich es für verdienstlich halte, dabei zu verweilen, und daß Sie dadurch gewinnen.)

Für jene ist ein materielles Seyn das letzte, sagte ich. Dieses — ein Seyn, das da eben ist, ohne irgend Etwas zu seyn, und zwar ein todt beharrendes und bestehendes, dem die Eigenschaften, als ein inhärirendes, man weiß auch nicht wie und wodurch, aufgetragen werden: die bloße reine Substanz, ohne alle Accidenzen, — die denn doch ist: (das Gebildete eben und Objective überhaupt aus einem Bilde.)

Für diese schlechthin kein solches Seyn, sondern nur ein geistiges, d. i. ein freies, lebendiges, was nur durch die Beschränkung der Freiheit und des Lebens in ihm zu einem bestimmten Bilde wird. — Beides also verhält sich zu einander, wie reiner Tod, und reines Leben; weil Jene das Leben in ihnen selber, das Hinbilden nicht gewahr werden; auch dieses in der That in ihnen nicht ist, sondern in dem über sie waltenden, und sie constituirenden Gesetze des Vorstellens.

Es findet sich hier ein neues Mittel, um die Ansicht der Wissenschaftslehre vom Seyn mit einer neuen Klarheit darzustellen. – Es nehmen einige Unphilosophen eine lebendige Naturkraft, eine Weltseele an, die ihr freies Bilden gleichsam anhalte in den bestimmten Gestalten, und ihre bildende Kraft binde in Pflanze, Thier, Mensch, u. s. f. Daß diese Vorstellung an sich von dem Gesichtspunkte der Philosophie aus völlig unrichtig und nichtig ist, versteht sich; indem es solche Gestalten an sich, und als letztes Seyn, wie die Pflanze u. s. f. gar nicht giebt. Aber wir wollen das Bild brauchen. Ein solches absolut sich selbst bildendes Leben giebt es nun allerdings; — nur darin gehen wir ab: nicht zu objectiven Gestalten, — zu Bildern, die als Bilder sich verstehen, und nicht sind ausser mit diesem Begriffe vereint. Diese Bildungskraft nun gestaltet sich allerdings nach innern Gesetzen zu solchen und solchen Bildern; und die Summe dieser Bilder ist das Bewußtseyn unser Aller, das allein unmittelbar ist, und als seyend sich vorfindet. — (Zu diesen Bildern nun giebt es ein doppeltes Verhältniß: entweder man ist sie selbst, oder man ist ihr Bild; man beharrt im Bildseyn, oder wird Bild dieses Bildseyns selbst. – Es ist Alles so einfach, daß man es misverstehen kann nur dadurch, weil man in dieser Einfachheit es nicht auffassen zu dürfen glaubt, viel Entlegneres darunter sucht.)

Deutlich geworden ist: der Unphilosophie sind als das letzte Seyn Dinge. Der Philosophie, wie wir bisher sie dargestellt haben, Erkenntnisse oder Bilder, welche in sich selber in ihrem Verstandenwerden Dinge, als das in ihnen Abgebildete, setzen.

Ich sage — mit meiner Betrachtung weiter fortschreitend —: damit wäre kaum Etwas gewonnen, wenn es statt Dinge, die auf eine unbegreifliche Weise bestimmt, solche sind, — Baum u. s. w. — Bilder gäbe eines Baumes u. s. w. auf eine eben so unbegreifliche Weise bestimmt. Höchstens wäre es eine geistigere, lebendigere und belebendere Ansicht derselben Unbegreiflichkeit. — Ihr Wahrheitssinn giebt mir Recht, den ich nun zu rechtfertigen habe.

Wie ist nichts gewonnen: und wer kann das sagen? Der, dessen Erkenntniß sich nicht beruhigen will bei der gegebenen Bestimmtheit, sondern der das Wie, und Warum, die Gründe derselben begreifen will: der einen Begriff (Erkenntniß) von dem Zusammenhange der Erkenntniß in sich selbst verlangt. — Was begehrt ein solcher? Ein Bild (Erkenntniß) eines Gesetzes, durch welches das unmittelbar sich darbietende Bildwesen bestimmt sey, und sich erkennen lasse als dadurch bestimmt.

Dies werde zuerst analysirt, dann durch ein Beispiel erläutert:

Uns sind gegeben Bilder oder Erkenntnisse, als Bestimmungen des Bewußtseyns: diese sind, und sind das einzig Seyende für die philosophische Grundansicht. — Es sind ihrer aber für's Erste zweierlei: 1) solche, die sich unmittelbar durch das natürliche Daseyn darbieten; die von dem Unphilosophen für Dinge gehalten, von der Philosophie für Bilder erkannt werden. 2) Solche, die sich nicht unmittelbar darbieten, und deren Wesen ist, daß aus ihnen der Grund der Bestimmtheit der ersten erkannt wird.

Als Beispiel benutzen wir das sonst auch schon gebrauchte: — die Körper ruhen, sie bewegen sich: dieselben, die da ruhten, bewegen sich; die Ruhe hat einen Grad der Festigkeit, die Bewegung eine bestimmte Geschwindigkeit. — Was dort Dinge, sind für uns Bilder, und zwar Bilder, die sich schlechthin so machen. — Nun fragt sich, ob bei dem absoluten Faktum (so ist's, und damit gut) stehen geblieben werden müsse, ohne daß darüber hinaus eine Erkenntniß möglich wäre, in der jenes sich als Folge zeigte: — so wie uns das Ding sich als Folge zeigt des unmittelbaren Bildes. — Wenigstens fordern wir, es solle sich auf die letzte Art verhalten. — Gesetzt nun, es fände Jemand das Gesetz der Schwerkraft, der allgemeinen Anziehung der Körper, und begriffe aus demselben jedwede Ruhe, jedwede Bewegung, theils, daß sie überhaupt sey, theils daß sie gerade mit dieser Kraft oder Geschwindigkeit sey: so hätte dieser zu einem Bilde der ersten Art, dem Falle oder der Ruhe, eines der zweiten, ein Bild von einem Gesetze dieses Bildens. (Deutlich: die Bildungskraft würde angeschaut als stehend unter einem Gesetze, das selbst ist ein Bild.)

Wenn nun der Philosoph ausser Bildern der ersten Art solche der zweiten fände, so wäre dadurch in der That Etwas gewonnen, die Erkenntniß wäre erweitert worden. Besonders aber, was sich gleich hier anmerken und deutlich machen läßt, wäre dies gewonnen: 1) Diese Bilder der Gesetze für andere Bilder geben sich gleich geradezu und ohne nöthiges Besinnen für reine Bilder und Begriffe: reine Gesetze, kein bestehendes Seyn, sondern eben nur bestimmend ein solches. — Schwerkraft, Anziehung — ist sie, wo ist sie, wo hat sie ihren Sitz? Sie ist ja nur das Bestimmende des Seyns. So werden wir gewaltsam zur geistigen Ansicht erhoben. Wenn in einen unphilosophischen Kopf so Etwas fällt, und er es wieder verkörpert, was läßt sich da anfangen? — 2) Das absolute und letzte Seyn ist dadurch höher gerückt: denn es ist klar, daß die andern Bilder — oder Erscheinungen, wie wir sie nennen wollen, — nur sind, um an ihnen das erste Bild, das Gesetz darzulegen: das Gesetz wird bildlich und bildbar nur an seinem Falle. Die Erscheinungen sind drum eigentlich gar nicht selbstständige, und um ihrer selbst willen seyende Bilder, sondern nur Abbildungen des Gesetzes — die Ersichtlichkeit desselben.

Dadurch nun wäre die Weltansicht der Philosophie gesteigert. Die unmittelbare Erscheinung, d. i. Alles, was sich dem Menschen macht dadurch, daß er natürlich da ist, — ob dieselbe nun gehalten werde für ein System von Dingen, oder für eines von Vorstellungen, — ist nicht das Eigentliche, und wahres Objekt der Erkenntniß; sondern ist nur Aeusserung eines Andern, der Gesetze; und diese wären hier das letzte Objekt. —

Merken Sie es gleich an dieser Stelle, wo es durch seine Abgesondertheit am klarsten in die Augen fällt: — Es ist allerdings das Glaubensbekenntniß der Philosophie, zu der z. B. ich mich bekenne, und zu welcher ich Alle zu erheben wünsche, und das ich gar nicht verhülle, sondern so unumwunden als möglich auszusprechen suche, daß die gegebene Welt — ob man dieselbe nun für ein System von Dingen, oder für ein System von Bestimmungen des Bewußtseyns halte — durchaus nicht da sey in irgend einem gewichtigen Sinne des Worts, und im Grunde und Boden Nichts sey: — und dies ist mir so überschwenglich klar, daß ich vorgebliche Naturphilosophie, und alle Philosophie der Art über ihre Blindheit bloß bemitleiden kann. — Nämlich, wenn man mich oder die Philosophie fragt: erscheint denn die Welt nicht, — ist sie drum nicht für das Sichhingeben an diese natürliche Erscheinung; so sage ich freilich, — Ja: wenn aber gefragt wird: ist sie für die Verstandes-Erkenntniß, das Sichverstehen und Begreifen dieser Erscheinung aus sich als dem Grunde, so ist die Antwort: durchaus nicht! Nur ein auf sich selbst ruhendes — keinen Grund ausser sich habendes — Bild kündigt ein wahres Seyn an. — Dieß ist durchaus Darstellung der Gesetze, ihr Spiegel; nur die Gesetze sind. Wer es anders nimmt, der hat sich eben nicht erworben jenen Verstand, hat das Bildwesen in ihm noch nicht zum Verstehen seiner selbst erhoben.

Dies ein anderer Charakter der Philosophie: sie ist Erkenntniß, die sich selbst werden sieht, genetische Erkenntniß. Vorher: nur Erkenntniß ist, nicht Dinge; hier: Erkenntniß wird. — Dort — Anerkenntniß der Erkenntniß in ihrem alleinigen Seyn: hier das Verstehen der Erkenntniß in ihrem Ursprunge; verständiges Erkennen, des Erkennens eben selbst. Dieses — philosophischer Verstand, jenes — philosophische Anschauung.

Hieran habe ich die Form der genetischen oder verständigen Einsicht des Seyns (es ist aber für den philosophischen Blick nichts denn Erkenntniß) überhaupt beschrieben. Wenden wir diese weiter an:

Auf diesem Standpunkte sind Gesetze, und zwar die im unmittelbar Erscheinenden und Gegebenen (der Natur) sich darstellen, — Naturgesetze — das absolute und letzte Seyn geworden. — Wie aber, wenn sich fände, daß mit diesem Seyn = y die Erkenntniß sich auch nicht befriedigte, und ein höheres Gesetz = x sich zeigte, dessen bloße Darstellung wäre das Naturgesetz y, wie dessen bloße Darstellung ist z, die Natur selbst: so erweiterte durch dieses Aufsteigen über ihren ersten Endpunkt sich die verständige Erkenntniß.

Es sind zwei Fälle möglich: Entweder dieses Aufsteigen vom Phänomene — dem in irgend einem Verstehen als letztes und absolutes Seyn Gesetzten — zu dem höhern Grunde desselben geht ins Unendliche fort, — für dieses x giebt es ein u, das unverständiger Weise wieder für das Absolute gehalten werden kann, aber von dem Verstande durchdrungen wieder reducirt wird auf ein t, — und so in's Unbedingte vorwärts. —

Das Resultat davon wäre gar kein absolutes, dem Verstande Stand haltendes und ihn befriedigendes Seyn, kein Letztes; sondern nur ein solches, das eine Zeitlang durch Irrthum und Unverstand dafür gehalten würde.

Oder: es giebt einen letzten und absoluten Grund, (ein absolutes Seyn,) der den Verstand vollständig befriedigt, nicht nur die vorläufige Erkenntniß: ein Letztes, dessen Erscheinung das Urbild wäre, das Bild überhaupt, als dessen Erscheinung nun wieder x verstanden würde, und so herunter bis auf die schlechthin sich ergebende Erscheinung.

Die Voraussetzung einer Philosophie nimmt an: daß es sich verhalte nicht auf die erste Weise, sondern auf die zweite.

Denn — die durchgeführte, vollendete Philosophie, die durchgängige Anwendung des philosophischen Blicks ist eben die Erkenntniß jenes absolut letzten Theiles des Bildes (der Erkenntniß, des Bewußtseyns) überhaupt, und dieser Beschaffenheit desselben. — So drum ihre Ansicht: Es ist allerdings ein Absolutes, durch, von, aus sich Stammendes, — Gott: dessen Offenbarung ist die Erkenntniß, (und wird als solche verstanden.) Diese Erkenntniß ist nun eine solche, (in diesen bestimmten Formen sich darstellend,) weil sie nur auf diese Weise sich sichtbar machen kann: sie ist durch sich selbst und ihr eigenes Wesen auf eine verständliche und von der Philosophie verstandene Weise also bestimmt.

Sonach — jetzt ist der Begriff vollendet — wäre Philosophie oder Wissenschaftslehre Erkenntniß der gesammten Erkenntniß, der Erkenntniß als ein System: und zwar durch den Verstand, oder genetische.

Ich sage: 1) sie ist Erkenntniß durch den Verstand: durch das Einsehen des Grundes. — Nämlich — alle

Erkenntniß ist Bild, und setzt drum ihr Gebildetes; das Beharren darin ist Anschauung: (erkannt wird wohl, aber nicht verständig erkannt.) So ist das Annehmen eines gegebenen Seyns bloße Anschauung ohne allen Verstand. Verständige Erkenntniß dagegen sieht das Bild und das Gebildete mit ihm werden und hervorgehen aus seinem Grunde. Dies das Begreifen; (Begriff in einem höhern Sinne: der Deuter und Exponent des Wesens.)

2) Sie ist eine solche (verständige) Erkenntniß — der Erkenntniß überhaupt, in ihrer allgemeinen Form. — Am Gegensatz werde es deutlicher: Erkenntniß der Natur durch ihr Gesetz, und als Sichtbarkeit und Abbildung dieses Gesetzes — ist genetische Erkenntniß einer gewissen Erkenntniß durch eine andere, von z durch y. Falls nun dieses Gesetz wieder erkannt wird aus einem höhern, etwa dem sittlichen, so ist hier wieder Erkenntniß aus anderer Erkenntniß erkannt, nirgends aber die Erkenntniß überhaupt, nirgends drum vollendete Wissenschaftslehre. — Die Erkenntniß selbst wäre nur zu erkennen aus Etwas, das nicht Erkenntniß ist, nicht Bild, nicht bloße Erscheinung eines im Hintergrunde liegenden, sondern dies selbst: das absolute Seyn; — freilich auch ein durch den Verstand erkanntes, aber schlechthin nicht durch die Erkenntniß gesetztes, indem im Gegentheil diese durch jenes gesetzt ist.

Bemerken Sie 1) Wir haben die Philosophie der Unphilosophie darin entgegengesetzt, daß die letzte ein stehendes Seyn annehme, dagegen die erste überhaupt nur Bild, nur Erkenntniß gelten lasse. Jetzt enden wir die Philosophie selbst in der Annahme eines absoluten Seyns. Widersprechen wir uns nicht? Nein; vielmehr haben wir dadurch Gelegenheit, den Sinn unserer Behauptung zu bestimmen. — Das Seyn des Unphilosophen ist ein im unmittelbaren Bewußtseyn gegebenes; dieses nun läugnen wir durchaus ab, einsehend, daß eben darum, weil es im Bilde gegeben ist, es ist das Gebildete und Bewußte. Das unsere dagegen ist das durchaus nur durch den Verstand, der über alles faktische Bewußtseyn sich hinaufschwingt, gegebene. — — So Alles, was schlechthin sich selbst setzt: — das Ich ist davon das Muster. (Wir drängen hier höchstwichtige Resultate zusammen. Wer es schon kennt, wird es finden: wer noch nicht, der glaube es indessen, und halte diese Sätze zur Leitung fest.)

Wie auf den obigen Standpunkten, so wollen wir auch auf diesem letzten und höchsten die Ansicht der Wissenschaftslehre deutlich aussprechen, uns anschließend an eine gewisse Ansicht: — Gott ist: Richtig! (Wir lassen indeß einen gewissen Punkt unentschieden.) — Er offenbart sich: — richtig! — in der Erkenntniß nämlich, durchaus nur in ihr. Was ist, ist Gott in ihm selber, und seine Offenbarung: die letztere — Erkenntniß! — Was ausserdem noch zu seyn scheint, scheint eben nur zu seyn, in der Erkenntniß nämlich. — Keine Welt, ausser in ihr; weil sie eben ist Bild Gottes, und als Bild überhaupt verstanden wird. — Gott selbst ist in der Erkenntniß; aber nicht als ein unmittelbar in ihr Gegebenes, in ihr Gesetztes, sondern nur durch das Verstehen der Erkenntniß selbst, eben als das, als was wir sie hier verstanden haben. Unmittelbar in der Erkenntniß ist Gott gar nicht, (keine Anschauung von ihm) sondern nur im Verstande dieser Erkenntniß selber, als seiner Offenbarung.

Grundcharakter der Wissenschaftslehre: Erkenntniß mit dem Charakter der Anschauung, — welche es auch sey, — ist Befangenheit in irgend einem Gesetze, und Produkt dieses Gesetzes. Wissenschaftslehre — vollkommenes Verstehen, durchgeführtes Sehen, (dagegen sonst allenthalben Etwas verborgen bleibendes, noch zu sehendes ist;) drum vollkommene Freiheit. Sie ist verständige Erkenntniß aller Erkenntniß, indem sie dieselbe sowohl überhaupt, daß sie ist, als insbesondere so, wie sie ist, hervorgehen sieht aus ihrem Grunde und Gesetze. — Diese Einsicht nun ist Freiheit der Erkenntniß vom Gesetze; sie ist indifferentes Darüberschweben: dagegen alle andere nicht also sich verstehende Erkenntniß, insofern Anschauung, ist durch blinde Hingegebenheit an das Gesetz. Diese bestimmt eben, wie eine blinde Naturkraft das Vorstellen.

Wissenschaftslehre also ist vollkommen freie, sich selbst im Besitze habende, Erkenntniß. — Die Vollkommenheit und Vollendung der Freiheit folgt eben daraus, daß die Erkenntniß selbst in ihrer Form verstanden wird aus dem, was nicht selbst Erkenntniß ist und Bild. — Und unter diesem Charakter der vollkommenen Freiheit ist hier die Wissenschaftslehre vorzüglich zu betrachten: dies die Absicht unserer Vorlesungen.

Hier ist nur immer die Rede gewesen von Erkenntnissen, Bildern, die ein Seyn ausser sich setzen, das eben zufolge der Aussage des Bildes ist. — Nun findet das Erkennende, das Ich, sich nicht blos erkennend, — mit dieser Bemerkung gehen wir über zu einer neuen Untersuchung, — sondern auch als handelndes, wirkendes: nicht blos als habend Bilder, sondern auch als selbstständiger Grund seyend von Bestimmungen des Seyns, die, nach der gewöhnlichen Ansicht, selbst ihre Bilder innerhalb der Erkenntniß setzen. (Ich vernehme diese Rede, erkenne diese Schrift, und Sie gleichfalls unmittelbar.)

(Wie nun übereinstimmend mit der Grundansicht der Wissenschaftslehre dieses Handeln auch nicht etwa ein Handeln an sich, sondern im Bilde sey, nur in einem Bilde, das da wieder setzt andere Bilder, als die Effekte des Handelns, können Sie Sich, falls Sie das Obige wohl verstanden haben, im Allgemeinen denken. Es besonders auseinanderzusetzen, ist nicht unser nächstes Vorhaben; dies geschieht in eigenen Theilen der Wissenschaftslehre.)

— Sondern auf Folgendes kommt es uns an:

Nun kann der Mensch handeln, (eben so wie er nach Obigem vorstellen kann) getrieben durch irgend ein über ihn waltendes Gesetz, das ihm verborgen ist. — Es ist klar, daß in diesem Falle Er gar nicht handelt, nicht frei ist. Das Ich handelt? Nein; dies ist Täuschung: Gesetz J. h. — J. ist nur Glied in der Kette der Naturnothwendigkeit.

Es kann wohl seyn, daß das Handeln der gewöhnlichen Menschen durchaus so ist. — Denken Sie eine Pflanze: sie erhält sich selbst, nimmt in sich auf, treibt aus sich heraus, beschreibt die Formen, die sie beschreiben muß, nach ihrem Gesetze. Geben Sie ihr Bewußtseyn, und das Gesetz bleibe ihr verborgen; so denkt sie, sie entwickle sich mit Freiheit. Hier hebt die Bewegung an für ihr Bewußtseyn; drum ist dies ihr das Anfangende, das, ohne welches alles Uebrige nicht wäre. — Es haben Räsonneurs die menschliche Freiheit geläugnet, als Beispiel anführend eine Kugel mit Selbstbewußtseyn ausgestattet. Sie steht: beweget nun die Tafel, so entsteht in ihr die Neigung sich herunter zu bewegen. Es ist ganz klar, und unter der Voraussetzung der bewußtlosen Kräfte ganz richtig: der Mensch ist auch nur ein Glied in der Reihe der Naturkräfte, und so unwiderstehlich bestimmt: es giebt keine Freiheit.

Keine Freiheit; denn es giebt kein Anfangen des Eräugnisses, kein Principseyn. (So ist die Freiheit zu denken, so von uns gedacht. Alles Andere ist reiner Nichtsinn.)

Es sollte nun doch in diesem Sinne Freiheit seyn: wie müßte diese seyn? Wir haben sie zu denken, zu construiren. Dies unser Postulat. Ich fordere dazu Ihre Aufmerksamkeit auf: es ist nicht gerade schwer, aber über Alles bedeutend. Wie in der vorigen Woche, so will ich euch jetzt versuchen, umfassende Resultate der Forschungen meines Lebens mit Klarheit hinzustellen, die zudem nicht sehr bekannt sind. Zugleich hoffe ich über eine Menge von Skrupeln und Verworrenheiten, in denen Sie vielleicht befangen sind, mit leichter Hand Sie hinwegzuheben.

Auf Unbekanntschaft mit der treibenden Kraft beruhte das Bewußtseyn der Freiheit. Wenn jene nun erkannt würde, und ihr Gesetz, wäre dadurch Freiheit gewonnen? Offenbar nicht: die Täuschung fiele hinweg; das Zusehen des Werdens wäre gewonnen, und mehr nicht. Auch dies ist immer recht gut; und darauf eben gehen alle jene Räsonnements aus.

Warum ist das Ich nicht frei? Weil eine höhere Kraft gesetzt ist, zu der die Willensbestimmung des Ich sich verhält wie Bewirktes, wie Principiat.

Eine solche müßte ganz hinwegfallen: kein Naturgesetz. Naturgesetz aber = einem solchen Gesetze, durch dessen Gesetztseyn ein gewisses andere Seyn unwiderstehlich und mit absoluter Nothwendigkeit gesetzt ist. Dies schließt drum innerhalb seines Gebietes die Freiheit (das Anfangen) schlechthin aus: es ist ein rein analytischer Satz. — Das Ich, oder der Wille selbst müßte drum seyn die absolute Naturkraft: kein Seyn ohne ihn, alles Seyn nur durch ihn, und als sein Principiat. (Es liegt im absoluten Anfangen, dem Erstes-Seyn, und ist nothwendig so gedacht. Sie können es gar nicht anders denken, und haben es auch nie anders, so gewiß Sie es jemals klar gedacht: jetzt ist es nur deutlich anzuerkennen, und sich für's Leben zu merken.)

F r e i h e i t = keine Natur über den Willen: Er ihr einzig möglicher Schöpfer; drum überhaupt keine absolute Natur, keine, denn als P r i n c i p i a t. Wer eine absolute Natur behauptet, der kann höchstens der Intelligenz das Zusehen lassen. Es ist klar, wie bloße rein analytische Sätze. — Hier streiten wir unmittelbar für Keines, sondern bloß für die Konsequenz. Wie könnte Naturphilosophie Freiheit zugeben!

Ich will hier anhalten, um diesen der gewöhnlichen Ansicht ungewohnten Gedanken gleich an dieser Stelle klarer zu machen, indem wir ihn gar sehr brauchen werden, und unsere Vertrautheit damit.

Keine Natur und kein Seyn ausser durch den Willen; die Freiheitsprodukte das rechte Seyn. — Da wir nun allerdings Freiheit behaupten dürften, so möchte dies wohl gerade unsere Meinung seyn. — Die g e g e b e n e Sinnenwelt sänke dadurch zur Ersichtlichkeit, Vorstellbarkeit des Höheren, der Freiheitsschöpfungen herab: sie mit allen ihren Gesetzen nur dazu da, — der vorliegende Stoff, die Sphäre, auf welche die Freiheit aufträgt: nicht auch a n s i c h, sondern durch die Bildbarkeit, Darstellbarkeit ihrer selbst gesetzt. Was die Freiheit auf sie aufträgt, dies bleibt das W a h r e. — Schauen Sie es im Bilde an! Was s c h a f f t denn die Natur? Gehen Sie in uranfängliche Wildnisse, die nie ein menschlicher Fuß betrat: Sie möchten kaum Etwas finden, was Sie anzieht und befriedigt. Bei uns ist die Vegetation geordnet, bestimmt, veredelt; so auch die Thiere: überall gewissermaßen neue Schöpfungen: menschliche Wohnungen und Gebäude, Rede und Schrift. Wo ist in unserer ganzen Umgebung das Geringste versteckt, das reines Naturprodukt wäre; wo ist dieselbe noch zu finden? Haben denn die Naturphilosophen nie auch nur einen Blick auf ihre Umgebung geworfen, und da ein anderes Princip gefunden, als das todte Naturgesetz?

Der Wille — absolut schöpferisches Princip, rein aus sich selbst erzeugend eine besondere Welt und eigene Sphäre des Seyns. — Die Natur bloß der leidende Stoff, ohne allen Antrieb. Ihre Gesetzmäßigkeit, ihr Entwicklungstrieb wird getödtet, um zu tragen das neue Leben und den Geist der Freiheit. Dies das Erste!

Weiter aber: Inwiefern nun doch diesem absolut schöpferischen Willen Bilder von seiner Wirksamkeit (Zweckbegriffe) zu Grunde liegen, und vorhergehen; (daß, und warum dieses so sey, und seyn müsse, haben wir hier nicht zu untersuchen; es reicht hin dies vorauszusetzen, und in der wirklichen Wahrnehmung unserer selbst im Selbstbewußtseyn es bestätigt zu finden) so sind dies solche Bilder, die durchaus kein Seyn aussagen, oder unmittelbar setzen, sondern die das ihnen entsprechende Seyn bekommen könnten nur durch die freie Wirksamkeit. — (Die Rede, die ich halten will, die Schrift, die ich schreiben will, die Ordnung, die ich in den Geräthen eines Zimmers, oder auch wohl in einer Gesellschaft von Menschen hervorbringen will: — alles reine Bilder oder Begriffe.)

1) Frei, absolut schöpferisch ist nur der, dessen Handeln solche Begriffe zu Grunde liegen, die nicht stammen aus der Sphäre des gegebenen Seyns: — der da handelt aus Begriffen, die klar und durchschaut ihm vorschweben, und diese darstellt in der Welt der Gegebenheit. (Ausserdem ist es ja die Sinnennatur, die im Bilde nur wiederholt, sich auch im Seyn wiederholt.) Dies das zweite Merkmal.

2) Es ist dies dieselbe Weltansicht, die wir oben gewonnen hatten im Namen der Wissenschaftslehre; nur ist sie hier erweitert und verklärt. Von der Erkenntniß der Bilder des gegebenen Seyns erhoben wir uns zu ihrem Gesetze = x; wir urtheilten, in Wahrheit sey nur das

Gesetz, das erscheinende Seyn aber sey lediglich der einzelne Fall (das Concrete) für die Anschaulichkeit und Vorstellbarkeit des Gesetzes. — Nun sagte ich ferner: dieses Gesetz selbst mit allen seinen Erscheinungen möchte wohl auch nur wieder seyn als die Sichtbarkeit eines Höheren = y, des sittlichen Gesetzes. Dies war dort ein durchaus unerklärter Ausdruck; jetzt ist er klar. Jenes spiegelt sich selbst ab, und stellt sich dar in den reinen Begriffen, welche einem absolut freien, das Naturseyn nicht fortsetzenden, sondern ein eigenthümliches Seyn aus sich hervorgehen lassenden Willen zu Grunde liegen.

Wie drum jetzo das Verhältniß? Hier das wahre Seyn; dort nur die Sichtbarkeit für dasselbe; eben Wirkungssphäre, Stoff, auf welchen aufgetragen, und in welchen realisirt wird. Also — eine Erkenntniß, die durchaus kein Seyn aussagt, sondern Etwas, das da in alle Ewigkeit fort nur werden soll. — Giebt es Wahrheit in unserer Erkenntniß? Ja: aber nicht in der dessen, was da ist, sondern dessen, was da ewig werden soll durch uns, unsere Freiheit; werden soll rein aus dem Geiste heraus, geschaffen und dargestellt in dem Gegebenen, das nur dazu allein da ist. Dies — nicht nur sagen, sondern alles Ernstes glauben, darin leben, das Gegentheil als eine mitleidswürdige Jämmerlichkeit klar begreifen — ist die Ansicht der Wissenschaftslehre, die sie ganz so und unumwunden ausspricht, nicht etwa nur als renommistische Behauptung, womit man sich ein Ansehen zu geben sucht, während man sie selbst nicht glaubt oder wahr findet. — Nicht das ist, was uns als daseyend erscheint, nicht einmal das, was wir Alle, und die Edelsten und Besten unter uns sind, sondern das, nach dem wir streben, und in Ewigkeit streben werden. — Was Du geworden, ist nur die Stufe, die Bedingung für den Moment: sobald Du stillstehst, und zu seyn wähnst, fällst Du in das Nichts.

Erkenntniß ist Bild des Seyns — Gottes: nur nicht die Erkenntniß, welche wieder ein Seyn aus sich setzt, sondern welche ein Werden: das Bild der ewig schaffenden Freiheit. Der schöpferische Wille, oben schwebend, mit seinem ewig fort in reinen Begriffen sich aussprechenden Gesetze, — dies ist die Welt; und mit einer tiefern sich abfinden lassen wollen, ist zu bemitleidender Blödsinn. — Jene wahre Welt aber liegt durchaus nur im Vorbilde, nie seyend, sondern werden sollend. Dies bestätigt recht die Ansicht der Philosophie, die wir früher aussprachen, daß nur Erkenntniß sey, und Nichts ausserdem. — Bild einer Welt, keinesweges etwa eine Welt selbst ist die Erscheinung des absoluten Seyns. (Dies wurde ignorirt, die Realität in das gegebene Seyn gesetzt, und die Sittlichkeit nur nachgeholt, als ein wunderbarer Anhang.)

Dies die Ueberzeugung und Weltansicht der Wissenschaftslehre. Die Worte sind, denk' ich, klar, und nicht miszuverstehen. Es ist nur schwer zu glauben, daß es Ernst sey, und daß nichts weiter denn das, so ganz einfach, behauptet werde. Auch dringt diese Denkart natürlicher Weise Achtung ab: sie läßt sich wohl bezweifeln, verläumden, aber im Ernste verachten kaum. — Man kann so nicht seyn, der Mensch ist schwach, die Sinnlichkeit dringt sich uns immer wieder auf! Gut, Ihr seyd also verächtliches, nichtswürdiges Volk, Ihr, die Ihr so sagt, und bekennt es laut: und seyd jämmerliche Thoren dazu; denn wer hat diese Beichte Eurer Verächtlichkeit von Euch begehrt? — Man paßt bei einer solchen Denkart schlecht in die Welt, macht sich allenthalben Verdruß! Ihr Verächtlichen! Warum sorgt Ihr denn mehr dafür, daß Ihr Euch den Andern anpaßt, als diese Euch, und sie für Euch zurechtlegt? Wer recht ist, muß sich nicht fügen dem Unrechten, sondern umgekehrt, die Unrechten müssen sich fügen dem Rechten; dieser aber will nicht den Beifall der Schlechten, da müßte er selbst ja ein Schlechter werden: sondern er will die Schlechten so bilden und zurechtsetzen, daß sie seinen Beifall haben können. — Freilich muß das Rechte auch bei sich führen Tüchtigkeit und Muth; aber ohne diese kommt man gar nicht zum Rechten. — Nun möchte Jemand zugeben, daß dem so sey; aber fragen: wie dazu zu gelangen? — Nur durch Bildung des eigenen innern Auges. Von aussen — durch den bloßen Glauben — kommt es nicht: in sich selber es haben!

Sittliches Gesetz = Bild eines Uebersinnlichen, rein Geistigen, also eines Solchen, das nicht ist, sondern nur durch den absoluten Anfänger des Seyns, den Willen, werden soll.

Wahrhaft frei, als handelndes, ist nur der, welcher nach solchen reinen Begriffen handelt. Denn: ein Naturgesetz, das ihn triebe, könnte sich nicht verstecken, da das Kriterium des sittlichen Begriffes dies ist, durchaus nicht irgend ein Seyendes, sondern ausdrücklich das Nichtseyende zu enthalten. Und nur so auch ist er seiner Freiheit sicher.

Vergleichen wir dies mit der Philosophie oder Wissenschaftslehre, so wissen wir: Philosoph heißt uns derjenige, dessen Erkenntniß durchaus frei und vollendet ist. — Der hier als wahrhaft frei beschriebene hat diese höchste und vollendete Erkenntniß: er ist durchgedrungen bis zur reinen Erkenntniß des wahren Seyns: er ist drum ein theoretisch Wissenschaftlicher. Was aber noch mehr? Er lebt und wirkt die philosophische Erkenntniß: das dort Ruhende und Unthätige ist hier Trieb und Bestimmung eines weltschaffenden Lebens geworden. In ihm ist die Philosophie Schöpfer des Seyns, also angewendet. Anwendung der Philosophie ist ein sittliches Leben.

(Ein sittliches Leben: nicht bloß ein nicht unsittliches, ungerechtes, lasterhaftes, — diese Neutralität wird noch von den Meisten mit der Sittlichkeit verwechselt, — sondern ein wahrhaft, positiv-sittliches, die sittliche Welt, d. h. dasjenige, was in der Erkenntniß liegt, als schlechthin seyn sollend, erschaffend und auftragend auf die gegebene Welt, die nur dazu da ist.

Da muß aber das innere Auge gebildet seyn zum Ersehen dieses Uebersinnlichen: diese Bildung des Auges aber ist die Wissenschaftslehre.

Also — absolute Erhebung über die Natur, Leben aus dem Erkannten, rein Geistigen heraus ist die zum Leben selbst, und zum Antriebe desselben gewordene Philosophie oder W. L. Diese in der Anwendung heißt eben: im Leben, Wirken und Erschaffen, als eigentliche die Welt bildende Grundkraft. Sie an die Spitze der Weltgestaltung im eigentlichen und höchsten Sinne.

Diese angewendete lebt man nur; sie trägt man nicht vor in Reden als in einem neuen Bilde. — Vorträge drum aus der angewendeten Philosophie, dergleichen ich angekündigt habe, gäbe es eigentlich nicht. (Daß vorgetragen wird als ein Mittel, Andere zu dieser beseeligenden Ueberzeugung und dem aus ihr erfolgenden Leben zu erwecken, dieß kann allerdings aus dem Standpunkte einer Person ihr geistiges Leben, das ihr aufgetragene Werk seyn. Dies aber gehört eigentlich gar nicht hierher.)

In einem andern und abgeleiteten Sinne aber müßten doch Vorträge über das geistige Leben, als die Anwendung der Philosophie, — Bilder eines solchen Lebens selbst auch angewendete Philosophie (im Bilde eben, in einer bloßen Erkenntniß, die ihr Seyn nicht unmittelbar, wie der Naturbegriff, setzt, sondern nur fordert) genannt werden.

Und dies drum wäre der Sinn meiner Ankündigung gewesen. — Die Wissenschaftslehre wäre von uns als Weisheit, Leiterin des Lebens und Wirkens zu betrachten; — was man sonst auch nennt: praktische Philosophie. Und aus diesem Gebiete werden unsere Betrachtungen allerdings genommen seyn; so viel war auch angegeben. Die engere Sphäre habe ich jedoch öffentlich unbestimmt gelassen, ohnerachtet sie bei mir wohl bestimmt war; weil ich die bloße Neugier nicht anziehen und kein anderes Interesse erregen wollte, als das rein wissenschaftliche ohne alle Beziehung auf den besondern Gegenstand, — so lange, bis ich in den Vorträgen selbst Gelegenheit gefunden hätte, Sie zu dem nöthigen Ernste zu stimmen, und nur diesen strengen Ernst Sie erwarten zu lassen.

Der besondere Gegenstand dieser Vorlesungen wird mir nämlich durch strenge Nothwendigkeit vorgeschrieben auf folgende Weise. Wenn ich wirklich den so eben beschriebenen und abgeleiteten Gegenstand ganz und durchgeführt abhandeln wollte, oder in diesem Zeitraum es könnte, nämlich die vollständige Beschreibung des Lebens im Geiste liefern, so müßte ich dieser Beschreibung durchaus vorausschicken und an ihre Spitze stellen, die Untersuchung über die äusserlichen Bedingungen dieses durchaus freien und geistigen Lebens: die Abschilderung eines vorauszugebenden Weltzustandes, falls es zu der geforderten sittlichen Freiheit im Allgemeinen kommen solle. — Da ich nun vollenden freilich nicht kann, aber anheben will, so muß ich da anheben, wo der natürliche Anfang liegt: ich muß jene Untersuchung, als die des vorbereitenden Abschnittes liefern; und dies ist denn eigentlich mein Vorhaben mit diesen Vorlesungen: die äussern in der gegebenen Welt liegenden Bedingungen der sittlichen Freiheit darzustellen.

Fassen wir nochmals scharf jenen Begriff. Der Wille = W ist das absolut schöpferische Princip der wahren Welt: — seine Produkte und Effekte = E. Dieser hat seinen gegebenen Inhalt, sein anzustrebendes Ziel in dem Sittengesetze = J: in diesem liegen die Effekte vorgebildet: aber diese Effekte sind Fortbestimmungen in der voraus gegebenen Sinnenwelt = Z. — Nun fragt sich: Ist diese in jeder Rücksicht geschickt den Abdruck eines freien und geistigen Willens aufzunehmen? Oder — wie müßte sie seyn, falls sie dies nicht schlechthin wäre, und wie müßte sie in diesem Falle erst dazu gemacht werden? — Also auf die umgebende Welt, als Sphäre des freien Handelns, also in gewisser Beziehung Natur, und zwar in Rücksicht auf ihre Paßlichkeit für freies sittliches Wirken, hätten wir die Betrachtung zu richten. Dies im Allgemeinen der Ort der Untersuchung.

Zuförderst nun: diese Untersuchung, ohnerachtet sie nach dem Bisherigen erschien als vorläufige für die angewendete Philosophie, ist doch auch ein Theil derselben. Denn falls die Welt in ihrem gegebenen Zustande allerdings sich nicht für Jenes tauglich fände, so ist es die allererste, und dermalen allein in der Zeitordnung liegende Forderung des Sittengesetzes, daß ihr die taugliche Gestalt gegeben werde. Dies drum ist selbst die erste Anforderung an den sittlichen Willen: wir lehren sonach die nächste Sittenlehre der Zeit. — So viel im Allgemeinen. Jetzt näher zur Sache:

Die gegebene Welt, inwiefern sie bestimmt ist allein durch das Naturgesetz, ist ganz gewiß der Freiheit angemessen; denn sie ist, nach dem ursprünglichen Gesetze der Erscheinung und des Bildwesens überhaupt, nur die Sichtbarkeit des Sittlichen, der Freiheit. — Die Freiheit ist das durchaus höhere Princip, durch welches jene in Nichts verschwindet: sie kann sich für sich entwickeln, aber sie kann dem höheren Princip nicht widerstehen: dieses hebt eben an mit der Tödtung jener leeren Entwicklung für das Aufnehmen der Idee. In dieser Rücksicht also keine besondere Untersuchung über die Tauglichkeit; dies ist von vorn herein abgeschnitten. Was die Freiheit soll, kann sie nur, nicht die Natur; Alles aber, was jene kann, nimmt diese auf ohne Widerstreben. — Aber — die Freiheit kann nur auf sie wirken; nun ist diese zertheilt unter mehrere Individuen, deren Jedes in Beziehung auf die Natur unbedingt frei ist. Diese unbedingte Freiheit der verschiedenen Willen kann sich hindern und hemmen; und so entsteht Unfreiheit des Einzelnen, weil Alle unbedingt frei seyn wollen.

Also: Ein mit sich einiger Wille, und es wäre nirgend eine Hemmung der Freiheit: unsere ganze Aufgabe fiele hinweg. Aber es sind mehrere möglicher Weise mit sich streitende Willen; und daher die Möglichkeit der Hemmung der Freiheit.

Das Naturgesetz — etwa eine gewisse Natureinrichtung — kann diesen Streit nicht schlichten; denn die Natur gebietet überhaupt nicht der Freiheit: also ein sittliches Gesetz; eines, das da an die Freiheit Aller gerichtet, in der Erkenntniß Aller niedergelegt wäre; das Grundgesetz und der Bürge gleichsam aller sittlichen Gesetze, — dadurch, daß es bestimmt, wie weit die Freiheit jedes Einzelnen gehen könne, ohne die der Uebrigen zu stören. So wird gleichsam das Gebiet der Freiheit eingetheilt in zwei Sphären, a) die der freien Wirksamkeit jedes Einzelnen, b) die, welche keiner unmittelbar berühren dürfte. — Durch dieses Gesetz wird jener Streit geschieden, und so die einzige Gefahr, die der Freiheit entgegenstand, aufgehoben.

Dies nun ist das Rechtsgesetz: es ist schlechthin da, als die äussere Bedingung der sittlichen Freiheit: es muß drum herrschen, als absolut festes, und gegebenes, als schlechthin bindend gleich einem Naturgesetze. — Jene gesuchte äussere Bedingung drum ist das Recht, rechtliche Welt; das erste Gesetz hat vorläufig den Rechtszustand hervorzubringen. Die Untersuchung jener vorläufigen Bedingungen also hätte gerade dies zu beschreiben: sie wäre Rechtslehre.

Nun ist auch das nicht meine Absicht: die Rechtslehre habe ich voriges Jahr vorgetragen, ausserdem ein Buch darüber geschrieben; — sondern: wir könnten das Rechtsgesetz betrachten, nicht als setzend einen vorhandenen Zustand, also bloß theoretisch, sondern praktisch, als ein sittliches Gebot an Alle, als das, was wir alle sollen fürs erste begreifen, sodann Jeder an seinem Theile befördern.

Dies wäre aber nur möglich, wenn in der gegenwärtigen Welt der vollendete Rechtszustand nicht allerdings eingeführt wäre; und nur inwiefern ich dies glaubte, könnte ich eine solche Betrachtung ankündigen.

Dies ist nun allerdings meine Meinung, die ich späterhin zu beweisen habe. Das Recht herrscht im gegenwärtigen Weltzustande freilich bis auf einen gewissen Punkt, herrscht auch im Ganzen (einzelne vorübergehende Auftritte der Ueberwältigung kommen dabei nicht in Betrachtung) weiter, als jemals in einem frühern Weltzustande; aber es fehlt noch viel, daß es durchgehends hergestellt sey: theils, weil äusserst Wenige den Rechtsbegriff durchaus kennen; theils, weil es bei der dermaligen Bildung des Menschengeschlechts unmöglich seyn würde, ihn auszuführen; theils endlich auch, — wir wollen dies uns nicht verbergen — weil es der Vortheil Vieler ist, daß derselbe nicht ausgeführt werde, daß selbst die Erkenntniß desselben verdunkelt bleibe. So sind die vorhandenen Rechtsverfassungen — Nothverfassungen, die besten, die jetzt möglich sind, nur vorläufige, Stufen. Dabei soll es nun nicht bleiben, — und es wird auch nicht: wir freilich werden dies nicht erleben, und sollen es auch nicht begehren.

Also was gegenwärtiges und für die Zeit geltendes Sittengebot am Rechte ist, fällt in unsere Untersuchung; drum derjenige Theil des Rechtsbegriffes, welcher dermalen noch nicht gilt. Dies genau zu merken!

Mit welchem Geiste der Milde und des rein abgezogenen wissenschaftlichen Ernstes übrigens unsere Untersuchung diesen Gegenstand behandeln werde, wie sie drum denselben auch ihren Zuhörern anmuthe, wenn sie ihnen nicht statt einer wohlgemeinten Gabe eine gefährliche bringen soll; davon noch einige Worte. Wir wollen in dieser Beziehung gleichsam die Bedingungen verabreden: die Stimmung dafür in uns hervorbringen.

Dem rein Wissenschaftlichen ist entgegengesetzt das unmittelbar Praktische, Thatbegründende, das, was sich anknüpft unmittelbar an die Geschichte der Gegenwart. — Dieser Unterschied, wiewohl oft ausgesprochen, doch nie, so viel ich weiß, recht erwogen. Drum geschehe es hier:

a) Alles, was in der Welt geschehen soll, (eigentlich auch wahrhaftig geschieht; denn das Verkehrte sind keine Positionen, sondern nur Negationen) gründet sich auf das Sittengesetz. — b) Das Einzelne in demselben liegt in einer Reihe, in der jedes Folgenden Möglichkeit bedingt ist durch die Wirklichkeit des Frühern. — c) Setzen Sie, die Wirklichkeit, die Geschichte der Menschen an einem Orte sey in irgend einem Punkte dieser Reihe gegeben, verwirklicht: so soll und kann von diesem Punkte aus nur verwirklicht werden der unmittelbar folgende. Die Vorschrift, daß er verwirklicht werden soll, ist unmittelbar praktisch, — auch die Einsicht ist es. — Dies ihr Charakter, nur zu sehen das unmittelbar Nöthige. — d) Die Wissenschaft verfolgt diese Reihe weiter, sieht entlegnere Punkte, — gleichfalls praktisch, nur nicht unmittelbar. — Zugleich aber sucht sie die Mittel, die Bedingungen auf für jenes Entlegnere; diese, wenn gleich auch nicht das durch sie Bedingte, ihr nächster Effekt, mögen allerdings in die Gegenwart fallen, und so kann die Wissenschaft dennoch auch unmittelbar praktisch werden. — (In einem andern Sinne ist sie es freilich immer: sobald nämlich eine Erkenntniß durch sie begründet ist, so soll diese erhalten, verbreitet, verklärt werden; und es kann diese Ueberlieferung und Verbreitung selbst unmittelbar Zweck werden für Jemand.) — e) So hat schlechthin alle Wissenschaft praktische Tendenz und ist thatbegründend. — Das rein Theoretische zeigt die Mittel an zur Realisirung eines noch entlegenen Ziels; das rein Praktische geht auf den absolut-nächsten Zweck. Die Wissenschaftslehre durchdringt Beides in seinem Verhältnisse zu einander, — so wie wir es eben ausgesprochen haben: Sie giebt eben die Unterweisung für den wissenschaftlichen Verstandesgebrauch für das Leben.

Also:

1) Alle Wissenschaft ist thatbegründend; eine leere, in gar keiner Beziehung zur Praxis stehende giebt es nicht: dies hat sich durchgreifend gezeigt.

2) Hieraus ergeben sich zwei Grundstände, das Volk, und die Gelehrten, Wissenschaftlichen: — die freilich äusserlich nicht streng geschieden werden sollen, und deren Bestandtheile sich auch in einzelnen Personen durchkreuzen mögen; (derselbe kann nämlich in gewisser Beziehung Volk seyn, in Beziehung auf manche thatbegründende Einsicht, in anderer dagegen Gelehrter.) — Für das Erste ist nur vorhanden das unmittelbar Thatbegründende: den Letztern fällt anheim die Weitersicht; sie sind freie Künstler der Zukunft und ihrer Geschichte, die besonnenen Baumeister der Welt aus jenem, als dem bewußtlosen Stoffe.

3) So kann der Spruch: Dies mag in der Theorie wahr seyn, gilt aber nicht in der Praxis — nur heißen: Für jetzt nicht; aber es soll gelten mit der Zeit. — Wer es anders meint, hat gar keine Aussicht auf den Fortgang, hält das Zufällige, durch die Zeit bedingte für ewig und nothwendig: er ist Volk, oder eigentlich Pöbel. Volk nämlich gründet sich auf die reine Unwissenheit des eigenen Standpunktes, weil es einen andern nicht kennt, den Gegensatz nicht hat, welcher alle Unterscheidung erst möglich macht. Wer aber den Gegensatz kennt, ihn bestreitet, und sich positiv als das Rechte hinstellt, ist Pöbel; und dies Wesen Bauernstolz. Wer die Scholle bearbeitet, mit den Thieren lebt, kann nicht die Biegsamkeit der Glieder, und die Gewöhnung an Reinlichkeit haben, die sich ziemt; wer wird sie auch von ihm fordern? Wenn er aber in diese Tölpelei, dieses Hineintreten in den Koth, daß er umherspritzt, die Ehre und Bravheit setzt, es mit Bedacht übertreibt, die Gefügigen und Reinlichen sich gegenüber als Weichlinge verachtet; so ist dies Pöbelhaftigkeit: so bei Jenen, die hochmüthig sind gerade auf ihre geistige Blindheit und gänzliche Unwissenheit. —

Nun reden wir hier bloß von dem, was uns in dem bezeichneten Sinne rein Wissenschaftliches heißt: der angekündigte Gegenstand ist demnach aus dem Umkreise desjenigen, was dermalen nicht gilt, nicht in der Geschichte liegt, (also nicht ein unter c. befaßtes;) es auch nicht kann, (also nicht unter d.) sondern irgend einer der entfernten Punkte ist.

Indem wir nun sagen: es kann nicht gelten für jetzo; sagen wir: es soll? Gehe hin und führe es aus! — Widersprechen wir uns denn in's Angesicht? Wer es so auffaßt, verdreht. Was wir auch sagen, die Lebenden geht es nicht an. Für die unmittelbare Ausführung laßt diejenigen, die da leben werden, wenn es Zeit ist, sorgen,

oder

oder dagegen protestiren: Du Gegenwärtiger aber schweige: mit Gegenwart und von Gegenwart ist gar nicht die Rede.

Das aber sagen wir vielleicht, es müsse in die Gegenwart (c) sogleich und auf der Stelle Etwas gelegt werden, aus dem sich Glied- und Schritt-weise entwickeln könne, was jetzt allerdings unmöglich ist, damit es möglich werde. Nicht das Ziel, den vollendeten Zustand, sondern nur das nächste Mittel dafür meinen wir.

Vielleicht ist es gut, sogleich das Mittel zu nennen; der Rechtszustand soll schlechthin werden Zustand Aller; dazu sind nicht Alle fähig, — also wird zunächst gefordert eine Bildung Aller für diesen Zweck, Erziehung, — eine erleuchtete, der ihr bestimmtes Ziel angegeben ist. (Man denke nicht, daß die Erziehung zum Bürger einseitig bleibe: es liegt Alles darin, wenn nur das rechte Bürgerthum gedacht ist. Auch wird sich dies zeigen.)

Vielleicht geht auch dies nicht unmittelbar: es muß also möglich gemacht werden, es ist darüber zu denken. Auf alle Fälle also soll dies erkannt werden und das Andere, was daraus folgt; die Erkenntniß und Lehre desselben drum ist ganz gewiß unmittelbar praktisch, weiter aber vor der Hand nichts. So bleiben wir rein in unserm Fache der Lehre, und führen es auch unmittelbar aus.

Sodann aber sagten wir: es konnte nicht anders seyn; ein Nothzustand, veranlaßt durch die Unwissenheit und Unvorbereitung im Ganzen, auch wohl durch eigene Unwissenheit des Einzelnen, — die so lange unverschuldet ist, als die Belehrung nicht dargeboten wurde. — Wir klagen drum nicht an. tadeln nicht die Menschen, sondern anerkennen die Nothwendigkeit. Was wir auch im Verfolge zeigen mögen, wer sich getroffen fände, kann es tragen: er ist unschuldig und rein, wenn er nur der Lehre sich nicht widersetzt und gegen sie verstockt. —

Ich sage dies nicht um mich etwa zu sichern vor Gefahren, sondern um Sie zu sichern, und Ihnen den Geist zu zeigen, der Sie bewahre vor den Gefühlen der Schadenfreude, des Hohnes, des Neides, u. dgl., die bei weniger Gebildeten durch manche der folgenden Betrachtungen angeregt werden könnten; indem so Vieles, was das Volk (das durch bloße Geschichte gebildete) verehrt, in einem andern Lichte sich zeigen dürfte.

Die Quelle dieser Leidenschaften ist eben jene blinde Verehrung des Geschichtlichen, und der Neid, daß man nicht selbst an jenen geehrten Plätzen stehe. — Wer wahrhaftig in den Umkreis klarer Einsicht, und in den herrlichen Genuß, den diese gewährt, hineingekommen ist, hat keinen Menschen zu beneiden, und wünscht sich kein anderes Geschick. Seines ist das glorreichste und beseeligendste. Er kann drum durch keine Betrachtung, die Andere in ein niederes Licht stellt, selbst gehoben werden zum Stolze: er hat seinen unveränderlichen Platz.

Nur der, dem die Erkenntniß noch nicht eigen ist, dem sie aufschimmert wie ein Blitz, als ein noch nicht zu ihm gehöriges Bestandtheil, der drum sich selbst noch von ihr absondert, kann durch sie und durch die Wahrheiten, die er in ihr erblickt, aus seinem Gleichgewichte zu Stolz und Selbsterhebung und Allem, was daraus folgt, fortgerissen werden. Der ungewohnte Zustand ist es, und die Vergleichung mit dem vorigen. Wessen eigenes und stetes Leben sie ist, wem sie sein Wesen selbst ausmacht, der sieht sich nicht von ihr gesondert: ihr Blick ist der seinige. In diesem aber wird er vielmehr von inniger Wehmuth ergriffen, und von Mitleid mit dem Geschick derer, die durch die geschichtlichen Verhältnisse gedrängt werden, die Schicksale der Völker zu leiten, und auf sich zu nehmen, ohne daß es doch in ihnen vollkommen hell und klar ist; denen sich wohl oft die Einsicht aufdrängen muß, daß sie des Rathes bedürfen, und die doch ausser sich keinen finden, der ihnen Genüge thut.

In diesem Geiste sehe ich die gegenwärtigen Weltverhältnisse an; in ihm werde ich sagen, was ich über sie sagen werde. In diesem, wünschte ich auch, daß es empfangen würde. Ich möchte Sie hineinheben in den reinen Aether der Wissenschaft, und mit den edlen und hohen Gesinnungen, die da liegen, Sie erfüllen; nicht aber unedlen Leidenschaften, die unser Aller Verhältnisse, über die wir uns eben hinweggheben wollen, nur zu sehr erzeugen, und nähren, neuen Stoff bereiten.

An die Schüler der Wissenschaft drum, nicht an das Volk ist die Belehrung gerichtet, und nur in diesem rein wissenschaftlichen Sinne.

So nun Jemand auch unter dieser Bedingung dies nicht zugeben wollte: — warum? Es könnte dann anders und besser werden; das soll es nicht, in keiner möglichen Zukunft! — Was wäre da zu thun? Alle Abweichung vom Rechte entschuldigt die Noth. Wer diese Noth verewigen will, der will das Unrecht um seiner selbst willen. Er ist Feind des menschlichen Geschlechts: dies ist auszusprechen, und Er als solcher zu behandeln. Das Recht muß schlechthin Bahn bekommen; geht er ihm durchaus nicht aus dem Wege, so muß dieser Weg eben über ihn hinweggehen.

Nun möchte dies wohl nicht seyn, aber man könnte fürchten, daß es doch auch in der Gegenwart Schaden anrichten möchte, — Unordnung! — Wie denn? — „Du sagst freilich, es sey nicht für die Gegenwart: aber wenn sie dies nun überhören, nicht achten? — Gut: so ist das ihre Schuld. Bändigt auch diese Ruhestörer durch dieselben Waffen, wie Ihr andere bändigt, mit guter Billigung, ja auf Geheiß der Wissenschaft.

„Sie können aber unvorsichtig damit umgehen: sie können es unter das Volk — im obigen Sinne — bringen!" Auch dagegen verwarnt sie die Wissenschaft ernstlich. Ich habe den Grund dieser Warnung schon oben ausgesprochen: ich will auch die Warnung noch bestimmt aussprechen. Z. B. die Theologen, welche Streitigkeiten über die Aechtheit der symbolischen Bücher, — widerstreitende Erklärungen auf die Kanzel bringen, vor dem Volke ihre kritischen und exegetischen Hefte repetiren, sind ungeschickt, lächerlich, und ich denke allgemein verlacht. Nicht weniger lächerlich wäre ein Schüler der Wissenschaft, der, um seine Kunst vom Volke bewundern zu lassen, Disputirens halber unsere Sätze vorbrächte. Dies sind jugendliche Ausgelassenheiten, fremd dem Ernste der Wissenschaft: diese kann der Schüler der Weisheit nicht früh genug ablegen. Das Glück ist, daß Solche auch vom Volke verlacht werden, das das Seyende für das absolut Nothwendige hält. Das Uebel hat sein Heilmittel selbst bei sich. — Ausserdem wer jenes kann, der zeigt schon wissenschaftlichen Sinn, und er wird auch die Klugheit haben, die denselben begleitet.

„Nun ja: es ist aber doch nicht die absolute Unmöglichkeit bewiesen, daß einer von jenen Misbräuchen nicht eintrete; was ohne Dein Lehren nicht geschehen seyn würde." Nein, gewiß nicht! Weißt Du nur andere Mittel, ausser den angegebenen, die ich gebrauchen soll, so theile sie mir mit: die Du gebrauchen kannst, so gebrauche sie. — Nein, sagt Jener; Du sollst eben gar nicht lehren, so unterbleibt es sicher: das ist ja das wahre Mittel! — Verzeihung! Und dies das einzige, was nicht gebraucht werden kann. — Das kommt eben auf das Vorige hinaus: die Menschenfeindschaft, und über diese haben wir schon gesprochen. Um des Misbrauches willen den Gebrauch aufheben, heißt eben die Menschheit dazu verurtheilen daß mit ihr Alles beim Alten bleibe. — Alles ist gemisbraucht worden, Alles kann es, und wird es sicher; daran geschieht nichts Neues.

Diese Lehrfreiheit ist aber auch wirklich hergebrachtermaßen und geschichtlich in unserm christlichen Europa; und wer sie antastet, der will nicht dieses Geschichtliche erhalten, sondern selbst ein durchaus Neues und Unerhörtes einführen. Ueberall Lehranstalten, und ein philosophisches Symbol; welches nicht unverändert überliefert, sondern erweitert werden soll; dazu also Freiheit, und diese zu erhalten des Lehrers Pflicht. Er kann sich irren; da mögen ihn Andere bestreiten. Die Sache bleibt auf dem Gebiete der Lehre. — Dies unser Palladium; und wer es anders will, der müßte eben die Menschheit anfeinden. Eine solche Verfassung wäre schlechthin unrechtmäßig, und kein Mensch könnte mit gutem Gewissen in ihr bleiben.

Dies die Lehrstrenge; in der That aber ist es nicht so. Ich habe zu einer andern Zeit gesagt, daß selbst die, mit denen wir jetzt in einem gerechten Kriege begriffen sind, dies nicht gethan haben.

So viel zur Einleitung.

Lassen Sie uns indeß den schulgerechten Vortrag des angekündigten Gegenstandes aufschieben, und uns unterbrechen durch ein allerdings dahin gehörendes Bruchstück, das zudem Zeit und Umgebung uns unmittelbar darbietet: — durch die Frage: **Was ist ein eigentlicher — wahrhafter — Krieg, und was liegt in dem Begriffe eines solchen?**

— Ein dazu gehöriges Bruchstück: — es ist theils vorbereitet durch das bisher Gesagte, und nur unter Voraussetzung desselben ganz verständlich; theils bereitet es vor, und leitet es ein vieles Künftige; — wie wir uns denn berufen werden auf künftige weitere Auseinandersetzungen.

Zuvor: Ich traue Ihnen nicht die verkehrten Begriffe zu, die ich als die Begriffe des gemeinen Volks nachweisen werde; dennoch glaube ich zugleich, daß es zuträglich seyn wird, — wie es denn der Jünger der Wissenschaft wenigstens würdig ist, — eine klare Einsicht in den aufzustellenden Gegensatz zu bekommen. — Dies aber zur Mittheilung und Einwirkung auf Ihre Umgebung: denn es ist unmittelbare Volkssache, zunächst eingreifend ins Leben. Nicht nur die Lage — sogar die unmittelbar praktische Behörde, die Regierung, hat den gegenwärtigen Krieg für einen wahren erklärt, ganz in dem Sinne, den ich aufstellen werde, in mehreren Verordnungen, unter andern in der über den Landsturm. Einer der seltenen, nicht oft erlebten Fälle, wo Wissenschaft und Regierung übereinkommen.

Gegensatz.

Der Gegensatz in der Ansicht des Krieges gründet sich, und folgt aus einem Gegensatze in der Ansicht des Staates, dieser wieder aus einem in der des menschlichen Lebens überhaupt. Wir müssen ausgehen von diesem letzten, um den ersten in unserer Einsicht klar zu begründen.

Dem gewöhnlichen, natürlichen, unerleuchteten Menschen ist das Leben, das durch die Wahrnehmung ihm gegebene, mithin dermalige, zeitliche und irrdische Leben letzter Zweck, Zweck an sich. Denn weiter geht seine klare Erkenntniß nicht: da ist's alle, — Nichts jenseit, für dessen Erscheinung ihm wiederum dieses Leben gelte. Das Leben unbegriffen, und bloß angeschaut. Die historisch an ihn gekommene christliche Religion, die allerdings jenseit des gegenwärtigen Lebens geht, und dieses auf ein anderes, und dessen Belohnungen und Strafen bezieht, bleibt, wenn sie auch geglaubt wird, eben nur geglaubt, an ihren Ort gestellt, ohne daß sie die ganze Erkenntniß, und darum die Ansicht des gegenwärtigen Lebens weiter bestimmte: — an ihren Ort gestellt, eben ein besonderer, abgerissener Ort, höchstens Andachtsübungen und einen gewissen Gottesdienst hervorbringend.

Dies — das Leben — das Erste und Höchste. Das Nächste nach ihm die Mittel, dasselbe zu erhalten, es so mächtig, so bequem, und so angenehm als möglich zu führen: irrdische Güter und Besitzthümer, immer nur bezogen auf Erhaltung und Annehmlichkeit des irrdischen Lebens, — und die Wege, um zu diesen zu gelangen, Gewerbfleiß und Handel. Blühende Gewerbe und so viel möglich Menschen durch einander in möglichstem Wohlstande, dies das höchste Gut, der Himmel auf Erden, etwas Höheres giebt die Erde nicht.

Warum treibt sich das Volk so, und schreit? Es will sich ernähren,
Kinder zeugen, und die nähren, so gut es vermag.
Merke dir Reisender das, und thue zu Hause des Gleichen!
Weiter bringt es kein Mensch, stell' er sich, wie er auch will.

Diese Mittel des Lebens, Eigenthum genannt, wie sie auch zusammengebracht seyen, gegen gewaltsamen Raub jeder Art zu schützen, dazu ist der Staat; er bloß das Mittel dazu, darum das Dritte in der Reihe. — Zuerst das Leben, sodann das Gut, endlich der Staat, der es schützt.

Wie sie zusammengebracht seyen, sage ich — dieser Umstand ist bedeutend, und gehört zu den Grundzügen dieser Ansicht. Erwerb und Handel und überhaupt alles menschliche Treiben ist frei, und über die Gesetze des Staats durchaus erhaben. Nur die Religion verbietet Meineid, der Staat, wie sich versteht, materiellen Raub; übrigens gelten alle Mittel der Industrie. Auch findet eine Verjährung statt, selbst des Raubes, und bei dem Staate hat man die Producte dieser Industrie nur anzuzeigen, damit er wisse, was er Jedem zu schützen habe: keinesweges aber darf er bei dem, was Jeder ihm in seiner Hand vorzeigt, fragen nach dem Erwerbstitel.

Der Staat eine Anstalt der Eigenthümer, die aus dem Naturstande heraus, und vor allem Staate, und ohne alle Kundnehmung des Staates, Eigenthümer sind. Die

Staatsgewalt der Diener dieser Eigenthümer, der von ihnen für diese Dienste bezahlt wird.

Diese Ansicht des Staates ist sogar in den Schulen der Weisheit ziemlich allgemein. Sie zeigt sich in Lehren wie die: daß eigentlich die Grundeigenthümer (der Adel, vom schwedischen Worte Odal) die ursprünglichen Bürger und Stifter des Staatsvereins seyen, und die nachher Hinzugekommenen sich müßten gefallen lassen, was diese für Rechte ihnen abtreten wollen; in dem Eifer für die Freiheit, das ist, Gesetzlosigkeit des Erwerbs, der Behauptung: daß Kirche, Schule, Handelsgilden und Innungen, uud überhaupt so ziemlich Alles, was sich nicht auf die bürgerliche Gesetzgebung bezieht, nicht Staatsanstalten, sondern nur Anstalten von Privatpersonen seyen, die dem Staate bloß angezeigt werden müßten für seine Schutzschuldigkeit; daß der Staat gänzlich wegfallen würde, wenn es nur keine Räuber mehr gäbe, indem alles Uebrige ausser seinem Umkreise liegt, wie oft gehört wird; und es giebt vielleicht auch unter Ihnen solche, denen diese Lehre vorgetragen worden, wie es zu geschehen pflegt, nicht ohne Bissigkeit, und schnippisches Wesen, und mitleidige Seitenblicke auf die, die zu so hoher Weisheit sich noch nicht erhoben haben.

Hieraus folgt nun im Allgemeinen:

1) Die Menschheit zerfällt in zwei Grundstämme: die Eigenthümer, und die Nichteigenthümer. Die ersteren sind nicht der Staat, — sie sind ja als solche vor allem Staate, und ohne seine Kundnehmung, wie sie es sind — sondern sie halten den Staat, wie ein Herr sich einen Bedienten hält, und der letztere ist in der That ihr Diener. Wer nun einen Diener bezahlen kann, der dient

nicht: mithin kommen auf die Mitglieder der Staatsgewalt nur die Nichteigenthümer. Wer eigenes Vermögen hat, dient nicht: der Diener dient, weil er Nichts hat, um seinen Sold — der Soldat. Wer einen Diener hat, thut die Dienste, für die er diesen bezahlt, nicht selber. Das Zeichen — die Kantonfreiheit.

2) Es ist den Eigenthümern durchaus gleichgültig, wer sie schützt, wenn sie nur geschützt werden; das einzige Augenmerk dabei ist: so wohlfeil als möglich. Der Staat ist ein nothwendiges Uebel, weil er Geld kostet, man muß aber jedes Uebel so klein machen als möglich.

Dies die Ansicht des Staates, als das Zweite: jetzt das Dritte. — Wenn es nun unter mehreren Staaten, die so angesehen werden, auch wohl sich selbst, in den Stellvertretern der Gewalt, nicht anders ansehen, zum Kriege kommt, was kann dieser bedeuten, und wie kann er geführt werden? Da der Stand der Eigenthümer in der gebildeten Welt sich, um seinen Erwerb ungehindert zu treiben, der Selbstvertheidigung begiebt, so kann er sich auch nicht vertheidigen gegen seinen Vertheidiger selbst; er steht, wie gegen alle Welt, also auch gegen ihn wehrlos da. Er kann drum auch nicht über den Lohn der Vertheidigung mit ihm dingen, sondern muß eben geben, was dieser verlangt; er kann nicht geben, was er will, sondern was sein Vertheidiger will; dieser aber wird, mit seltener Ausnahme, Alles wollen, was der Andere nur irgend geben kann. Die Stelle eines solchen Vertheidigers dürfte darum leicht eine sehr einträgliche Stelle werden. Sie führt überdies ihrer Natur nach dieses bei sich, daß der Wille eines Solchen bindet schlechthin alle Willen in seiner Sphäre, selbst aber gebunden wird schlechthin durch keinen einzigen.

Es ist drum sicher vorauszusehen, daß der, welcher zum Besitze dieses einzig trefflichen, das Leben, seine Kräftigkeit und seinen Genuß am allerbesten versichernden Platzes kommt, Alles thun wird, um ihn auch seinen Erben und Erbnehmern zu versichern; und so wird denn die Vertheidigung der wehrlosen Eigenthümer der ganzen Welt anheimfallen einer gewissen Anzahl von Familien als ihr Erbbesitz.

Da auf diese Weise das Vertheidigungsamt doch mehr einträgt, als es kostet, und, wer einmal ein bedeutendes Land vertheidigt, ziemlich mit derselben Kraftanstrengung auch das benachbarte vertheidigen könnte, so werden die Herrscherfamilien einander zu verdrängen suchen; und so entsteht denn zwischen ihnen, den Herrscherfamilien, ein Krieg über die Frage: ob ferner die eine oder die andere einen gewissen Distrikt vertheidigen solle, — was Nichts verschlägt — und, worauf es eigentlich ankommt, den Gewinn, der dabei herauskommt, ziehen solle.

Wem verschlägt nun diese Frage Etwas? Eigentlich nur den beiden Herrscherfamilien: und diese mögen denn durch ihre Söldner, die es sind, weil sie Nichts haben, und den Schutz nicht bezahlen können, drum ihn in Person leisten müssen, die Sache ausfechten lassen. Die Eigenthümer und Gewerbtreibenden geht sie in der Regel ganz und gar nichts an, und es wäre Thorheit, wenn sie sich hineinmengten: es ist ein reiner Krieg der Herrscherfamilien. Denn ihnen ist es nur um den Schutz des Eigenthums zu thun, dieser aber wird ihnen, wer da auch siege. Daher wird auch in diesen Kriegen die Sicherheit des Privateigenthums versprochen, nur das des Staats, heißt hier, der Herrscherfamilie, wird weggenommen, und der Bürger verliert dabei Nichts, sondern gewinnt: es bleibt doch bei seinem Vertheidiger, dessen ihm durchaus Nichts verschlagende Person bloß verwandelt ist. Was sollte er thun? Sein Leben, seine gesunden Gliedmaaßen in Gefahr setzen? Man lebt nur einmal, das Leben ist das höchste Gut; womit will man ihm denn sein Leben und seine gesunden Glieder bezahlen? — Seine Besitzthümer, sein Gewerbe verlassen? Nicht um eines Schrittes Breite, denn nur das Auge des eigenen Herrn hütet wohl: sie könnten zu Schaden kommen, aber nur durch sie hat sein Leben Werth, und ohne dieselben wäre es auch nur jämmerlich. Sie sind an dasselbe gebunden und seine Hüter: wo dies ist, da müssen sie seyn.

Sobald der Feind — nicht der seinige, sondern der seines vorigen Herrschers, — sich seines Wohnsitzes nur bemächtigt, und die Söldner des andern vertrieben hat, tritt Alles wieder ein in seinen vorigen Gang; seine Habe ist gesichert, und er geht seinen Geschäften ruhig nach, wie vorher. Nur der Augenblick, so lange er unentschieden ist, ist gefährlich; denn aller Kampf verheert das Eigenthum. Während desselben ist Ruhe die erste Bürgerpflicht. — Bürger heißt Eigenthümer und Gewerbtreibende, im Gegensatze des Söldners. Ruhe, daß er ganz neutral, in sein Haus verschlossen, bei verrammelten Fenstern, den Ausgang abwarte, und sehe, wen derselbe ihm zum künftigen Vertheidiger geben werde, wo möglich für einen guten Vorrath weißen Brodes, frischen Fleisches, und stärkender Getränke gesorgt habe, mit denen er, nach Ausgang des Kampfes, dem Sieger, welcher von beiden es sey, sich empfehle und dessen Gewogenheit gewinne. Macht er es anders, so könnte ja seine Person und seine Habe zu Schaden kommen. Dies in jedem Fall zu verhindern, muß ja selbst der wohlmeinende Freund seines bisherigen Herrschers wünschen; denn man kann ja immer nicht wissen, ob nicht bei dem, so Gott will, nächstens zu hoffenden schmählichen Frieden der Platz zurückgegeben werde: aber er wird offenbar von höherem Werthe seyn, wenn er unverwüstet ist, als wenn er verwüstet wäre.

Die Fortdauer des Kampfes verheert das Eigenthum, das höchste Gut des Menschen nächst dem Leben, und bedrohet selbst Leben und Gesundheit, die allerhöchsten Güter. Man muß dieselbe darum durch jedes Mittel abzukürzen suchen: dies ist die höchste Pflicht jedes verständigen Menschen nach ausgebrochenem Kriege. Wenn also nach der bisherigen Geschichte schon zu vermuthen ist, wohin der Sieg sich wenden werde, oder auch der Ausgang der ersten Schlacht dies schon gezeigt hat, so muß man den unzeitigen Widerstand des doch zu Besiegenden nicht unterstützen. Alle haben sich zu vereinigen, zu übergeben die Festungen, und anzuzeigen; die Krieger, die Gewehre wegzuwerfen, und überzugehen. Der Sold dort ist eben so gut.

So ist gehandelt in der Seele eines vorurtheilsfreien und aufgeklärten Besitzers, der da Einsicht hat in den Werth der Dinge. Vorurtheile aus barbarischen Zeiten, von göttlicher Einsetzung der Könige, Heiligkeit des Eides, Nationalehre, sind Nichts für den, der klar geworden ist über die so einfachen Sätze: daß das Leben das Erste, die Güter das Zweite, und der Staat erst das Dritte.

Selbst wohlmeinende Freunde des Fürsten werden so handeln: es schadet ihm Nichts, es hilft sogar; der Unwille des Siegers muß durch Widerstand nicht gereizt werden; ist nur der Kampf bald vorüber, so erfolgt ein, von jenen Barbaren freilich schmählich genannter, Friede, wo die Länder, das ist, der Lohn getheilt, der Besiegte zu Dienstleistungen für die übrigen Eroberungspläne verbunden, durch Besetzung der Festungen seine Treue dem Sieger gesichert wird. Die Eigenthümer haben Nichts verloren, wenn sie dem neuen Herrn zahlen, was dem alten, und nun für's Uebrige sicher sind; darauf allein kommt es ja an. Selbst der besiegte Herrscher hat Nichts verloren: zu leben wird er ja noch immer behalten; was hat er denn in diesem Zusammenhange der Ansicht mehr zu begehren? So, — wenn der Sieger das Eigenthum der Unbewaffneten wirklich sichert, nicht seinen Söldnern Raub und Gewaltthätigkeit erlaubt; wenn er das Gewerbe wirklich frei läßt, und nicht etwa eine Handelssperre einführt; wenn er den Unterschied zwischen Kantonfreiheit, und Kantonpflichtigen, die Grundfeste der Verfassung in diesen Begriffen, stehen läßt, und nicht etwa die Konskription einführt; wenn er für ein Billiges regiert, und nicht etwa unmäßige Forderungen macht. In der Regel wird dies Alles vorausgesetzt nach der bisherigen Analogie, und beim Beginn und während der Führung des Krieges nicht bezweifelt. Es wird ja doch auszuhalten seyn, der Feind wird schon Mannszucht halten, es ist dies sein eigener Vortheil, und dergleichen: mit solchen Worten trösten sich die Feigen unter einander. Findet sich hinterher, daß er das Zweite, nicht das Erste thut, nun dann ziehet er sich freilich allgemeinen Haß zu: er hat das, warum es allein der Mühe werth ist zu leben, das Eigenthum und das Leben selbst angegriffen.

Allgemeine Bemerkung. So oft man aus den Grundsätzen, welche die Mehrzahl der Menschen in der That hat, folgerecht fortschließt, und ihnen darlegt, wie demnach ihr Leben nothwendig seyn müsse; so erregt man allemal Haß, Widerspruch, und die allerdings durch Thatsachen zu belegende Behauptung: So schlimm sind wir nicht, wie du uns machst, wenigstens nicht Alle und nicht immer. Sie haben, wie gesagt, Recht, und dies geht so zu. Ihr Leben ist bei weitem nicht durchgängig durch Grundsätze und klares Bewußtseyn bestimmt, sondern durch dunkle Antriebe aus der instinktartig wirkenden, und in sonderbare Hüllen gekleideten Vernunft, dergleichen sie, wenn sie es an sich bemerken, Vorurtheile einer finstern Vorwelt nennen, — und Recht hätten, falls sie nur die Vernunft in einer andern Gestalt an sich bringen könnten. Die Theile ihres Lebens, durch die letztere bestimmt, fallen anders aus, als sie ihren Grundsätzen zufolge ausfallen würden: darin sind sie unserer Schilderung nicht ähnlich. Sie sprechen drum an die Wohlthat der Inkonsequenz, und diese wollen wir ihnen denn auch für die gegenwärtige Beschreibung vorbehalten.

Was aus ihren Grundsätzen mit Klarheit folgt, das ist so, wie beschrieben: und je klarer der Einzelne, desto ähnlicher, daher in der Regel je vornehmer und je älter der Mensch, desto schlechter: das Gute noch bei Gemeinen und Jüngern. Daher auch eine andere Erscheinung: Man hat bemerkt, daß in den Tagen der Noth, der Verlegenheit und der Verwirrung die Menschen weit schlechter sind als gewöhnlich: den Grund dieser Erscheinung glaube ich angeben zu können. In guten Zeiten denken sie weniger an sich, und lassen sich gehen; da — der Instinkt, die wohlwollenden gesellschaftlichen Elemente. In der Noth besinnen sie sich, gehen in sich, werden bedachtsam; ihre Besinnung kann aber ihnen nichts Anderes darstellen als die Grundsätze des allgemeinsten Eigennutzes, weil darauf einzig Zeit ihres Lebens ihr Sinnen gegangen ist.

Dies die Eine Art der Ansicht des Lebens, drum des Staates, drum des Krieges.

---

1) In der wahren Ansicht geht die Erkenntniß über die Wahrnehmung des Lebens, schlechthin über alles erscheinende und zeitliche Leben hinaus auf das, was in allem Leben erscheint, und erscheinen soll, auf die sittliche Aufgabe — das Bild Gottes. — Hierzu das Leben bloßes Mittel.

2) Jene Aufgabe ist schlechthin unendlich, nie erreichbar; das Leben ist drum auch unendlich, ewig, nie zu vollenden, zu erschöpfen, zu zerstören, eben so wenig als

sein Zweck: er ist ewig und über alle Zeit erhaben; demnach nicht zu erhalten, nicht zu gefährden, sondern eben schlechthin, und ohne alles Zuthun der Freiheit. Die Zeit, und das in ihr liegende und durch sie ablaufende Leben ist selbst nur die Erscheinung des Lebens über aller Zeit. — Eine Form und Gestaltung desselben kann aufhören: das Leben selbst nimmer.

3) Das Leben der Individuen gehört nicht unter die Zeiterscheinungen, sondern ist schlechthin ewig, wie das Leben selbst. Wer da lebt, wahrhaftig lebt, im ewigen Zwecke, der kann niemals sterben: denn das Leben selbst ist schlechthin unsterblich.

Also: das Leben und seine Erhaltung kann in dieser Ansicht nie Zweck seyn, sondern es ist nur Mittel; durch seinen Zweck aber, als Erscheinung desselben ist es schlechthin als ewig gesetzt ohne alles Zuthun einer Freiheit.

4) Weiter: die nothwendige Beschaffenheit des Lebens, falls es seyn soll Mittel für seinen Zweck, ist die, daß es frei sey, daß es absolut selbstständig und aus sich selbst sich bestimme, ohne allen äussern Antrieb oder Zwang. Diese Freiheit aber ist nicht gesetzt schlechtweg, so wie die Ewigkeit des Lebens; sie kann gestört werden, und zwar durch die Freiheit der Anderen. Sie zu erhalten, ist drum der erste der Freiheit eines Jeden selbst aufgegebene Zweck.

So drum die Schätzung der Güter in dieser Ansicht: 1) Die sittliche Aufgabe, das göttliche Bild. 2) Das Leben in seiner Ewigkeit, das Mittel dazu; ohne allen Werth, ausser inwiefern es ist dieses Mittel. 3) Die Freiheit, als die einzige und ausschließende Bedingung, daß das Leben sey solches Mittel, drum — als das Einzige, was dem Leben selbst Werth giebt.

Noch dieses bemerkt: Ist nur das Leben frei, wahrhaftig leer anderer Antriebe, so wird es von selbst Mittel des Sittlichen, und stellt sich also, gleichwie die sittliche

Auf-

Aufgabe gleichfalls durch sich selbst sich stellt; beides ohne alles weitere Zuthun der Freiheit. Dies macht sich selbst. Die Freiheit aber muß durch Freiheit selbst errungen werden: und so ist denn die Freiheit das höchste von der Freiheit abhängige Gut, der höchste im Leben dem Menschen gestellte Zweck.

Jenes wissend, und unter Gut denkend etwas zu Erstrebendes, mit Freiheit sich zum Ziele zu Setzendes, muß man sagen: Freiheit ist das höchste Gut. Alles Andere nur als Mittel dazu, gut als solches Mittel, übel, falls es dieselbe hemmt. Das zeitliche Leben hat drum selbst nur Werth, inwiefern es frei ist: durchaus keinen, sondern ist ein Uebel und eine Qual, wenn es nicht frei seyn kann. Sein einziger Zweck ist drum, die Freiheit fürs Erste zu brauchen, wo nicht, zu erhalten, wo nicht, zu erkämpfen; geht es in diesem Kampfe zu Grunde, so geht es mit Recht zu Grunde, und nach Wunsch; denn das zeitliche Leben — ein Kampf um Freiheit. Das Leben selbst, das ewige, geht nicht zu Grunde, keine Gewalt kann es geben, oder nehmen: der Tod ist dann, wo es das zeitliche Leben nicht seyn konnte, der Befreier.

Halten Sie diese in diesem Zusammenhange klaren Sätze fest, weil wir dieselben sodann brauchen werden.

Im Gegensatze mit dieser nimmt die gemeine Ansicht das Leben als Zweck an sich, nicht als Mittel zur Sittlichkeit, und, damit es dies seyn könne, zur Freiheit seiner selbst: nun hat das Leben, ausser als Mittel, ganz und gar keinen Werth, ist eine leere täuschende Erscheinung ohne Etwas dahinter: jene drum fangen ihre Schätzung der Welt an mit dem absolut Werthlosen, dem reinen Nichts, treiben drum in allen ihren Folgerungen sich nur in dem in andern Formen wiederholten Nichts.

5) Zeitliches Leben — ein Kampf um Freiheit, sagten wir; ist doppelt zu verstehen: Befreiung von den Na-

turantrieben — innere Freiheit, die Jeder sich durch sich selbst geben muß. Von der Freiheit Anderer, — äussere Freiheit, die jeder Einzelne in Gemeinschaft mit Allen, durch Uebereinkunft und Erkennung eines Rechtsverhältnisses erwirbt. Diese Vereinigung zur Einführung des Rechtsverhältnisses, das ist, der Freiheit Aller von der Freiheit Aller, des Verhältnisses, wo Alle frei sind, ohne daß eines Einzigen Freiheit durch die aller Uebrigen gestört werde, ist in diesem Zusammenhange der Erkenntniß der Staat, richtiger das Reich. —

Welches innerlichen Ringens nun es bedürfen werde, um diesen Rechtsbegriff erst zur Klarheit der Erkenntniß, sodann über alle Verhinderungen des gewalthabenden Eigennutzes zur Wirklichkeit zu erheben, davon in unsern eigentlichen Vorlesungen. Dies jedoch nicht eigentlich Krieg. —

Zuförderst dies: Alle sind frei durch ihr Leben als Menschen, sind die zeitliche Gestalt der Vernunft auf dieselbe Weise, haben drum gleiche Ansprüche auf Freiheit: drüber und jenseit dieser Ansprüche Nichts. Drum Alle gleich, nicht zwei Stände, sondern Einer. Was irgend Einer darf, und zufolge dieses Dürfens etwa, und als dessen Produkt, besitzt, gründet sich auf seine Freiheit, zusammenstehend mit der Freiheit Aller; und es giebt drum hier keine Befugniß oder Besitz, der nicht stehe unter dem Gesetze, und vor dem Gesetze seine Rechtmäßigkeit beweisen müsse. Auch giebt es, da das Vernunftgesetz niemals verjährt, keine Verjährung.

Alle sind frei, Jeder für seinen Theil: Alle müssen drum ihre Freiheit selbst, für ihren Theil vertheidigen. Keine Stellvertretung, wie in jenem Systeme.

6) Eine Menschenmenge, durch gemeinsame sie entwickelnde Geschichte zu Errichtung eines Reichs vereint, nennt man ein Volk. Dessen Selbstständigkeit und Frei-

heit besteht darin, in dem angehobenen Gange aus sich selber sich fortzuentwickeln zu einem Reiche.

7) Des Volks Freiheit und Selbstständigkeit ist angegriffen, wenn der Gang dieser Entwicklung durch irgend eine Gewalt abgebrochen werden soll; es einverleibt werden soll einem andern sich entwickelnden Streben zu einem Reiche, oder auch wohl zur Vernichtung alles Reichs und alles Rechts. Das Volksleben, eingeimpft einem fremden Leben, oder Absterben, ist getödtet, vernichtet und ausgestrichen aus der Reihe.

8) Da ist ein eigentlicher Krieg, nicht der Herrscherfamilien, sondern des Volks: die allgemeine Freiheit, und eines Jeden besondere ist bedroht; ohne sie kann er leben gar nicht wollen, ohne sich für einen Nichtswürdigen zu bekennen. Es ist drum Jedem für die Person und ohne Stellvertretung, — denn Jeder soll es ja für sich selbst thun, — aufgegeben der Kampf auf Leben und Tod.

Sein Charakter: Nur frei hat das Leben Werth: ich muß drum, da die Ueberwindung meiner Freiheit mich beraubt, nicht leben, ohne als Sieger. Der Tod ist dem Mangel der Freiheit weit vorzuziehen. Mein ewiges Leben — dies ist sicher — dies verdiene ich eben durch den Tod, — verwirke es durch ein sklavisches Leben. Also — das Leben werde ich unbedingt aufopfern, wie vielmehr denn die Güter. Wozu kann ich denn die Güter gebrauchen, wenn ich nicht leben kann. Aber ich kann unter dieser Bedingung nicht leben!

Kein Friede, kein Vergleich, von Seiten des Einzelnen zuförderst. Das, worüber gestritten wird, leidet keine Theilung: die Freiheit ist, oder ist nicht. Kein Kommen und Bleiben in der Gewalt, vor allem diesen steht ja der Tod, und wer sterben kann, wer will denn den zwingen? Auch nicht, falls etwa der zeitige Herrscher sich unterwürfe, und den Frieden schlösse. Ich wenigstens habe den Krieg erklärt, und bei mir beschlossen, nicht für seine Angelegenheit, sondern für die meinige, meine Freiheit: giebt auch er mir mein Wort zurück, so kann ich selbst doch es mir nicht zurückgeben. Er ist, und die, welche bei ihm bleiben, auf diesen Fall als Staat, als möglicher Entwicklungspunkt eines Reiches des Rechts gestorben. Was soll den, der frisches Leben in sich fühlt, bewegen, innerhalb der Verwesung zu verharren?

Anstrengung aller Kräfte, Kampf auf Leben und Tod, keinen Frieden ohne vollständigen Sieg, das ist, ohne vollkommene Sicherung gegen alle Störung der Freiheit. Keine Schonung, weder des Lebens, noch Eigenthums, keine Rechnung auf künftigen Frieden.

So muß der, der in dieser Erkenntniß lebt, und kann nicht anders. Ausserdem lügt er, und seine Weisheit schwebt ihm nur auf den Lippen.

9) Es ist nöthig, daß ich, um das Gesagte vor aller Mißdeutung, und vor allem Verdachte der Ungründlichkeit und Inkonsequenz zu schützen, ein fehlendes Mittelglied einschiebe. Wo die entschiedene, durch die ausdrücklichen Erklärungen ihrer Stellvertreter sich ankündigende Mehrzahl der Menschen keine anderen Begriffe von Leben, Staat und Krieg hat, als die gestern beschriebenen, da geht den Erleuchteten ihr ganzes nichtiges Treiben ganz und gar Nichts an. Er hat kein Vaterland auf der Erde, sondern sein Bürgerrecht im Himmel, in der unsichtbaren geistigen Welt, worauf das Recht er dadurch sich verdient, daß er nach Vermögen das Saatkorn in die Gegenwart werfe, woraus einst nach ihm sich auf Erden ein Vaterland für die Vernünftigen entwickeln möge.

Wenn aber die vorausgesetzten Dollmetscher des öffentlichen Willens selbst reden von Freiheit und Selbstständigkeit der Nationen, und eine Kriegsweise befehlen auf Leben und Tod, ohne Unterschied der Kantonfreiheit, ohne Schonung des Eigenthums, wie sie möglich und rechtlich ist nur in der wahren Erkenntniß, so soll dem Erleuchteten sich das Herz erheben beim Anbruch seines Vaterlandes, und er soll es begierig als wahren Ernst ergreifen. Die darin gemischten Verkehrtheiten, wenn z. B. fortwährend von Unterthanen gesprochen wird, wenn der Herrscher vor das Vaterland gesetzt wird, als ob er selbst keins hätte, und dergleichen, übersieht er, als alte schlimme Angewöhnungen.

Im Vorbeigehen: Unterthanen sind wir alle insgesammt des göttlichen Willens, im Sittengesetze sich aussprechend, und das ist unsere Ehre und Würde; und der glänzendste Herrscher kann keine größere Ehre sich erweisen, als daß er sich als Mitunterthan bekenne im göttlichen Reiche: aber wenn ein Individuum glaubt, andere ihm gleiche müßten unterthan seyn seinem persönlichen Willen, so würde er dadurch sich selbst zu einem Gotte machen, und den einigen Gott lästern; wenn er wüßte, was er redete. Aber das wissen sie zum Glück nicht, und ihre Schreiber legen ihnen nur solche Ausdrücke unter. — Sie selbst nicht, sondern ihre unverständigen Schmeichler!

Er nimmt es für rechten Ernst. Den Argwohn, daß es, nachdem die alten Mittel vergeblich gewesen, auch nur als Mittel gebraucht werde, um die Herrschermacht in dem falschen Begriffe zu vertheidigen, und, wenn es geholfen, bei Seite gestellt, und alles wieder in die gewohnte Bahn werde eingeführt werden, diesen erlaubt er sich nicht. Sein Argwohn könnte machen, daß es geschähe: sein für Ernst nehmen kann machen, daß es Ernst wird. Wenn sich nun hinterher doch zeigte, daß es nicht Ernst gewesen wäre, wenn nach Errettung im Kampfe abermals die Selbstständigkeit der Nation dem Vortheile der Herrscherfamilie aufgeopfert würde, wenn sich zeigte, daß der Herrscher zwar wollte, daß für seine Herrschaft das edelste Blut seines Volkes flösse, er dagegen für die Selbstständigkeit desselben seine Herrschaft nicht wagen wolle: so könnte unter einem solchen der Vernünftige durchaus nicht bleiben. Sein Wirken in der Gesellschaft könnte, wie oben erinnert, nur den Zweck haben, den Keim einer freien und rechtlichen Verfassung in dieselbe zu legen: und er kann diese Hoffnung so lange hegen, als es an der allgemeinen Unkunde einer solchen Verfassung liegt, daß man sie nicht einführt. Wo aber Freiheit und Selbstständigkeit klar ausgesprochen, und doch mit offenem Auge Verzicht auf sie gethan, und sie zum bloßen Mittel der Unfreiheit herabgewürdigt wird, wo die Nationaleigenthümlichkeit als die Bedingung der Entwicklung in fremde Fesseln geschlagen wird: da ist für ihn nichts mehr zu erwarten. Ein solcher Staat befindet sich im Zustande der Verstockung, und hat öffentlich das Siegel der Verwerfung sich selbst aufgedrückt. Der Edele rettet sein unsterbliches Leben, indem er ihn flieht.

Dies ein eigentlicher Krieg, und die feste und unwandelbare Entschließung eines erleuchteten Menschen in einem solchen.

Das oben hingeworfene Princip übrigens: daß ein Volk gebildet werde durch eine gemeinsame Geschichte, und daß aus dieser Bildung sich entwickeln solle ein Reich, und daß, wer da eingreife in dieselbe, als Feind zu betrachten sey, — dies zu erklären und zu belegen ist die Aufgabe unseres abgebrochenen Vortrages, ein Theil desselben. Aber selbst die Ansicht der Gegenwart, die ich Ihnen für die künftige Stunde verspreche, wird es Ihnen schon näher rücken.

Es möchte vorjetzt zweckmäßig seyn, die aufgestellten Grundsätze ganz bestimmt auf unsere Zeit, und auf den Krieg, den wir begonnen haben, anzuwenden, und Sie, so gut ich es verstehe, zur Beurtheilung anzuführen.

Man fehlt meines Erachtens von zwei Seiten gleich gefährlich: 1) indem man die Charakterkraft und die Hülfsmittel unseres Feindes herabwürdigt, dadurch uns einschläfert. Jämmerliche Wichte und Feiglinge setzen in diese Vertröstungen den Patriotismus.

2) Indem man von den Gesinnungen und Entwürfen desselben uns Hoffnung macht, sie in einem milden Lichte darstellt, wohl gar der Vorsehung selbst mit ihm Pläne unterlegt, die so kindisch sind, wie diese Deuter des göttlichen Willens selber. Trost der Feigen, und streng angesehen, selbst Verworfenheit und Verbrechen!

Ich sage: daß auch viele unsern Feind betrachten, als ein Werkzeug in der Hand Gottes, durch das er irgend welche Plane ausführen wolle, die diese Schauer in den göttlichen Rath auch wohl anzugeben wissen, z. B. die Vertreibung der Türken aus Europa, wenn sie ächt abergläubische Christianer sind, die Zugrunderichtung des Adels, wenn es Krämer, die des Krämergeistes, wenn es Ritter sind.

Ich spreche aber daran eine allgemeine Irrniß unerleuchteter, rohsinnlicher Menschen aus, und will dieselbe im Allgemeinen widerlegen.

Ihre Grundblindheit besteht darin, daß sie nicht erblikken die Freiheit als die Wurzel alles wahrhaften Seyns. Nun möchten sie aber doch gern das Gute haben, und dazu haben sie sich einen Gott verordnet, der es ihnen anwachsen läßt, und zufliegen, ohne daß sie sich selbst zu regen brauchen, durch bloße physische Vereinigung. Da haben sie in der Religion Zaubermittel, ein Wasserbad, welches gebraucht, eine Speise, welche genossen, ein Salböl, welches angestrichen, ohne weitere Dazwischenkunft den Menschen heiligt zur Tugend. Da ist nach ihrer Ansicht die Geschichte des Menschengeschlechts eine große Pflanze, welche durch die bloße zeitigende Entwicklung des in ihr liegenden Keimes von selber aufblühen wird zu einem göttlichen Reiche der Weisheit und der Tugend. Diesen ihren trägen Glauben preisen sie nun recht an, wenn etwas recht widerwärtiges und bösartiges ihnen in der Erscheinung vorkommt, — bei dem was ihnen schon so schmeckt, verweisen sie weniger auf Gott — und trösten sich mit der göttlichen Vorsehung, die auch dabei ihre weisen Absichten haben, und wissen werde, wozu es gut sey. Sind sie gewaltig, so wissen sie diesen Zweck Gottes auch wirklich anzugeben. Wenn sie nun solche Reden führen, die den Menschen so recht im Sündenschlafe betäuben — man hört sie leider häufig von Kanzeln und auch wohl sonst — so dünken sie sich absonderlich fromm, und sie meinen wohl gar in ihrer Blindheit, daß man des Heiligen spottet, wenn man so redet, wie wir eben, und ihrer spottet.

Sie irren sich ganz und gar, und sind stockblind. Es giebt schlechthin kein Naturgesetz und keinen physischen Zusammenhang der Dinge, durch welchen das Gute an uns kommt. Gott will nicht, Gott kann nicht das Gute, das wir gern möchten, uns geben, außer durch unsere Freiheit; und Gott ist überhaupt nicht eine Naturgewalt, wie die blinde Einfalt wähnt, sondern er ist ein Gott der Freiheit. Die Natur ist bloß der Wiederschein des Standpunktes der allgemeinen Freiheit: in der Freiheit aber hat er uns schon gegeben sich selbst, und sein Reich, und die ganze Fülle seiner Seeligkeit, und es kommt nur auf uns an, daß wir dies alles in uns entwickeln. Ohne Freiheit bleiben wir ohne Gott, und in dem Nichts. Wir sind wirklich gar nicht da, sondern nur Embryone, aus denen etwa ein Mensch werden könnte. Die äußeren Weltbegebenheiten sind bloß der Stoff, an dem wir dieselbe entwickeln sollen, und den wir verbrauchen sollen und verbrauchen können, insgesammt, wie er auch sey, zu unserm Heile. Gut ist gewiß jede Erscheinung: denn sie steht unter der Freiheit, und ist zur Entwicklung derselben zu gebrauchen, diese aber ist unbedingt gut. Wozu eine Erscheinung aber gut, d. i. brauchbar sey, das will uns kein Gott sagen, sondern wir selbst sollen es begreifen, und wir werden es begreifen, wenn wir von seinem Geiste der klaren Sittlichkeit beseelt sind. Wir sollen nicht erwarten, wie Gott nach seinen geheimen Wegen etwas zum Besten wenden werde; dann sind wir unwürdig seiner, und nicht Bürger seines Reiches: sondern wir sollen es selbst nach unseren eigenen klaren Begriffen zum Besten wenden.

So auch in diesem Falle. Erkenne ich recht Gott und seinen Weltplan, wie ich festiglich glaube — habe ich auch die bisherige durch sein ganzes öffentliches Leben dargelegte Erscheinung unseres Feindes richtig begriffen, — worin als einem geschichtlichen Datum ich mich irren kann: so ist in ihm alles Böse, gegen Gott und Freiheit Feindliche, was seit Beginn der Zeit bekämpft worden ist von allen Tugendhaften, zusammengedrängt, und auf einmal erschienen, ausgestattet mit aller Kraft, die das Böse haben kann. Wozu? Auch alle Kraft des Guten, die jemals in der Welt erschienen ist, soll sich vereinigen und es überwinden. Dies ist das große Schauspiel, welches, meines Erachtens, dieser Zeit vorbehalten ist. Das Reich des Teufels ist nicht dazu da, damit es sey, und von den unentschiedenen, weder Gott noch dem Teufel gehörigen, herrenlosen duldend ertragen werde, sondern damit es zerstört, und durch seine Zerstörung der Name Gottes verherrlicht werde. Ist dieser Mensch eine Ruthe in der Hand Gottes, wie viele meinen, und wie ich in gewissem Sinne zugebe, so ist er's nicht dazu, daß wir ihr den entblößten Rücken hinhalten, um vor Gott ein Opfer zu bringen, wenn es recht blutet, sondern, daß wir dieselbe zerbrechen. So ist es für mich gar nicht verborgen, und den geheimen Wegen Gottes zu überlassen, sondern klar und offenbar, wozu diese Erscheinung da ist.

Es kommt bei dieser Frage darauf an, ob man glaube,

Gott dadurch zu dienen, daß man über seine vorgeblichen geheimen Pläne träumt, und die Entwicklung derselben leidend abwartet; oder, daß man handelt nach seinem klar zu erkennenden Willen. Die größte Gefahr, der man dabei sich aussetzen kann, ist der zeitliche Tod. Dieser aber ist so wenig ein Uebel, daß gewiß Jeder, der zur klaren Erkenntniß gekommen ist, gern in jedem Augenblicke hinüberwandern würde auf einen höhern Schauplatz des Lebens, wenn er nicht wüßte, daß er durch eine solche Verlassung sich des höhern Lebens unwürdig machte.

Den Erleuchteten geht ein Staat, aufgebaut auf den Grundbegriff der Eigenthumserhaltung, mit allem seinen Treiben in einem Kriege gar nichts an, außer, wiefern er ihn betrachtet als den Entwicklungspunkt eines Reiches der Freiheit. Sein Zweck ist nur das letztere; für dieses aber, und, falls es auch selbst noch nicht in der Wirklichkeit wäre, für die Hoffnung und künftige Möglichkeit desselben, ist er stets bereit, Eigenthum und Leben auf das Spiel zu setzen.

So im Allgemeinen. Jetzt die Zeitfrage:

Ist die Entwicklung eines Reiches der Freiheit in Gefahr, — und in wie dringender?

Merken Sie folgende Sätze:

1) Die Menschen sollen schlechthin sich gestalten zu Reichen der Freiheit: denn nur in solchen der sittliche Zweck, dasjenige, wozu die ganze Menschheit ganz allein da ist. Der Menschheit früheres Leben hat wahren Werth, wiefern es Mittel und Bedingung ist dieser Entwicklung; und ausserdem ist es nichts. Mit dem Beginnen dieses Reiches ist das menschliche Leben erst eingeführt und geboren. Vorher nur das Embryon eines Menschengeschlechts, mit welchem die ewige Zeit schwanger geht.

2) Diese Gestaltung des Reiches kann erfolgen nur aus einer durchaus gemeinsamen Ansicht und Denkweise Vieler,

die da Volk heißen. Gemeinsamkeit der Sprache ist Bedingung der Entwicklung und Verbreitung desselben, ist das von der geistigen Natur Vorausgegebene. Wie für uns alle schlechthin nur Eine und dieselbe Sinnenwelt ist, (nicht von ungefähr, sondern nach einem absoluten Gesetze) so soll für gewisse Haufen seyn: 1) eine Grundansicht sittlicher Welt überhaupt, als Bedingung des Zusammenlebens, — und daraus gesellschaftliche Verhältnisse. Ohne diese, zerstreute Naturmenschen, Wilde, Kannibalen, die denn doch Ehen und Eltern und Kinder haben. 2) Diese Haufen sind bestimmt durch das Gesetz, das für Alle schlechthin Eine, wie die Sinnenwelt, (keine Willkührlichkeit: dies ist Wahn!) nur mit dem Unterschiede, daß dieses Gesetz nicht waltet schlechthin, wie das Naturgesetz, sondern durch freie Ausbildung, so daß man sich zur Erkenntniß desselben erheben muß. Dies eben ist der Zweck, daß Alle sich dazu erheben. Die Darstellung dieser Ansicht, die Ausbildung Aller zur Erkenntniß, damit das Gesetz durch ihre Freiheit sie bestimme — ist eben das Reich des Rechts. 3) Diesem nun sollen sie sich gemeinschaftlich annähern; der jedesmalige Standpunkt dieser Erkenntniß, der allgemeine im Durchschnitte, von welchem aus der Weg weiter zu bestimmen ist, ist die Volksgesinnung, das eigentlich das Volk zum Volke machende, sein Punkt zwischen dem Wilden und dem Bürger des Rechtsreiches. Dieser Fortgang das eigentlich Heilige; ihn stören, zurückschrauben, ist gottlos.

3) Dieser Fortgang, die Geschichte, wird gebildet nicht sowohl durch, als an gemeinsamen Begebenheiten. An: — wo denn die Freiheit Einzelner nachhilft, erleuchtet durch Religion und Wissenschaft, deren Resultat die Volkserziehung ist.

Die Geschichte begreift eigentlich nur der absondernde Beobachter, der darüber schwebt, und den gemeinsamen

Standpunkt des Volkes durch den Gegensatz erkennt: das Volk nicht, eben weil es nicht darüber streitet, sondern ewig von seiner bestehenden Gesinnung als dem allbekannten Vordersatze ausgeht.

Doch ist eigentlich in dieser Untersuchung uns besonders lehrreich dasjenige in der Geschichte, wodurch eine Menge sich selber begreift als Eins, und zum Volke wird im eigenen Begriffe: — entweder durch hervorstechende Eräugnisse, gemeinschaftliches Thun und Leiden, — wenn Einer leidet, leiden Alle, was Alle trifft, trifft Jeden, weil er zu dieser Menschenmenge gehört: durch Gemeinschaftlichkeit des Herrschers, des Bodens, der Kriege und Siege und Niederlagen und dergleichen; — oder auch der bloße Begriff Anderer von ihnen als Eins giebt ihn ihnen selbst.

Anwendung. Die alten klassischen Völker — Pflanzstädte, hervorgehend aus gebildeten Völkern, bildend, unterjochend, — sie selbst vereint durch gemeinsame Flucht, durch gemeinsame, nun erst als solche heraustretende Geistesbildung, das Volk schon abgetrennt vom Boden. Griechen, Römer: darin der Aufschluß des Innern ihrer Geschichte: die hohe Ausgebildetheit des Staates, ihre Liebe für Freiheit, ohne Menschenrechte, daher, weil ihr Staat rein faktisch, nicht philosophisch, nicht aus dem Begriffe hervorging.

Die neuere Welt: entwickelt aus einem Grundstamme von Eingebornen, die ohne stetes Reichsverband Jeder sein eigener Herr und Vertheidiger waren. Jene eingetreten in die Geschichte als Staat; diese durchaus ohne ein solches Band. Verbindungen zu Abentheuern, zu ernsthaften Unternehmungen, vorübergehend, fast allein gegründet auf die persönlichen Anknüpfungen — den Comitat, eine ganz eigene Erscheinung. — Wohl etwa im Begriffe der Römer als Eins genommen, nach Sprache, Sitten, Abstammung, aber durchaus nicht in ihrem eigenen. (Dies ist wohl zu merken.) Nur Religion vereinigte Einige, und gebot ihnen: im Uebrigen Selbsthülfe, Krieg der Einzelnen. — Gesetze über Abkaufung (Sühne) desselben erst eine spätere Erscheinung. — Uebrigens ein gewisser Grad sittlicher Bildung, z. B. Reinheit der Ehen.

Dieser Grundstamm bildete bis auf unsere Zeit, ausser den in der Mitte liegenden Spielarten, sich aus in folgenden beiden Extremen.

Ein Stamm, der sich Franken nannte, zog aus, und eroberte eine der schönsten Provinzen des römischen Reiches, die er auch bis auf unsere Zeit in unverrückter Folge behauptet hat. Die große Begebenheit, durch die sie in ihrem eigenen Bewußtseyn Eins, ein Volk wurden, und es blieben, war gegeben; die Miteroberer waren in der Eroberung Eins. Mit dieser Einheit und von ihr aus erhielten sie nun alles Uebrige, Christenthum, Buchstaben, im Verlaufe der Zeiten sogar Sprache, Eigenthum, und die Künste dasselbe zu genießen; kurz, alle Bildung der Einzelnen ging aus von der Volkseinheit, keinesweges ging umgekehrt die Volkseinheit aus von der Bildung der Persönlichkeit. (Ich glaube hierin einen durchgreifenden, Licht über die ganze Geschichte verbreitenden Gedanken auszusprechen.) Daher: 1) Nationalstolz, oder vielmehr Eitelkeit, 2) Persönlichkeit als Erzeugniß der Gesammtheit, und diese, der Gesellschaft. — Diese — das Vorausgesetzte, Ausgemachte, nicht aus der Voraussetzung der Persönlichkeit und Freiheit entspringend, sondern aus der des bloßen Zusammenlebens: nicht wie Einer für sich, sondern wie Mehrere beisammen seyn können. Die Gesellschaft nicht aus den Einzelnen, sondern die Einzelnen nur in der Gesellschaft; diese die Hauptsache, und die Einzelnen nur dazu da, daß sie dieselbe bilden. Für sich der Einzelne gar Nichts, sondern nur durch seinen geselligen Werth. Daher die gesammten Erscheinungen des französischen Nationalcharakters: geistreich, liebenswürdig, guter Vater, Herr, Diener u. s. f. Das Wichtige, was daraus hervorgeht, ist: 1) Daß sie sich selbst zum Gedanken der Freiheit und des Rechtsreiches nie erheben können, weil sie den des persönlichen Werths, des rein schöpferischen, durch ihr Denksystem übersprungen haben; auch durchaus nicht begreifen können, daß irgend ein anderer Mensch oder Volk so etwas wolle, und denke. Zum Reiche kommt es nicht auf diesem Wege: erst zur Persönlichkeit; diese überspringend, haben sie die Freiheit gewollt, durch Schriftsteller gereizt, und gehoben durch die öffentliche Meinung. 2) Daß sie von Jedem zu jedem Zwecke gebraucht werden können, wenn er nur so glücklich ist, die allgemeine Meinung zu gewinnen; — so zu thun. — Ein Solcher ist ihr Selbstherrscher, welchem zuwider sie gar nicht können. 3) Ihr Bestreben zur Verschmelzung Anderer in diese Einheit, und in diesen Gehorsam gegen die allgemeine Meinung, die eigentliche Wahrheit, über welche hinaus es für ihre Erkenntniß Nichts giebt.

— Bei Andern anders, wegen anderer Geschichte. Spanier, vertrieben und unterjocht. Italiener, nie Eins seyend. Engländer, Mannigfaltigkeit der Geschichte, und Folge der herrschenden Völker; gar nicht aus einem so einfachen Prinzip anzusehen, als andere. —

Die Zurückgebliebenen fingen erst an, durch Widerstand einen dunkeln Begriff von sich als Einem Stamme zu bekommen: indem sie diese Ausgewanderten unterschieden, begriffen sie sich als Deutsche, zum Stamme gehörige. Der Einheitsbegriff kam ihnen von Aussen, im Innern blieben sie in ihrer Unabhängigkeit von einander, in ihrer Sprache, und Leerheit an Bildung. Indessen kam auch an sie Christenthum, und mit ihm Buchstaben, und mancherlei Verbesserung des Lebens, wohlgemerkt an Jeden für sich; der Mensch, die Person, die Familie höchstens ausgebildet, — nicht der Bürger: das Gute ohne Bürgerthum an den Freien. Um die schon so Gebildeten legte sich ein Reichsverband, aber äußerst locker. Die Anziehungen höchstens in einzelnen Provinzen durch die besondern Fürsten, in Kämpfen gegen benachbarte Wenden, Slaven; aber immer keine gemeinsamen Thaten und Geschichte, durchaus kein Unternehmen der Art. Höchstens Stamm- und Sprach-Einheit, nicht Volks- und Geschichts-Einheit. Diese Trennung consolidirte sich durch die Unabhängigkeit der Fürsten: nun mehrere Völker, feindlich gegen einander, Erbfeinde; nur noch zusammengehalten durch den Reichsverband, der jetzt ausgesprochen wurde als das, was er erst schon in der That war, kein Staat, sondern ein Staatenbündniß. Die Deutschen Ein Stamm, ähnlich in negativer Geschichte, zurückweisend jegliche Verschmelzung zur Einheit, aber niemals, was auch Gelehrte ihnen aufzudringen suchten, ein Volk. — Späterhin sogar durch Confessionen getrennt; in ihrem Begriffe nie Eins; des föderativen Staates Bürger höchstens nur die Fürsten, und diese Föderation wie schwach und in sich selber getheilt! Preußen, Sachsen, nicht Deutsche. Dennoch hat gerade diese Reichsverfassung, haben die Gelehrten, haben die Reisen der Kaufleute und Handwerker im Lande der deutschen Sprache diesen Einheitsbegriff eines deutschen Volkes, nicht als einen unmittelbar praktischen, sondern bloß historischen, und als ein allgemeines Postulat, noch immer fort erhalten. Dieses Postulat nun von einer Reichseinheit, eines innerlich und organisch durchaus verschmolzenen Staates darzustellen, sind die Deutschen meines Erachtens berufen, und dazu da in dem ewigen Weltplane. In ihnen soll das Reich ausgehen von der ausgebildeten, persönlichen, individuellen Freiheit; nicht umgekehrt: von der Persönlichkeit gebildet fürs erste, vor allem Staate vorher, gebildet sodann in den einzelnen Staaten, in die sie dermalen zerfallen sind, und welche als bloßes Mittel zum höhern Zwecke sodann, wegfallen müssen. Und so wird von ihnen aus erst dargestellt werden ein wahrhaftes Reich des Rechts, wie es noch nie in der Welt erschienen ist, aller der Begeisterung für Freiheit des Bürgers, die wir in der alten Welt erblicken, ohne Aufopferung der Mehrzahl der Menschen als Sklaven, ohne welche die alten Staaten nicht bestehen konnten: Freiheit, gegründet auf Gleichheit alles dessen, was Menschengesicht trägt. Nur von den Deutschen, die seit Jahrtausenden für diesen großen Zweck da sind, und langsam demselben entgegenreifen. Nur — ein anderes Element ist für diese Entwicklung in der Menschheit nicht da.

Und statt dieser hohen Bestimmung könnte Jemand, dem darüber das Licht aufgegangen ist, zugeben, daß das Volk, auf dem sie ruht, ein Anhang, ein durchaus untauglicher Anhang werde jenes erst beschriebenen Volkes, und dagegen sich nicht setzen aus allen Kräften auf Leben und Tod?

Noch mehr, lassen Sie uns den Mann sehen, der an die Spitze jenes Volkes sich gestellt hat. Zuförderst, er ist kein Franzose. Wäre er dies, so würden jene geselligen Grundansichten, jene Achtung für die Meinung Anderer, und kurz für Etwas ausser ihm selber, einige wohlthätige Schwäche und Inconsequenz seinem Charakter beimischen, wie dergleichen sich zum Beispiel im vierzehnten Ludwig, meines Erachtens der schlimmsten Ausgeburt des französischen Nationalcharakters, vorfanden. Aber er ist aus einem Volke, das schon unter den Alten wegen seiner Wildheit berüchtigt war, das gegen die Zeit seiner Geburt in harter Sklaverei noch mehr verwildert war, das einen verzweifelten Kampf gekämpft hatte, um die Fesseln zu zerbrechen, und in Folge dieses Kampfes in die Sklaverei eines nur schlaueren Herrschers gefallen, und um seine Freiheit betrogen worden war. Die Begriffe und Empfindungen, die aus einer

ner solchen Lage seines Vaterlandes sich entwickelten, mögen die ersten Bildungsmittel seines aufkeimenden Verstandes gewesen seyn. Unter der französischen Nation, die auf diese Weise ihm zuerst bekannt wurde, erhielt er seine Bildung, sie legte sich ihm dar in den Begebenheiten einer Revolution, deren innere Triebfedern zu schauen er alle Gelegenheit hatte, und er mußte bald mit innigster Klarheit dieselbe begreifen lernen, als eine höchst regsame Masse, die da fähig wäre, durchaus jedwede Richtung anzunehmen, keineswegs aber durch sich selbst sich eine bestimmte, und dauernde zu geben. Konnte es anders kommen, als daß er, wie er diese Nation fand, der er selbst seine Verstandesausbildung dankte, und die er ungefähr für die erste halten mochte, so auch das ganze übrige Menschengeschlecht ansahe? Von einer höhern sittlichen Bestimmung des Menschen hatte er durchaus keine Ahnung. Woher sollte er sie bekommen, da sie nicht, wie etwa bei den Franzosen, durch eine glückliche Angewöhnung in früher Jugend ihm zu Theil ward, durch deutliche Erkenntniß aber vermittelst der Philosophie oder des Christenthums seine spätere Bildung sie ihm auch nicht darbot? Zu dieser vollkommenen Klarheit über die eigentliche Beschaffenheit der Nation, über die er sich der Oberherrschaft bemächtigte, trat ein durch seine Abstammung aus einem kräftigen Volke begründeter, und durch seinen steten, aber zu verbergenden Widerstreit gegen die Umgebungen seiner Jugend gestählter, kräftiger und unerschütterlicher Wille. Mit diesen Bestandtheilen der Menschengröße, der ruhigen Klarheit, dem festen Willen ausgerüstet, wäre er der Wohlthäter und Befreier der Menschheit geworden, wenn auch nur eine leise Ahnung der sittlichen Bestimmung des Menschengeschlechts in seinen Geist gefallen wäre. Eine solche fiel niemals in ihn, und so wurde er denn ein Beispiel für alle Zeiten, was jene beiden Bestandtheile rein für sich, und ohne irgend eine Anschauung des Geistigen geben können. Es bildete sich ihm hieraus folgendes Erkenntnißgebäude: daß die gesammte Menschheit eine blinde, entweder gänzlich stagnirende, oder unregelmäßig und verwirrt durch einander und mit einander streitend sich regende Masse von Kraft sey; daß weder jene Stagnation seyn solle, sondern Bewegung, noch jene unordentliche, sondern eine nach Einem Ziele sich richtende Bewegung: daß selten, und durch Jahrtausende getrennt Geister geboren würden, die bestimmt seyen, dieser Masse die Richtung zu geben, dergleichen Einer Karl der Große gewesen sey, und er der Nächste nach ihm, daß die Eingebungen dieser Geister das Einzige, und wahrhaft Göttliche, und Heilige, und die ersten Principien der Weltbewegung seyen, und daß für sie schlechthin alle andern Zwecke der Sicherheit oder des Genusses aufgeopfert, für sie alle Kräfte in Bewegung gesetzt, und jedwedes Leben in Beschlag genommen werden müsse, und daß es Auflehnung sey gegen das höchste Weltgesetz, solchen Anregungen sich entgegen zu setzen. In ihm sey erschienen dieses Weltgesetz in der neuen Ordnung der Dinge, die er in dem Culturstaate, unter seiner Oberherrschaft ausführen wolle: das nächste Glied dieser Ordnung sey dermalen die Freiheit der Meere, wie er sagt, die Oberherrschaft der Meere in seinen Händen, wie er es eigentlich meint, und für diesen allernächsten durch das Weltgesetz gesetzten Zweck müsse alles Glück von Europa aufgeopfert werden, alles Blut fließen; denn dafür allein sey es da. Diesen großen Weltplan, der freilich über das Ziel eines Menschenlebens sich hinausstreckt, soll nun nach ihm seine Dynastie fort- und ausführen, so lange bis etwa nach einem Jahrtausend ein anderer inspirirter Held wie er auftreten, und mit neuer Offenbarung in seine und Karls Schöpfung eingreifen wird.

Man hat geahnet, daß es mit ihm ein anderes Bewenden habe, als mit andern vorzeitigen und gleichzeitigen Herrschern. So ist es auch. Oeffentliche Blätter zwar meinten, daß die Gesinnungen eines Generals in ihm verschwinden würden durch Einführung der Erbfolge für seine Dynastie. Nicht recht begriffen. — So verhält es sich: Jene sind gewohnt, sich als Vertheidiger des Eigenthums und Lebens anzusehen, als Mittel zu diesem Zwecke, der drum nie aufgeopfert werden darf: dieser setzt sich als Vertheidiger eines absoluten, — selbst Zweck seyenden — Willens, eines Weltgesetzes, in der That aber nur eines individuellen Willens, einer Grille, ausgerüstet mit der formalen Kraft des sittlichen Willens. (Dies ist sein wahres unterscheidendes Wesen. Jene sind nicht im Stande, ihren gegen sie immer noch erhabenen Gegner auch nur zu begreifen.) Es ist allerdings wahr, daß Alles aufgeopfert werden soll — dem Sittlichen, der Freiheit; daß Alles aufgeopfert werden solle, hat er richtig gesehen, für seine Person beschlossen, und er wird sicher Wort halten bis zum letzten Athemzuge; dafür bürgt die Kraft seines Willens. — Seine Denkart ist mit Erhabenheit umgeben, weil sie kühn ist, und den Genuß verschmäht; darum verführt sie leicht erhabene, das Rechte nur nicht erkennende Gemüther. — Nur soll es eben nicht geopfert werden seinem eigensinnigen Entwurfe; diesem aufgeopfert zu werden, ist er selbst sogar viel zu edel; der Freiheit des Menschengeschlechts sollte er sich aufopfern, und uns alle mit sich, und dann müßte z. B. ich, und Jeder, der die Welt sieht, wie ich sie sehe, freudig sich ihm nachstürzen in die heilige Opferflamme.

In dieser Klarheit, und in dieser Festigkeit beruhet seine Stärke. — In der Klarheit: alle unbenutzte Kraft ist sein; alle in der Welt gezeigte Schwäche muß werden seine Stärke. Wie der Geier schwebt über den niedern Lüften, und umherschaut nach Beute, so schwebt er über dem betäubten Europa, lauschend auf alle falschen Maaßregeln und Schwächen, um flugschnell herabzustürzen, und sie sich zu Nutze zu machen. In der Festigkeit: die Andern wollen auch wohl herrschen, aber sie wollen noch so vieles Andere nebenbei, und das Erste nur, wenn sie es neben diesem haben können; sie wollen ihr Leben, ihre Gesundheit, ihren Herrscherplatz nicht aufopfern; sie wollen bei Ehren bleiben; sie wollen wohl gar geliebt seyn. Keine dergleichen Schwächen wandelt ihn an: sein Leben, und alle Bequemlichkeiten desselben setzt er daran, der Hitze, dem Froste, dem Hunger, dem Kugelregen setzt er sich aus, das hat er gezeigt: auf beschränkende Verträge, dergleichen man ihm angeboten, läßt er sich nicht ein; ruhiger Beherrscher von Frankreich, was man ihm etwa bietet, will er nicht seyn, sondern ruhiger Herr der Welt will er seyn, und, falls er das nicht kann, gar nicht seyn. Dies zeigt er jetzt, und wird es ferner zeigen. Die haben durchaus kein Bild von ihm, und gestalten ihn nach ihrem Bilde, die da glauben, daß auf andere Bedingungen mit ihm, und seiner Dynastie, wie er sie will, sich etwas Anderes schließen lasse, denn Waffenstillstände. Ehre und Treue? Er hat es freiwillig bei der Einverleibung Hollands ausgesprochen, daß ein Herrscher damit es halte, wie die Zeiten es mit sich bringen: so lange es ihm selbst zuträglich ist, — ja — wenn es ihm nachtheilig wird, nicht mehr. Daher kommt auch in allen neuern Staatsschriften desselben das Wort: Recht, gar nicht mehr vor, und fällt nach ihm heraus aus der Sprache, sondern es ist allenthalben nur die Rede vom Wohle der Nation, dem Ruhme der Armeen, den Trophäen, die er in allen Landen erfochten.

So ist unser Gegner. Er ist begeistert und hat einen absoluten Willen: was bisher gegen ihn aufgetreten, konnte nur rechnen, und hatte einen bedingten Willen. Er ist zu besiegen auch nur durch Begeisterung eines absoluten Willens, und zwar durch die stärkere, nicht für eine Grille, sondern für die Freiheit. Ob diese nun in uns lebt, und mit derselben Klarheit und Festigkeit von uns ergriffen wird, mit welcher er ergriffen hat seine Grille, und durch Täuschung oder Schrecken Alle für sie in Thätigkeit zu setzen weiß, davon wird der Ausgang des begonnenen Kampfes abhängen.

Ich habe gethan, was mir obliegt, indem ich mit der Klarheit, die mir beiwohnt, diese meine Ansicht mittheile denen, die meiner Mittheilung begehren, und in ihnen den Funken dieser uns nöthigen Begeisterung zur Flamme anzufachen suche.

Nur noch dies gegen den Einwurf: diese Darstellung von ihm sey übertrieben und unwahr,

1) von Solchen, die, weil sie selbst ungefähre Zusammenstimmung der verschiedensten Bestandtheile sind, sich auch außer sich nichts Anderes, denn dies, nichts in sich Zusammenhängendes, einbilden können, denen darum diese Schilderung unglaublich ist. Diesen ist nicht zu helfen, außer durch Bildung zur Anschauung, und vorher, damit dieses möglich sey, zum eigenen Seyn: und dies läßt sich mit einer Abhandlung nicht abthun.

2) von Solchen, die dies nicht sind. Diese erinnere ich: daß man Aeußerungen von ihm hat, und daß dadurch klar und begreiflich daliegt sein ganzes Leben, dessen Hauptzug gänzliche Blindheit für die sittliche Bestimmung des Menschengeschlechts ist; übrigens alle Bestandtheile des großen Mannes, die sein Zeitalter ihm zugesteht, außer wo es aus Furcht lügt und lästert wie die Kinder.

Zum entscheidenden Beweise seiner gänzlichen Blindheit für die sittliche Bestimmung des Menschengeschlechts gedenken wir der bestimmten That, durch die er vor Welt und Nachwelt das Gepräge seines Wesens sich aufgedrückt hat. Dies um so mehr, da nach den Wünschen unserer eigenen Herrscher und ihrer Werkzeuge, denen diese That nach ihrem Sinne war, ein allgemeines Stillschweigen über sie eingetreten ist, und sie anfängt, aus dem Andenken der Zeitgenossen herauszufallen. Die ihm das Schlimmste nachsagen wollen, deuten nur immer hin auf des Prinzen Enghien blutigen Leichnam, als ob dies der höchste Gipfel wäre seiner Thaten. Ich aber meine eine andere, gegen welche Enghiens Ermordung beinahe in Nichts verschwindet, und nach meinem Sinne nicht werth ist, herausgehoben zu werden, weil sie durch die einmal angehobene Bahn mit Nothwendigkeit gefordert wurde.

Die französische Nation war im Ringen nach dem Reiche der Freiheit und des Rechts begriffen, und hatte in diesem Kampfe schon ihr edelstes Blut verspritzt. — Aber diese Nation war der Freiheit unfähig, sagt man — und ich gebe dies nicht nur zu, sondern ich glaube es sogar beweisen zu können. Aus folgenden Gründen: 1) Weil, da Einstimmigkeit über das Recht nicht möglich war, bei diesem Nationalcharakter jede besondere Meinung ihre Parthei finden, und so — ohne eine schützende Gewalt — die Partheien im innern Kampfe sich selbst aufreiben mußten, wie sie auch eine Zeitlang thaten. 2) Weil es in der ganzen Nation an der Bedingung einer freien Verfassung fehlte, der Ausbildung der freien Persönlichkeit, unabhängig von der Nationalität.

So drum stand es freilich. Indem nun diese Selbsterkenntniß anfing aufzudämmern, fiel — ich will davon schweigen, durch welche Mittel — diesem Manne die höchste Leitung der Angelegenheiten zu. Bilder der Freiheit waren in manchen begeisterten Schilderungen an ihn gekommen; ganz unbekannt war ihm drum nicht der Begriff, und daß er gedacht würde. Wäre nur irgend eine Verwandtschaft dieses Begriffes zu seiner Denkweise, irgend ein Funke des Verständnisses dafür in ihm vorhanden gewesen, so hätte er den Zweck nicht aufgegeben, wohl aber das Mittel gesucht. Es hätte sich ihm nicht verborgen, daß dieses sey eine vielleicht mehrere Menschenalter dauernde regelmäßige Erziehung der französischen Nation zur Freiheit. Es hätte dem Manne, der sich eine Kaiserkrone, und eine benachbarte Königskrone aufzusetzen, und sich der Erbfolge zu versichern vermochte, nicht fehlen können, sich an die Spitze dieser Nationalerziehung zu setzen, und dieselbe Stelle einem Nachfolger, den er für den würdigsten dazu gehalten hätte, zuzusichern. Dies hätte er gethan, wenn ein Fünklein ächter Gesinnung in ihm gewesen wäre. Was er dagegen gethan, wie er listig und lauernd die Nation um ihre Freiheit betrogen, braucht hier nicht ausgeführt zu werden: jenes Fünklein ist drum nicht in ihm gewesen. Und so wäre denn meine Schilderung von ihm zur Demonstration erhoben, in so weit dies bei einem historischen Gegenstande möglich ist.

II.

Von der Errichtung des Vernunftreiches.

Voraussetzungen.

Nur Gott ist. Ausser ihm nur seine Erscheinung. — In der Erscheinung nun das einzige wahrhaft Reale die Freiheit, — in ihrer absoluten Form, im Bewußtseyn; also als eine Freiheit von Ichen. Diese und ihre Freiheitsprodukte das wahrhaft Reale. — An diese Freiheit nun ist ein Gesetz gerichtet, ein Reich von Zwecken, — das Sittengesetz. — Dieses drum und sein Inhalt die einzig realen Objekte.

Die Sphäre der Wirksamkeit für sie — die Sinnenwelt: diese nichts denn das; in ihr keine positive Kraft des Widerstandes, oder des Antriebes. Wer diese Antriebe gelten läßt, oder diesem Widerstande weicht, ist unfrei, nichtig. Nur durch die Freiheit ist er Glied der wahren Welt, ist er durchgebrochen zum Seyn.

Die Freiheit des Geistigen ist, wie gesagt, zertheilt in eine Individuen-Welt. Diese insgesammt frei; in doppelter, oder auch in dreifacher Bedeutung: 1) von der Natur; diese soll nicht selbst Antrieb, vielmehr völlig unterworfen seyn jedem Zweckbegriffe, den man sich in ihr setzen kann, d. h. den das sittliche Gesetz setzt. 2) In der Gemeine: Keiner soll die Freiheit des Andern stören. — Er soll sie weder unmittelbar — durch Widerstand; noch mittelbar, indem er in der Einen und zusammenhangenden Natur dasjenige unterläßt, was die gebührende Herrschaft des Ganzen erfordert. (Den letztern Punkt setzen wir näher aus einander: — 1) Wie das Sittengesetz redet, soll die Natur Werkzeug seyn, oder werden können. 2) Dazu gehören Alle. — Fehlt sonach Einer, so ist die Freiheit dessen, der das Gesetz will, und ohne Zweifel recht hat es zu wollen, gestört. Ich bitte Sie, es im Ganzen zu fassen. Die Anwendung, die sehr wichtig ist, tiefer unten!)

Der erste Punkt wird an seinen Ort gestellt: Kunstlehre. — Aber der zweite: Es ist Vernunftgesetz, daß Keiner die Freiheit eines Andern und des Ganzen stören oder aufhalten soll: die Regel einer Ordnung, in der dies so sich verhält, ist die Rechtsregel, das Rechtsgesetz.

Es ist selbst ein sittliches Gesetz, denn es ist die Bedingung aller Sittlichkeit. — Das Recht soll also schlechthin herrschen, so gewiß die Sittlichkeit schlechthin seyn soll. Und zwar ist es das Gesetz der Bedingung.

Den Begriff dieser Ordnung aber enthält und handelt ab die Rechtslehre.

Wie nun aber finden wir darin einen besondern, empirisch bedingten Theil, welcher dermalen noch nicht gilt, und wohlgemerkt dies nicht etwa als Ausnahme, sondern in der Regel nicht, der nach dem Geiste und Standpunkte der Zeit nicht gelten kann, der nicht einmal in den Zeitbegriffen liegt?

Dabei nun haben wir gründlich zu Werke zu gehen; — nicht rhapsodisch verfahrend, sondern ausgehend von einer Einheit, aus der die ganze Untersuchung sich entwickeln soll.

So heben wir an von dem Widerspruche, der in dem Begriffe der Errichtung eines Rechtszustandes nothwendig liegt. — (Diesen Widerspruch zu heben, ist Sache der Entwicklung des Menschengeschlechts: so lange er nicht gehoben ist, herrscht das Recht nicht durchgängig; er ist aber bis jetzt nicht gehoben.)

Satz: Jeder soll frei seyn: — er soll nur seiner eigenen Einsicht folgen. Wir sagen; Jeder; es soll also in der Welt der freien Iche durchaus Keinen geben, der irgend einem Andern, denn seiner freien Einsicht gehorche.

Beweis: Frei seyn heißt — erste unabhängige Ursache seyn. Nun geht diesem Ursacheseyn freilich voraus ein Begriff von dem Zwecke, der nur in der freien Person selbst, und ihr eigener Begriff seyn kann. — Wäre dieser Begriff der eines fremden Ich, (dessen Einsicht,) so müßte dieses ihn erst thätig und wirksam machen durch irgend einen Zwang für diesen Zweiten: dieser wäre drum zweites Glied in der Reihe der Ursachen und Wirkungen. Dann aber ist er nicht frei.

(Weitere Exposition: frei nur ein Wille als absolut erstes reales Glied, schlechthin anhebend, mit Beschränkung auf den Zweckbegriff = x, der nur in ihm selbst liegen kann. — Anders — ist es Zwang; er muß.)

Wir können den Satz auch so ausdrücken: Keiner soll auf irgend eine Weise durch andere gezwungen werden. — Reich der Freiheit, kein Reich des Zwanges. Dies liegt im Rechtsgesetze; der Zwang ist absolut gegen das Recht. Er raubt die innere Freiheit des Individuum. Dies merken Sie wohl;

Gegensatz: Was im Rechtsbegriffe liegt, soll schlechthin seyn; denn das einem Jeden gebotene Sittliche soll schlechthin seyn. Ohne Freiheit ist aber sittlicher Zweck gar nicht ausführbar: der Rechtsbegriff müßte drum sogar mit Zwang und mit Gewalt durchgesetzt werden. — Auch thut die Einführung des Rechtsbegriffes wenigstens der äussern Freiheit keines Menschen Abbruch: denn was durch diesen ihr entzogen wird, ist gar nicht seine Freiheit als sittliches Wesen und Mitglied der Gemeine, in welcher Rücksicht allein er Freiheit hat, und ein Recht auf dieselbe. (Er soll es niemals: wenn die Sittlichkeit Natur wäre, so würde er es niemals wollen oder können:) es ist gar nicht seine Freiheit, als eines Ich, sondern Gewalt einer unbändigen Natur, die durch die Freiheit eben schlechthin unterjocht werden soll. — Für das Recht ist sonach der Zwang sogar geboten, wie vielmehr also erlaubt.

Meine Herren! Es ist für die Gründlichkeit und Klarheit unserer gegenwärtigen Vorträge entscheidend, für das gesammte System der Wissenschaftslehre aber erläuternd und belehrend, die innere Natur dieses Widerspruches recht kennen zu lernen.

Der Gegensatz stützt sich darauf, daß diesseits des Rechts und dem Rechte zuwider es gar keine Freiheit, und kein Recht darauf gäbe, das etwa zu schonen sey, sondern nur Naturgewalt, welche rings um sich herum zu unterdrücken erste Bedingung alles sittlichen Lebens sey. Er läugnet, durch jeglichen Zwang für das Recht und um des Rechts willen mit irgend einer Freiheit in Berührung zu kommen. — Nur als Mitglied des sittlichen Reiches habe Jemand Freiheit und Recht: anders sey er gar nicht zu dulden, sondern wie eine Flamme, ein wüthendes Thier zu bändigen. — Bei dieser Anmuthung schlechthin an Jeden ist aber dieser als bloß formales Mitglied des sittlichen Reichs überhaupt gemeint, sage ich: was die besondere Pflicht des Einzelnen sey, darüber könne keiner für den andern entscheiden; was dagegen zur Pflichtmäßigkeit überhaupt gehöre, sey ein absoluter Gemeinbegriff, von dem jeder Einzelne in die Seele Aller schlechthin urtheilen, und im Namen Aller das Urtheil auf sich nehmen könne.

Von diesem Allen läugnet nun der Satz durchaus Nichts. Er bemerkt bloß, daß selbst zum Mitgliede der sittlichen Gemeine der Mensch durch eigene Freiheit sich erheben solle, — erheben, schrittweise; — dagegen der Gegensatz ihn auf einmal, durch Zwang, wenigstens seiner äussern Erscheinung nach, hineinversetzen will. Da liegt der Punkt des Widerstreites; im Begriffe der Freiheit: diesen nehmen beide in einem streitenden, doppelten Sinne, Jener: es giebt gar keine dem Rechte zuwider; drum beschränke ich auch keine durch meinen Zwang: es ist da nur Naturwesen. — Dieser: Obwohl dies Naturwesen ist, so behält es doch die formale Freiheit, von der Natur aus in die sittliche Welt durch eigene Freiheit sich zu erheben. — Jener: Freiheit nur in der sittlichen Welt; einer andern sie gar nicht zugestehend: reiner Idealist. Dieser, beide Welten in's Auge nehmend, und den Uebergang von der einen zur andern auch erfassend als Freiheit. — Jener: nur in der sittlichen Welt giltst Du, ausserdem bist Du Nichts, und giltst Nichts! Dieser: auch im Uebergange zu jener Welt, in der Du nicht geboren bist, bist Du Dein eigenes Princip.

Aus dieser Einsicht in den Sitz des Widerspruchs wird sich das Lösungsmittel ergeben. Daran gehen wir sogleich, ohnerachtet über Satz und Gegensatz noch Manches zu sagen wäre.

Der Gegensatz, was will er aufheben, und was kann er durch seinen Zwang aufheben? Den Ausbruch des rechtswidrigen Willens in die That. So, wenn er spricht — diese Freiheit, dieses Recht hat Niemand, es ist Naturgewalt, — was meint er? Eben die Aeusserung in der Erscheinung. — Nicht aber kann er noch will er aufheben den innern bösen Willen. Er hat ein Naturgesetz als Zwang gebraucht, z. B. Furcht vor der Strafe; da gerade bleibt der böse eigennützige Naturwille, der sogar zur Triebfeder geworden. Anders kann er nicht, weil er Nichts denn äussern Zwang hat. Es ist ihm genug, die sittliche Freiheit, falls sie irgendwo ist, zu schützen. — Der Gezwungene bleibt ihm übrigens Natur, nur unschädliche Natur, ein gezähmtes wildes Thier. Er redet von der That, nicht vom Willen.

Der Satz hingegen redet vom Willen, nicht von der That. — Will er, daß das Rechtswidrige geschehe, die Naturgewalt herrsche? Wie kann er, ohne die Erscheinung des sittlichen Reichs ganz unmöglich zu machen! — Nur will er, es solle aus Einsicht, aus den Willen bewegender Einsicht unterlassen werden; unterlassen also freilich. — Ueber die Unterlassung, als unbedingt nothwendig, sind beide einig; der letztere fügt bloß ein Bestandtheil hinzu, das der erstere überging.

Und so ist denn ihr Verhältniß gefunden. Der erste will, wobei angehoben werden muß; der zweite, was nachgeholt werden soll. Wenn das Rechtswidrige Anfangs auch bloß aus Zwang, ohne Einsicht und guten Willen unterlassen wird, folgt denn daraus, daß es späterhin nicht aus Einsicht unterlassen werden könne? Muß das Rechtswidrige denn geschehen, rechte Verwilderung eintreten, damit die Einsicht komme; oder ist es nicht vielmehr ein gutes und rechtes Beförderungsmittel der Einsicht, wenn das Gegentheil derselben ohnedies nicht herausbrechen darf: man nicht bestochen wird für das Falsche, sondern den Willen und die Erkenntniß hinterher nur noch zu unterwerfen hat der ohnedies bestehenden Beschaffenheit der Dinge?

— Von der Freiheit des Naturwesens, dem Naturwillen ist die Rede. — Dieser hat äusserlich sich darzuthun durchaus kein Recht; er soll unterdrückt werden, wo er sich zeigt, und Jeder, der es erkennt und vermag, hat Recht zu dieser Unterdrückung. Das äussere Recht soll erzwungen werden; innerlich aber die Freiheit gebildet werden durch Belehrung zur Einsicht: der gute Wille des Rechts soll in Jedem auf eigene Einsicht aufgebaut werden.

Weitere Auseinandersetzung in Folgesätzen:

1) Zur rechtlichen Verfassung die Menschen zu zwingen, dem Rechte sie durch Gewalt zu unterjochen hat Jeder, der die Erkenntniß hat und die Macht, nicht nur das Recht, sondern die heilige Pflicht; der Einzelne die ganze Menschheit, falls es sich so träfe; denn zum Rechtswidrigen haben sie gegen ihn kein Recht und keine Freiheit.

— Zum Rechte, welches ein absolut bestimmter gemeingültiger Begriff ist, den sie alle haben sollen, den sie auch alle haben werden, sobald sie zu seiner Bildung sich erheben, und den Er indessen hat im Namen Aller, als Stellvertreter, von des in ihm wirkenden Gottes Gnaden. Die Richtigkeit dieses Begriffs muß er auf sein eigenes Gewissen nehmen. — Er der von Gott eingesetzte Zwingherr.

(Die Voraussetzung: das Recht sey ein schlechthin in der Vernunft liegender, rein apriorischer Begriff: — nicht Etwas, worüber sich Alle erst willkührlich verständigen, indem Jeder schon vor dem Recht voraus besitzt, und davon aufgiebt: — so nach Rousseau's contrat social, empirisch, willkührlich, erdichtet; ein Grübeln über spekulative Aufgaben auf gutes Glück ohne spekulative Principien. Darauf die französische Revolution: kein Wunder, daß sie aus solchen Grundsätzen hervorgehend, so ablief!)

2) Dies jedoch nur unter der Bedingung, daß mit der Zwangsanstalt eine zweite verbunden werde, um Alle zur Einsicht der Rechtmäßigkeit des Zwanges, und so, zur Entbehrlichkeit desselben zu bringen. Denn ohne diese zweite Anstalt ist der Zwang, der freilich nicht gegen ihr äusseres Recht auf Handlungen ist, gegen ihr inneres Recht und ihre Freiheit, nur zu gehorchen ihrer eigenen Einsicht. (Hierdurch wird eben mit dem Gegensatze die Aussage des Satzes über das innere Recht vereinigt.) — Bildung Aller zu einer bestimmten, so und so sich verhaltenden Einsicht, die nur der Zwingherr und der Erzieher vor ihnen Allen hatte; die drum, so gewiß der Rechtsbegriff Einer, nicht willkührlich und wandelbar seyn wird, sondern die Eine und gemeinsame für Alle: — bei Allen Eine; — wandelbar nur der Form der Einsicht, nicht der Qualität nach. — Dies aber eben das nicht aufzugebende Ziel, hervorzubringen eine den Willen bewegende Einsicht Aller, daß es das Recht sey, wozu sie bisher gezwungen worden.

Zur nähern Erläuterung:

1) Nur zum Rechte darf gezwungen werden; jeder andere Zwang ist durchaus widerrechtlich (abscheulich, teuflisch.) Der Zwingherr muß voraussetzen können, daß seine Einsicht untrüglich sey, und ist hierüber seinem Gewissen verantwortlich.

2) Für Andere ist indessen dieser Zwang selbst der Form nach rechtmäßig nur, inwiefern der Zwingherr erbötig ist, aller Welt den Beweis zu führen, daß seine Einsicht also untrüglich sey, und inwiefern er Alles, was an ihm ist, thut, um diesen Beweis führen zu können. Alle haben das Recht, nur ihrer Einsicht zu folgen; dies das ewige

und unveräusserliche: daß sie vorläufig dem Zwange gehorchen müssen, geschieht nur aus Noth, weil ihre Einsicht nicht die rechte ist. Um ihres Rechts willen aber muß eine Anstalt errichtet werden, wodurch ihre Einsicht zur rechten gebildet werde.

Kein Zwang ausser in Verbindung mit der Erziehung zur Einsicht in das Recht. Dieser letzte Bestandtheil fügt jenem erst die Form der Rechtlichkeit hinzu. Der Zwingherr zugleich Erzieher, um in der letzten Funktion sich als den ersten zu vernichten. — Daß Recht ist, was ich gebiete, wirst Du nachmals wohl einsehen, wenn Du mündig bist; wirst dann einsehen, daß ich nur die Stelle der eigenen Vernunft in Dir vertreten habe: wirst einsehen, daß Du selbst mich gewählt haben würdest. — Dies die Rechenschaft der Rechtmäßigkeit seiner Oberherrschaft, die er nicht nur Gott, sondern auch der Menschheit ablegen will. Ohne dies der Zwingherr, wenn er auch der Materie nach zum Rechte zwänge, der Form nach ein Tyrann und Usurpator. — Dadurch ist erst die Gleichheit wiederhergestellt; der Zwingherr macht den Gezwungenen wieder zu seinem Richter.

Rechtszwang wird nur durch beigefügte Erziehung des gezwungenen Volks zur Einsicht und zum guten Willen rechtmäßig; ausserdem ist sie rechtswidrig. — Das aber, wozu gezwungen wird, und das, was durch Erziehung der Einsicht hingelegt wird, ist durchaus dasselbe: das Letztere kann aber nur der Vernunftbegriff seyn vom Rechte; denn über nichts Anderes kann die Einsicht Aller sich vereinigen.

So haben wir einen an sich klaren, jedoch höchst wichtigen Begriff der Rechtslehre, als der Lehre von Errichtung des Reichs, beigefügt, der bisher fast allgemein verkannt

kannt wurde. Dunkel gefühlt, hat er zu einem Streite Veranlassung gegeben, der auch mir oft vorgekommen; — in folgender Form, in der ich denselben auch wohl darstellen kann: — Mit dem Pöbel und den Philistern möge es seyn, wie es wolle; die Freiheit der Studenten, die akademische bestehe aber darin, daß sie keine Gesetze anerkennten, als die, deren Nothwendigkeit sie selbst einsähen, und die sie sich gäben. Hierbei werde bedacht: 1) Nicht nur für Studierende gilt dies, sondern schlechthin für alle Menschen; — nicht akademische, sondern bürgerliche Freiheit überhaupt, daß man keinem Gesetze gehorche, dessen Nothwendigkeit man nicht einsehen, und es sich selbst geben sollte und würde, wenn man verständig wäre: 2) keinesweges aber empirisch, — was sie wirklich einsehen und sich geben. — Bei den Studirenden ist nur die Voraussetzung, daß sie mehr Verstand haben, ihre Einsicht einen größern Umkreis umfasse, als bei dem Volke. — Dies die akademische und überhaupt aller gebildeten Menschen Freiheit: — mehr Einsicht und guter Wille, weniger Zwang. 3) Von den Studirenden aber, eben darum weil sie Studirende sind, ist nicht zu erwarten, daß sie Alles einsehen, auf der höchsten Spitze der Intelligenz ihres Zeitalters und ihres Volkes stehen: — wenn man warten sollte auf die durch die Majorität gegebenen Ordnungsgesetze, würde es mit dem akademischen Gemeinwesen gar schlecht bestellt seyn: — also auch hier, wie es bei der Erziehung und in allen Ständen ist, soll man gehorchen ohne Zeitverlust und auf der Stelle, — sodann freilich auch einsehen, wenn die Zeit kommt; denn dies muß wohl Aufschub leiden. — Daß Nichts verordnet werde, was nicht eingesehen werden schlechthin soll, und auch wird, wenn sie nur auf die gehörige Stufe der Verstandesbildung kommen, dies versteht sich von selbst; dies haben diejenigen, die da verordnen, zu verantworten. Die Bildungsanstalt aber — wie könnte

diese Studirenden fehlen! Wenn sie jedoch einst bei Verstandesreife das Gegentheil finden, so mögen sie unser Andenken verwünschen, und ja sorgen für die Gesetze des Gegentheils, daß geboten werde, was sie gern thäteu, nun ihnen aber leider verboten ist.

In Summa: die Menschheit als eine widerstrebende Natur, soll allerdings ohne alle Gnade und Schonung, und ob sie es verstehe oder nicht, gezwungen werden unter die Herrschaft des Rechts durch die höhere Einsicht. Mit diesem Zwange muß aber unabtrennlich verbunden werden eine Anstalt, um diese höhere Einsicht zu machen zur gemeinschaftlichen Einsicht Aller. Wie der Urheber gesinnt war, so sollen nach Verlauf eines Zeitraums gesinnt seyn schlechthin Alle ohne Ausnahme. Nur durch das Letzte wird das Erste rechtlich.

Gleichsam zur Wiederholung und Uebersicht wollen wir den Widerstreit nochmals in einer solchen Schärfe darstellen, daß der logische Zirkel erscheine.

Satz: Jeder soll handeln schlechthin nach seiner eigenen Einsicht: nur so ist er frei. Kein Zwang!

Gegensatz: Aber Einsicht des Rechten sogar läßt sich nicht hervorbringen ohne einen Zwang, ohne Beschränkung der äussern Naturfreiheit; — ohne ein Anhalten des Handelns, um zurückzuziehen auf Betrachtung und Erwägung, — Die Natur strömt immer fort, hält nicht an zur Reflexion: dies Letzte leistet uns die Vernunft von Andern aus in der Gemeine, wider unsern eigenen Willen. — Durch Hineinkommen in diese Sphäre entsteht sogar eine Süßigkeit der Betrachtung: woher sonst die Wissenschaft? — Aber von Natur aus nicht.

Auflösung: Zwang ist die Bedingung zur Hervorbringung der Einsicht, und zur Annahme der Zucht: — ist das Mittel, wie die Einsicht der Gemeine sich anknüpft an das Individuum, und das Individuum aus einem bloßen Naturwesen in ein geistiges verwandelt. Dieser Zustand der Ruhe nun, in der die Belehrung über das Leben an Erwachsene kommen kann, ist der innerliche Friede und Rechtszustand; der Zwangsstaat drum eigentlich die Schule für das Reich aus der Einsicht Aller.

Die Lehre von Errichtung eines Rechtszustandes ist klar, und ohne alle Schwierigkeit. Aeusseres Recht muß unbedingt seyn, von Stund an, als Einer es denkt: denn es ist die einzige Weise freier Wesen da zu seyn: (ihr Natur-, substanzielles und Seynsgesetz. Naturgesetz; drum Zwang.) Zwingherr kann Jeder seyn, der es einsiehet, und es vermag: er verletzt dadurch weder die äussere Freiheit von irgend Einem, noch auch die innere; wenn er nur Rechenschaft ablegen will, daß es das Recht sey, wozu er zwingt, und Anstalten trifft zur Möglichkeit dieser Rechenschaft, durch Bildung zur Einsicht in das Recht. — Ein durch Gott selbst in der Stimme des Sittengesetzes eingesetzter Erzieher der Menschheit; — göttlichen Rechtes!

Voraussetzung hierbei ist die: daß der Rechtsbegriff so klar sey, mit so überwiegender Evidenz sich als objektiv gültig darstelle, daß der Urheber es auf sein Gewissen nehmen, und fest überzeugt seyn könne, daß die Erziehung Aller zur Einsicht sie durchaus auf denselben Punkt führen werde.

Nur innerhalb dieser Voraussetzung, und so weit diese reicht, gilt jenes Recht des Zwanges. — Wie aber, wenn der Begriff des Rechtes nicht durchgängig so klar wäre, daß der Zwingende es auf sein Gewissen nehmen, und von der Fortbildung die Einsicht der Andern sicher erwarten könnte?

Wie verhält sich die Sache? — a) Das Sittengesetz ist schlechthin setzend Etwas aus sich, z. B. die Freiheit Aller. — Dies ist klar. — b) Das Sittengesetz ist beurtheilend, fortbestimmend einen in der Sinnenwelt gegebenen Stoff. — Dieses Urtheil kann oft gar nicht so unmittelbar klar seyn, sondern etwa nur durch Annäherung in's Unendliche zu finden. — So, in Rücksicht des ersten Falles: daß Keiner den Andern durch positive That hemmen, ihn an seinem Leibe antasten solle u. dgl., ist klar. Aber nun weiter: ein Eigenthum für Jeden, d. i. eine ausschließende Sphäre seines freien Handelns in der Sinnenwelt; dies ist auch wohl klar, eben so, daß gleich getheilt werden solle, d. i. daß auf Jeden für seine Arbeit gleich viel Ruhe und Genuß, eigentlich Freiheit und Muße komme: aber welchen Platz nun Jeder? Dafür giebt es gar keinen Entscheidungsgrund. Kommt indessen freilich nicht viel darauf an; so muß doch Jeder seinen gewissen Platz haben, bei dem es bleibe: also Entscheidung muß seyn, damit gewisses Recht sey; — geschehe sie sogar durch das Loos. — Aber verschiedene Stände! Zu welchem soll Jeder gehören? — Darüber nur ein annäherndes, niemals ein demonstratives Urtheil möglich. Dies Alles indeß nur Beispielshalber!

Aber das Entscheidende ist Folgendes: die fortzuerweiternde Herrschaft über die Natur, die das Recht Aller ausmacht; (daß sie nämlich in jedem Zeitabschnitte so frei seyen, als sie in ihm seyn können) über die äussere, Verbesserung des Ackerbaues, der Künste und Gewerbe, stets im richtigen Verhältnisse zu einander; über die innere, allgemeine Bildung des Verstandes und des Willens Aller, — geht nach dem Gesetze, in einer steten Linie fort: jede Zeit hat ihren Punkt, gegeben durch den vorfindlichen Zustand von einer Seite, durch die Idee von der andern. — Dieser Punkt ist das jedesmalige Recht, zu dem Alle zu zwingen sind: gesetzt muß er schlechthin werden, und die Kräfte Aller dazu vereinigt; denn es soll in diesem Felde fortgearbeitet werden. — Wer will diesen Punkt nun mit demonstrativer Gewißheit bestimmen, es auf sein Gewissen nehmen, daß er darin nicht irre, und daß die fortgehende Bildung Aller ihn rechtfertigen werde, um darauf Zwang — für's Recht — nicht für sein individuelles Urtheil zu unternehmen? Dennoch muß es auch über diese Punkte der angewendeten Rechtsurtheile eine Entscheidung geben, und Zwang dazu, der schlechthin Alle umfaßt. — Beispiele: Wer soll entscheiden, ob die Freiheit der Meere die zu realisirende Aufgabe der Gegenwart sey, wofür alles Blut, Leben und Regung aufgeopfert werden müsse, oder die Heraufbildung der niedern Stände zu den höhern: — wer Krieg und Frieden, auf jene Veranlassung hin über sich nehmen? — Jetzt ist die Frage: wer der Zwingherr seyn solle, gar nicht mehr so unbedingt zu beantworten: der erste, der beste, der es kann. — Hier ist die Frage diese: Wer unter jenen Umständen Zwingherr, Fürst sey nach dem Rechte. Sie zu beantworten rüsten wir uns.

Scharf den Punkt der Untersuchung bestimmt! Dies betrachtet, ist Jener nicht nur Zwingherr zum Rechte, sondern vor allen Dingen dazu, daß man sein Urtheil über Recht für gleich mit dem objektiven Rechte gelten lasse. Er zwingt sich ihnen auf, als letzter und höchster Entscheider über die Frage: was ist das jedesmalige Recht, ohne alle Widerrede. In dieser letzten Qualität nun ist der

Zwang bedenklich: davon den Rechtstitel aufzusuchen. — Die fortschreitende Bildung wird es bestätigen! — Wie aber, wenn sie es nicht bestätiget? Um Klarheit, nicht um Ueberraschung ist es mir zu thun: drum wollen wir jene Frage tiefer begründen durch eine Reihe von Sätzen.

1) Das Gesammtleben der Menschen (die durch die Vereinigung unter die Einheit einer Rechtsverfassung ein Volk geworden sind), ist ein fortgesetzter Kampf mit der Natur um Freiheit (Oberherrschaft über dieselbe).

2) In jedem Zeitmomente ist nothwendig ein durch die Vergangenheit bedingter, und gesetzter höchster Punkt dieser Oberherrschaft möglich; und dieser ist das Recht Aller, und jedes Einzelnen, der ihn einsiehet, und der drum die Kraft hat, ihn zu begehren.

3) Drum sind zu dem, was diesen Punkt von ihrer Seite bedingt, Alle ohne Ausnahme zu zwingen, im Namen des Rechts, das sich ausspricht in jenem Einzelnen: (ob sie es nun dermalen einsehen, oder nicht.) Also nicht bloß Unterlassungen, sondern auch Leistungen sind gefordert.

So weit ist Alles klar, und Anwendung der frühern allgemeinen Grundsätze. Wie es aber zur Anwendung kommt auf eine bestimmte Ansicht, also dabei, was jetzt an der Zeit sey; wessen Urtheil unter den widersprechenden Urtheilen hierüber soll da gelten, und die Gerechtsame des absoluten Rechtes haben?

4) Man kann sich bei diesen Urtheilen nicht auf das berufen, wobei man bei den absoluten Sätzen sich berufen kann, auf die nothwendige Billigung durch die künftige allgemeine, durch Erziehung des Volks hervorzubringende Bildung. In jenem Falle weiß man, weil es ein solcher Satz ist, wie der gebildete Verstand wird urtheilen müssen; in diesem nicht, sondern dies wäre von der Folgezeit erst zu erwarten.

Aber ich sage mehr: — die Bildung der Folgezeit, sobald sie zur Fällung eines Endurtheils über eine in der Gegenwart genommene Maasregel gekommen seyn wird, wird dieselbe niemals für die bestmögliche erkennen, sondern eine noch bessere finden. Dies darum: durch jene Maasregel = x wird selbst eine neue Bildung gewonnen. Diese tritt mit hinein in die spätere Beurtheilung, und wird als vorhanden vorausgesetzt, da sie doch dadurch erst und seitdem erst entstanden ist, und auch, wenn man die gegenwärtige Bemerkung gemacht hätte, nicht so genau bekannt ist, daß sie abgezogen werden könnte. So hat die Nachwelt allemal ein reiferes Urtheil, als die Vorwelt, weil das durch die Unvollkommenheit der letztern Gelernte mit in die Beurtheilung tritt, und sie wird der Vorwelt, wenn sie sich, so wie sie ist, an ihre Stelle setzt, allemal Unrecht thun. — Nur der formale, in der reinen Wissenschaft aufgestellte Begriff ist endlich, denn er ist der Begriff eines Gesetzes: die Beurtheilung des faktisch Gegebenen aber ist unendlich; denn sie geht einher nach dem in ihr selbst herrschenden, ewig verborgen bleibenden Gesetze: quillt ewig neu und frisch. Aus jedem Punkte entwickelt sich ja durch Hinzutritt des Gesetzes die Ewigkeit; und so in jedem folgenden Zeitmomente.

5) Es ist dies mit Bedacht auseinandergesetzt worden, indem daraus eine wichtige Folge hervorgeht; — diese: das bestimmte Recht der allgemeinen Freiheit in einem gegebenen Zeitmomente, das den Kampf um Freiheit am siegreichsten machende, ist gar nicht durch einen objektiv gültigen Begriff anzugeben; denn dies wäre ein unendlicher; sondern nur durch den, der aus dem bis jetzt entwickelten Vernunftgesetze hervorgeht. Die Maasregel ist niemals die beste überhaupt, sondern nur die beste für die Zeit: diese kann nun nur derjenige angeben, der den größten Verstand hat in seiner Zeit und in seinem Volke. Der höchste Ver-

stand aber ist derjenige, der das ewige Gesetz der Freiheit in Anwendung auf seine Zeit und sein Volk am richtigsten versteht, — beides in seinem Verhältnisse am bestimmtesten und reinsten durchdringt. — Daß er seine Zeit und sein Volk am besten verstehe, liegt darin.

Die Antwort auf die Frage: Wer hat ein Recht Oberherr zu seyn, ergiebt sich näher: Der höchste menschliche Verstand, und da es diesen in keiner Zeit giebt, der höchste menschliche Verstand seiner Zeit, und seines Volkes.

6) Ist nun nur dieser höchste Verstand gefunden, so ist wieder Alles aufgenommen in die erste Klarheit. Dem Verstande, so weit er bis jetzt offenbart ist in der Welt, zu gehorchen, ist jeder F r e i e verbunden; denn er ist das Gesetz der Freiheit, und nur inwiefern er diesem folgt, ist Jeder frei: es ist die Beweisführung seiner Freiheit: — ihm nicht folgend, ist er blinde Naturgewalt.

Die Aeusserung des Unverstandes in That innerhalb der Welt, in der auch nur Einer sich befindet, der es besser versteht, und so, daß diese Aeusserung auf das Handeln dieses Einen einfließe, was niemals fehlen kann, wenn sie in derselben Volkswelt liegt, — ist gegen das Recht dieses Einen, und er hat das vollkommene Recht, sie nicht zu leiden, falls er es verhindern kann — zu zwingen, wenn er stark genug dazu ist. Auch in Absicht der Rechtsurtheile steht dem höchsten Verstande das Zwangsrecht zu, nebst dem bedingenden Rechte, als höchster inappellabler Entscheider der Frage vom jedesmaligen Rechte zu gelten.

Die Erziehung zur Einsicht, als die formale Bedingung der Rechtmäßigkeit alles Rechtszwanges wird auch hier fortgehen, und einst die allgemeine Einsicht begründen, daß, wenn auch nicht das Allerbeste, denn doch ein die Freiheit Förderndes verordnet wurde.

7) Ist nur eben dieser höchste Verstand gefunden — wirklich und in der That, d. i. eine bestimmte, so und so

heißende Person gefunden, die diesen höchsten Verstand hat; so ist Alles gehoben. Unsere Voraussetzung ist, daß die Errichtung des Rechtszustandes überhaupt, mit Zwang, wenn es nicht anders geht, ausgehe von einem einzigen selbstständigen Urheber, der allein frei ist, und alle Uebrigen vorläufig zwingt.

In dieser Voraussetzung müßte es dieser selbige seyn, der schlechthin durch sich selbst sich setzte als jenen höchsten Verstand, und auf diesen absoluten Beschluß über sich selbst gründete alles Uebrige, was daraus folgt. Nicht aus der Acht zu lassen ist die Eigenthümlichkeit dieses absoluten Beschlusses. Wenn von dem absoluten Vernunftsatze die Rede ist, daß Recht seyn solle, und was etwa durch bloße Analyse aus diesem Begriffe folgt; so wird da gar nicht geredet von einem Maaße des Verstandes, sondern nur, daß Verstand da sey: es ist ein objektiv gültiger Begriff, den Jeder, dem in dieser Region der Verstand aufgehen wird, gerade so haben muß; und wer ihn nicht hat, dem ist aller Verstand in dieser Region ohne weiteres abzusprechen. Daß man Verstand hat, kann man wissen, und dies auf sein Gewissen nehmen: wer auch, der ist mit uns übereinstimmend, und ihn trifft der Zwang nicht: wer nicht, nach dem ist so lange nicht zu fragen, bis er Verstand bekommt. Drum hier — Jeder der will!

Ganz anders da, wo die Rede ist von einer Beurtheilung des Gegebenen, die ein Unendliches ist; also allerdings von einem Grade und Maaße. Möchte es da wohl Jemand über sich nehmen zu behaupten, daß sein Urtheil besser sey, als das schlechthin aller Uebrigen, die er ja nicht kennt, und geprüft hat — und immer das Bessere seyn werde in aller Zukunft: — diese Ueberschwenglichkeit seines Verstandes auf sein Gewissen nehmen, seine sittliche Würde, seine Seele und Seeligkeit darauf setzen, daß dies Urtheil über sich selbst untrüglich sey: verlangen, daß diesem seinen Weltbesten schlechthin alles Andere aufgeopfert werden müsse, als dem allein Heiligen? —

Es möchte indessen Jemand glauben, dies könne wohl angehen, wenn ein durch Erziehung Ausgebildeter träte unter ein durchaus ungebildetes Volk ohne alle Erziehung und Unterweisung; und dafür auch Beispiele finden in der alten Geschichte. Ich aber würde sagen: das Erste — ein Reich der Gesetze überhaupt und formaliter, innerer Friede, Sicherheit, negative Bestimmungen: damit zugleich verbunden eine Erziehung zur Einsicht. Ist diese geordnet, so darf durch positives Zwecksetzen der Folgezeit nicht vorgegriffen werden; diese, zur Einsicht gekommen, wird sich selbst zu helfen wissen, die positive Zwecksetzung tritt erst dann ein. — Dies also abgerechnet, — wenn in einem Volke, wo rund um ihn herum Erziehung, ein organisirter Staat, ein gelehrtes Publikum wäre, Einer hinträte, und jenes von sich behauptete; so zeigte er dadurch ohne Zweifel, daß er weder einigen Verstand noch Gewissen habe. —

Der höchste Verstand kann also nicht dadurch gefunden werden, daß irgend Einer sich selbst als den Inhaber desselben festsetzte, — drum der Herrscher, inwiefern er dies seyn muß, kann sich nicht selbst ernennen. Diesen negativen Satz für's Erste haben wir gewonnen!

Nicht bloße thesis, sondern auch Urtheil; darüber, was in dem Kampfe um Freiheit jedesmal der Punkt sey, der das Recht eines Jeden ist, — den auch vielleicht Jemand erkennt und fordert (wenigstens erkennen und fordern sollte.) — Daraus der Oberherr. —

Wer nun soll ein solches Urtheil fällen? — Es ist ein unendliches; der höchste Verstand drum seiner Zeit und seines Volks.

Wer ist dies? Selber sich dafür zu erklären kann Keinem erlaubt seyn. Woher nun soll er kommen? — Gleichbedeutend mit der Frage: Wer kann und soll Oberherr seyn; wer ist der rechtmäßige Oberherr?

Es müßte sich dies durch die Sache selbst finden. Die Wahrheit müßte erscheinen durch sich; — ohne irgend eine Willkühr — in unmittelbarer Darstellung.

Wie dies? Der geforderte Verstand — ausserdem daß er der höchste seyn soll, was lediglich die Quantität angeht, müßte noch durch ein anderes qualitatives, und Wesens-Merkmal sich bestimmen lassen: — nämlich als Verstand des Gemeingültigen, des Gesetzes der Einheit.

Analyse: — Zugleich Zusammenfassung, und Aufstellung des Gegensatzes, die das Ganze deutlicher machen wird. Dies sind die großen Ueberblicke aus höheren Standpunkten: hier ist eine Stelle, wo ein solcher möglich ist.

1) Zwei Welten einander entgegengesetzt: die des Gegebenen, und dessen, was da seyn soll durch Freiheit. — In der ersten: die Individuen mit ihrer persönlichen Freiheit und mit Bewußtseyn; sodann ein für jene gemeingültiges, die Sinnenwelt. (Hier ist der objektive, allgemeingültige Verstand eben der äussere Sinn: ist für Jeden vorhanden; zugleich als solchen sich setzend. Niemals verwechselt man die Gegenstände des äussern und innern Sinnes.) — In der zweiten: die individuelle Pflicht, die Jeder nur für sich besitzt, deren er allein sich bewußt ist: eben so wie Keiner dem Andern in's Herz sehen kann, so auch Keiner darin für den Andern urtheilen. —

Aber wenn nur der Mensch überhaupt zum Verstande darin gebildet wird, so stellt sich dieses ihm zuerst und gemeingültig für alle Freiheit, — die Freiheit als Eins gefaßt mit Abstraktion von den individuellen Bestimmungen — was diese soll überhaupt. — Dies ist nun in seiner Ausdehnung der Rechtsbegriff: zuerst die Thesis, lediglich negativ bestimmend, daß eben Jedweder formaliter frei seyn soll, und was nicht seyn müsse, wenn dies möglich seyn solle: — der leichteste Begriff unter den sittlichen. — Sodann positiv, der Gegenstand der Beurtheilung über die jedesmalige Bestimmung des Menschengeschlechtes, sonach über ihre Rechtsanforderung an die Natur, mithin an die sie hemmende Natur der andern Freien in ihrem Umkreise. — Dieses Letztere nun das, wovon wir reden: also der objektive, gemeingültige Verstand des Oberherrn; der Verstand, den Alle haben sollen, und den der, welcher ihn hat, nicht bloß für sich hat, und im eigenen Namen, (wie den sittlichen der individuellen Pflicht) sondern für Alle mit: dem auch niemals sein Entsprechendes in der Sinnenwelt gegeben werden kann, bis ihn Alle haben; (da er ein Gesetz ausspricht für die Einheit und organische Verbindung Aller.)

2) Diesen sittlich gemeingültigen Verstand könnte nun etwa Einer mit gutem Grunde sich zuschreiben: — dies hilft aber nichts, dadurch bleibt er in ihm. Ein Fremder kann eben so wenig ihn einem Andern zuschreiben — ausser etwa durch willkührliche auf Gutdünken gegründete Wahl; sondern er müßte sich selbst unmittelbar bewähren durch eine schöpferische, Allen offenbare, und faktische, sinnliche Gewißheit tragende That. Dann ist er in Einem, denn er lebt in ihm als faktische Erscheinung.

3) Welches wäre diese Erscheinung? — Antwort: Wer Andere zu objektiver Erkenntniß zu bringen vermag, der besitzt sie. Wie aber beweist er, daß es objektive Erkenntniß sey, daß er etwa nicht nur seine Individualität wiederfinde? Antwort: Wenn es ihm bei Mehreren, und eigentlich bei Jedem gelingt, an dem er die Probe macht. — Denn Erkenntniß entsteht durch eine sich offenbarende Evidenz nach einem Gesetze, von welcher derjenige ergriffen

wird, der eine gewisse Konstruktion vollzieht. Dieses Gesetz, so wie das Gesetz der Konstruktion, welches die Erscheinung der erstern bedingt, ist allemal gemeingültig. — Indem nun ein Solcher sagt: Konstruire auf diese Weise, so wirst Du ergriffen werden von dieser Evidenz; und indem es sich dem, der also thut, bewährt, so führt er durch diese seine Kunst den sichtlichen Beweis, daß er gemeingültigen Verstand, und Verstand dieses Verstandes habe. — Ob diese mit Worten es ihm zugestehen oder nicht: die That, ihres Läugnens Weise und Vermögen vielleicht, zeigt es. Sie sind weiter gekommen; es hat sich Verstandeskraft in ihnen entwickelt.

4) Diesen Beweis führt nun der Lehrer, der es wirklich ist, der gemeingültigen Verstand Anderer wirklich entwickelt. Sein Produkt an Andern ist der dargelegte Beweis. Er selbst braucht nicht für sich zu zeugen, (ohnerachtet er einmal mit der innern Ueberzeugung anfangen mußte;) jenes zeugt für ihn: er bedarf nicht des Zeugnisses Anderer mit dem Munde: ihr Daseyn zeugt für ihn. Er hat gemeingültigen Verstand entwickelt, der nun auch sich zeige in der That, durch neue Hervorbringungen, nicht daß er bloß historisch Gelerntes weiter giebt: — der Künstler dieser Entwicklung selbst, soviel an ihm liegt, Künstler machend. — Was in der Sinnenwelt das gegebene, Allen gemeinsame Licht, dies in der höhern Welt der Freiheit (merken Sie Sich diesen Parallelismus, der hohe Klarheit giebt) die geistige Konstruktion, eben die genetische. Der Lehrer zeigt, daß er sie kennt, und er ist ein Lehrer nur, inwiefern er sie kennt. — So wie in dem Lichte sich die Objekte darstellen, als begränztes, gebrochenes Licht, so in dieser die Evidenz der Wahrheiten, nach dem Gesetze; die Objekte sind da genetisch. Indem er dies nun stets vorherzusagen weiß, zeigt er, daß er die Objekte dieser Welt kennt, und ihre Entstehung, indem sie nur genetisch gekannt werden können: (Er kennt ihre Geburts-

und Entwicklungsgeschichte, drum sie selbst.) — Er zeigt sich im Besitze derselben; und ein Leben durch die Kunst, ein schöpferisches und sich verbreitendes Leben jener Welt. (Die Stockblinden, die die geistige Welt gar nicht kennen, und ihr Element, die Konstruktion, wie könnten diese Lehrer seyn! Glieder in der Tradition nur vermögen sie zu seyn. Von Solchen aber reden wir nicht.)

Resultat: Nur der Lehrer in dem beschriebenen Sinne zeigt durch die That gemeingültigen Verstand; und ausser diesem giebt es durchaus kein anderes Mittel, kein Kriterium.

Soll drum in einem Volke ein rechtmäßiger Oberherr möglich seyn, so muß es in diesem Volke Lehrer geben, und nur aus ihnen könnte der Oberherr gewählt oder errichtet werden. Unsere Sphäre ist bestimmter: ein Stand ist uns angewiesen, der sich selbst — nicht setzt, sondern macht in der That von Gottes Gnaden. (Der einzige, der wahrhaft von Gottes Gnaden ist, ist der gemeingültige wissenschaftliche Verstand; und die einzige äussere Erscheinung dieser Begnadigung ist die That des wirklichen — mit Erfolge gekrönten — Lehrens.) Die Ernennung des Oberherrn ist über alle menschliche Willkühr hinweg wieder dahin gewiesen, wohin sie gehört, in den unerforschlichen Rathschluß Gottes —: und zwar dies letztere wenigstens auf eine verständliche Weise, d. i. indem man siehet, daß der Verstand da durchaus am Ende ist, und das absolut faktisch Gegebene angeht. — Da wollen die Andern es eben auch hineinverlegen: auf welche unverständliche und unverständige Weise, werden wir zu seiner Zeit sehen.

Das Daseyn eines Standes der Lehrer bedingt im Fortgange des Reichs das Daseyn einer rechtmäßigen Oberherrschaft.

Aber die rechtmäßige Vereinigung von Menschen zu einem Volke unter der Herrschaft des Reichs, setzt, wie oben streng erwiesen worden, Erziehung zur Einsicht des Rechts überhaupt, sonach einen Stand der Lehrer; so daß hier also unsere Lehre in einander greift. — Wäre eine solche Erziehung und ein solcher Stand nicht da, so wäre die ganze Oberherrschaft, sogar ihrer bloßen Form nach, unrechtmäßig, und der erste Schritt, den jene zu thun hätte, wäre der, diese Erziehung zu organisiren: (und dadurch für die Ablösung des Nothherrschers durch den einzig rechtmäßigen zu sorgen.)

Die Aufgabe, das Recht im höhern Sinne, die Zeitbestimmung des Volkes, zu beurtheilen, tritt, wie oben erwiesen worden, nur später ein in die Zeit, nach der Errichtung des allgemeinen Friedens durch das thetische Recht, für welches allein wir aller Erziehung vorher den Ersten den Besten als einen Nothherrscher rechtmäßig finden können. In der Zwischenzeit muß ja, die Gleichzeitigkeit der Errichtung der Erziehung mit der des Rechtszwanges vorausgesetzt, wenn es nach dem Rechte seyn soll, ein Lehrerstand sich gebildet und bewährt haben. — Wenn man nun auch einräumt, daß um das formale Recht zu begreifen nicht viel gehöre; so gehört dennoch dazu, um es zu lehren bis zu einer den Willen ergreifenden Klarheit, eine Umsicht des ganzen Vernunftreichs und der geistigen Welt, weil es ja hiermit auf das Innigste zusammenhängt: und in dem ordentlichen Lehrer muß ja diese Ansicht sich nothwendig entwickeln, es muß sonach — was zu erweisen war — gerade ein solcher Lehrerstand sich entwickeln.

— Die Rechtmäßigkeit des Herrschers in der Ausbildung des Reiches setzt voraus einen Lehrerstand. Die erste Errichtung des Reiches aber fordert schon als Bedingung ihrer eigenen Rechtmäßigkeit die Errichtung eines solchen. Demnach 1) Unterjochung der Naturkraft in ihren Aeusserungen unter das formale Recht; 2) Bildung zur Einsicht in die Rechtmäßigkeit des Zwanges, und zu dem daraus folgenden guten Willen. Endlich Konstituirung des wahren Oberherrn aus dem Lehrerstande an die Stelle des Nothherrschers.

So viel zur innern Befestigung des Lehrgebäudes: — Alles folgt aus dem zu Anfange aufgestellten Gegensatze, und ist nur die Entwickelung desselben und seines vereinigenden Punktes, des Reiches.

Jetzt weiter!

Der höchste gemeingültige Verstand: Es kann ohne dies nicht die Meinung seyn, daß der ganze Lehrerstand, der ja nicht die Einheit einer Person hat, herrschen solle. Ueber ihn können nur die urtheilen, die ihn haben: wen drum diese (die Lehrer) für den Höchsten unter sich anerkennen, wem diese sich unterwerfen, der ist es. Er selbst hat zu dieser Unterwerfung gewirkt nur durch That, und diese hat er freiwillig geleistet. Das Urtheil jener ist aber nothwendig das Urtheil der Gemeine: der Lehrstand hat also aus seiner Mitte denjenigen zum Herrscher zu ernennen, der sich als den höchsten Verstand ausgesprochen hat durch die That für den höchsten Richter.

Ob dieser nun Eine physische Person, oder, durch eine Collektivstimme bestimmt, ein Senat seyn solle, darüber will ich Nichts gesagt haben, sondern es unbestimmt lassen. Daß es einen letzten Entscheider gebe in allen Angelegenheiten des Volks, dessen Beschluß keine Appellation leidet, und unmittelbar in's Werk gesetzt werden muß, thatbegründend ist für Alle, dies liegt im Begriffe: ob durch den Entschluß eines Einzelnen, oder durch Einstimmigkeit oder Majorität Mehrerer – bleibt hier unentschieden. Der Lehrerstand eben müßte auch dies entscheiden; die Konstitution, d. i. das Reichsgesetz, wie der absolut Alle bindende Entschluß zu Stande kommen solle, bestimmen, — welches Gesetz ja selbst nur ein zeitliches und abzuändernbes seyn könnte. — Dies unbeschadet; denn der unsterbliche Gesetzgesetzgeber dafür in diesem Volke, der Stand der Lehrer, ist gefunden.

Hierüber nur so viel. Der praktische Unterricht könnte hierbei, als bis wie weit er streng demonstrativ ist, stehen bleiben. Der Stand der Lehrer hat den Oberherrn aus sich zu ernennen; das Gesetz aber kann nie bestimmen, ob einen Einzelnen oder Mehrere. Dieses Letztere muß ja großentheils eine Sache der Beurtheilung seyn. Welcher Lehrer, in einer solchen Zeit, die geständlich nicht reif ist zur Ausführung, — ein solcher bin ich hier, — möchte denn nun in diesem Urtheile vorgreifen dem Stande aller Lehrer der Zeit, die da reif seyn wird, denen er ja ohne die blindeste Verstocktheit einen viel umfassendern Verstand zuschreiben muß, da sie auf seine Grundsätze aufgebaut, und dieselben in einer reichern Anwendung in den Folgezeiten entwickelt haben werden: — wer möchte da vorgreifen, und das Gesetz geben wollen! — Wir haben von den ältesten Zeiten an bis auf die unsrigen eine Menge eingebildeter Republiken aufgestellt erhalten. Dies leicht, wo Alles auf der Willkühr beruhte, die ein unbegränztes Feld der Erdichtung darbietet. Wir haben durch ein Vernunftgesetz die Willkühr abgeschnitten, und den Stand erwiesen, der sie auf ewige Zeiten abschneiden soll; wie könnten denn wir, auf ehrliche Weise verfahrend, jene Bilder vermehren wollen? Damit es jedoch nicht scheine, als ob ich diese Untersuchung scheue, und ihr ausweiche, und Ihnen das Beispiel eines solchen Ausweichens gebe, — besonders, weil dies zu einer vollständigen Belehrung über jenen Gegenstand gehört, will ich, was zur Beurtheilung solcher Fragen über Konstitution, als Prämisse dieser Beurtheilung, gemeingültig sich darthun läßt, tiefer unten beibringen.

Jetzt die einzig rechtmäßige Oberherrschaft des Lehrstandes ausführlicher von uns auseinanderzusetzen, und zu zeigen, was in diesem Begriffe eigentlich liegt. —

Der Lehrerstand in seiner eigenen Vereinigung zur organischen Einheit, falls eine solche sich realisiren läßt, regiert mit Recht den zweiten Stand; denn dieser ist durchaus sein Produkt, das jener drum innig kennt, weiß, was es bedarf, was es erlangen kann, und wozu es tüchtig ist. — Den zweiten Stand: zwei Grundstände nämlich, wie oben Eigenthümer und Nichteigenthümer, so hier Lehrer und durch Lehrer Gebildete.

Der zweite des ersten Produkt: 1) darin, daß er überhaupt ist; er ist Stifter der Theilung; sodann der, welcher jede einzelne Person in den einen von beiden setzt. — Lassen Sie Sich dies entstehen. Es ist darin nämlich Mancherlei enthalten, was Ihnen kaum bekannt ist, aber sogleich bekannt werden wird. — So ohne Zweifel die Grundbildung des Reichs: a) Bei dieser Anzahl von Bürgern bedarf es dieser bestimmten, durch Rechnung festzustellenden Anzahl zur Regierung, Verwaltung, Lehre — zu vertheilen in die verschiedenen Zweige, Stufen und Geschäfte —; die übrigbleibenden machen den arbeitenden Stand aus, und werden vertheilt unter die verschiedenen Klassen desselben. Dies nachkommende Eintheilungen: jene erste aber in die Zweiheit bleibt die ursprüngliche und Grundeintheilung. — — b) Wodurch soll nun diese Grundeintheilung bestimmt werden? Zuförderst — wollen wir annehmen, daß die Individuen gleich als verschiedene geboren werden, auf eine von uns zu erkennende, durchaus aber nicht verständliche Weise; daß, wie Plato sich ausdrückt, einige Geschlechter nun einmal goldene sind, andere silberne oder eherne, — einen Geburts-Adel, solche, die durch die Geburt verständiger sind? (Sie behaupten es nicht, wir aber in unserm Systeme müßten es.) Welch tiefer und grober Unverstand dies sey, an einer andern Stelle! In der Wahrheit verhält sich die Sache also: Die Individuen in solcher Anzahl werden gegeben; dies rein faktisch, dem Begriffe undurchdringlich. Da aber geht der Verstand an: gegeben in diesem Zusammenhange dem Volke als seine Mitglieder; nicht erkennbar, außer überhaupt als freie, Rechte habende, und darin schlechthin Alle gleich, ohne irgend eine Ausnahme, und irgend einen Unterschied, der auf ihre Abstammung gegründet wäre. Die Verschiedenheit durch die Geburt, falls es eine solche giebt, faktisch zu erkennen, ist von nun an Sache des urtheilenden Verstandes; dieser Unterschied aber kann erkannt werden nur an den verschiedenen Verhältnissen derselben zu der gleichen an Alle gewendeten Bildung. — Die erste Erforderniß sonach wäre, daß Alle aufgenommen würden in die gleiche, Allen gemeinschaftliche Erziehung. Diese müßte ertheilen diejenige Bildung, die Jeder schlechthin bedarf, der Bürger dieses Reiches, in dieser Zeit und auf dieser Stufe der Ausbildung des Reiches, seyn soll. Allgemeine Volkserziehung. In dieser Erziehung wird es sich nun ohne Zweifel zeigen, welche Individuen bei diesem Unterrichte, der doch nur die Resultate und letzten allgemeinsten Folgerungen enthalten kann aus der tiefern und umfassenden Verstandes-Einsicht, die da möglich ist, und den Lehrern auch wirklich beiwohnt, mit jenen sich begnügen; und welche damit sich nicht begnügen, sondern höher aufsteigen zur Ahnung der höheren Gründe, und diese fordern. Hierdurch scheiden sich die Zöglinge der gemeinsamen Bildung selbst; durch ihre ursprüngliche Bestimmung. Hier entscheidet sich, wer edler oder unedler geboren ist, durch eine offenbare Thatsache, welche der Stand der Lehrer nicht macht, (Alle haben ja dieselbe Schule erhalten) sondern die er nur anerkennt und nimmt, wie sie sich giebt.

Die erstern fallen dem zweiten Stande anheim, und werden nun zu den Geschicklichkeiten desselben gebildet; wo dann die besondere Tauglichkeit für diese oder jene Klasse sich ergeben wird. Die letztern werden weiter für Verstandeserkenntniß ausgebildet; in welcher Fortbildung es sich dann näher zeigen wird, welche untergeordnete oder hervorragende Stelle sie durch die zu erschwingende Geistesbildung zu besetzen haben werden. Auch über die nachmaligen, auf die erste Grundeintheilung gegründeten Abtheilungen in Klassen werden die Lehrer zu entscheiden haben; und so ist denn klar, wie ich behauptete, daß der zweite Stand auch seinem Daseyn nach Produkt des Lehrerstandes ist, indem die ganze Eintheilung in Stände und Klassen, und zu welchem derselben jedes Individuum für seine Person gehöre, ganz allein beruht auf der letzten und inappellabeln Entscheidung des Lehrerstandes, welche dieser, daß sie nämlich nach seinem besten Wissen und Gewissen gemacht sey, freilich auf sein Gewissen nehmen muß.

(Die im Unterrichte gezeigte angeborne Verstandesanlage bestimmt die Stelle, die Jeder im Reiche einnimmt: jedwede ohne Ausnahme, nicht bloß die Oberstelle. Der Sohn des Niedrigsten kann zur höchsten, der Sohn des Höchsten zur niedrigsten Stelle kommen: nämlich die Geburt verhindert es nicht. — Eine solche Einrichtung müßte sogar denen, die durch ihre Abstammung edler zu seyn behaupten, höchst wünschenswerth seyn. Wie edlern Standes? Dies können sie immer nur sagen, niemals beweisen, weil sie in der Bildung mit Andern nie auf gleichen Fuß gesetzt werden; und dies müßte ihnen, wenn sie wirklich Ehrgefühl haben, sehr lästig seyn. Diese Einrichtung eröffnet ihnen den Beweis: ist ihre Ader wirklich golden, so wird sie ja ohne Fehl so sich zeigen, und sie werden im unendlichen Ablaufe der Zeiten den Adel ihres Stammes nie verlieren. — Statt den Adel abzuschaffen, eine rechte Adelsbewährung durch die That. — Wollten sie dies nicht, so würden sie zeigen, daß sie ihrer Sache nicht sicher seyen.)

2) Der zweite Stand, Produkt des ersten darin, daß er, und das ganze Reich überhaupt —

ein solcher ist. — Zuförderst: die Lehrer kennen die Bildung des zweiten Standes durchaus, indem dieselbe ganz so, wie sie ist, von ihnen ausgeht. (Daß es für das Volk andere Quellen der Bildung gebe, als ihre Schule, etwa Bücher, Umgang mit Andern aus andern und bessern Schulen, Ueberlieferung, wie es wohl häufig in unsern Zeiten der Fall seyn mag, wäre ihnen die höchste Schmach. In ihrer Schule muß ja wohnen alle Bildung, deren in dieser Zeit das Volk fähig ist.) Allgemeine Verstandeserkenntniß von Recht, Sittlichkeit, Religion, um den freien Menschen auszustatten: technische Fertigkeit und die zur Ausübung derselben gehörige Masse von Naturkenntnissen, daß Jeder seinen Platz als Bürger behaupten könne. Sie durchschauen drum, als ihr Produkt, die gesammte Lebenskraft ihres Volkes; — und genau den Gränzpunkt, wo diese steht; was sie vermag, und was sie nicht vermag, kurz die Wirklichkeit. — In der Lehrerschule, die dieser Stand ja gleichfalls übersieht, wird nun weiter entwickelt das Gesetz; das Ziel. Je klarer nun dies, desto sicherer findet er den Punkt, der nun betreten werden muß, und hat es in der Hand, dahin zu erziehen; weiß, was schlechthin und mit jeder Gefahr abgewehrt werden muß, und das, womit es noch Zeit hat.

— Kurz das Zeitleben und seine Kraft kann gar nicht ein anderes seyn, als wie sie es erkennen; denn sie haben es ja gemacht: sie haben kein anderes Erkenntnißmedium nöthig, als das ihrer Schule. — Vielleicht hätten sie etwas Besseres machen können, und dies könnte der Irrthum seyn: aber über die Wirklichkeit ist keiner möglich.

— Eben so können sie nie einen unmöglichen und unpassenden Fortschritt fordern; denn dazu haben sie ja zu erziehen. Ist das Geforderte unpassend, so müßte diese Unpaßlichkeit sich schon in der Schule zeigen, ehe sie noch vom Leben gefordert werden könnte; und sie hätten da Zeit, den

Fehler durch Einschaltung des übersprungenen Mittelgliedes zu verbessern.

Das Volk (der Repräsentant des Menschengeschlechts in diesem Raume) ist und bleibt ewig fort in seiner Entwicklung Effekt desjenigen Verstandes, der sich in der That als der höchste bewährt hat: — und wenn diese Entwicklung, so weit sie kann, einhergehen soll nach einem Begriffe, nicht aber nach einem blinden Ohngefähr, das der Unverstand und der Götzenaberglaube sodann göttliche Vorsehung nennt, *soll* es so seyn; und so ist denn unsere Ableitung des rechtmäßigen Oberherrn die einzig richtige.

(Ob dies Recht nun, falls es Recht ist, und ich Sie davon überzeugt habe, gegenwärtig gelte, oder nicht, bedarf wohl keiner Frage: es kann nicht, weil es noch ganz unbekannt ist. — Es fragt sich sogar, ob das von uns so eben Erwiesene nicht durchaus neu sey, und vorher noch nicht ausgesprochen (so wenigstens, daß es nicht in der allgemeinen, sonst gelehrten Kenntniß ist.) — Zur Fassung desselben nach seiner Wichtigkeit: a) Muß über Sachen des Rechts eine Entscheidung irgend einmal in der Zeit durch irgend eine menschliche Stimme gegeben werden; so gilt diese für das Recht selbst und demselben *gleichbedeutend*, im Leben nämlich, und für die Wirklichkeit, die sich in der Zeit entschließen muß; — obwohl in der idealen Welt, die sich alle Zeit vorbehält, die Sache zur weitern Untersuchung aufbehalten werden darf. — Wer dies nicht einsieht, der hat das Recht nie als praktisches gedacht, als wahrhaften Anfänger, unmittelbar thatbegründend, sondern nur davon geträumt. — Ein *Mensch* muß reden; Gott selbst steigt nicht zur Entscheidung herab!

b) Die Aufgabe, wenn auch nicht das absolute, doch

aber das diesem am meisten sich annähernde Recht zu realisiren, hängt drum ab von der Ernennung dieses entscheidenden Menschen. — Was sie drum disputiren mochten in's Blaue hin, es hilft uns Alles Nichts: nur an diesem Punkte ist die Rechtslehre wahrhaft praktisch.

c) Was nun sagen sie darüber? — Erbe: — was von der Voraussetzung, daß der höchste Verstand forterbe, zu halten sey, bedarf wohl keiner ernsthaften Prüfung. Ich wüßte auch nicht, daß sie irgend Jemand vorgebracht hätte. — Wahl; — freie Wahl, hier Willkühr. — Auch solche, die sogar einen höchsten Entscheider, ein letztes Princip überhaupt läugnen, und dies auf einer Wechselwirkung beruhen lassen wollen: die französischen Revolutionisten. Nur in einer Verstandesverwirrung möglich. — Nach uns wird der Oberherr durch das Gesetz der Geisterwelt selbst ernannt, sichtlich und offenkundig; und den Akt dieser Ernennung, das, wodurch sie sich unmittelbar ausspricht, haben wir angezeigt. Daß nun dieses Jemand vor uns gethan, wüßten wir nicht. Und so wäre es denn freilich bis jetzt unbekannt gewesen.

— Plato: die Könige Philosophen: — oder die Philosophen Könige: ein witziger Einfall! Vom Könige ausgehend, der drum durch etwas Anderes schon bestimmt ist; — oder von Philosophen, nicht durch sein Herrscherthum und Schöpferrecht im Reiche der Geister. Wer ist denn der Philosoph? Ist's genug, daß er es sage? Da werden sich viel Könige finden! Der Prophet, der in die Welt kommen soll, — welch Zeichen und Wunder wird er thun? Daß er die Todten lebendig mache; belebende Kraft von ihm ausgehe.)

Unsere Frage über das Recht ist eine eigentlich thatbegründende, (freilich bloß deliberativ:) beachtend das Gesetz, und dasselbe anwendend auf den gegenwärtig gegebenen

Zustand der Dinge; sie muß drum diesen gleichfalls beachten. —

Den ersten Theil haben wir abgehandelt, enthaltend, wie es seyn soll: dieses der Herrscher! Das Uebrige findet sich noch.

Jetzo: wie ist es? Und um dieses recht einzusehen, fassen wir es genetisch: wie ist es so geworden, um einzusehen, daß es nicht wohl anders seyn kann, und zugleich, bei welchem Zwischengliede die Einwirkung unmittelbar beginnen müsse. Also eine geschichtliche Aufgabe!

Wir bekennen im Voraus, daß auch hier unsere Ansichten sich sehr abweichend finden werden von den gewöhnlichen; daher wir sie nicht als bekannt voraussetzen können, sondern sie begründen müssen. — Dies daher: ein besonderes Geschichtliche ist verständlich nur durch Geschichte überhaupt; diese wiederum nur verständlich durch ihren Gegensatz, das streng Gesetzliche, wissenschaftlich zu Erkennende. Solch eine Ableitung derselben aus dem Gesammten der Erkenntniß heraus flieht man gewöhnlich, will das Geschichtliche zu einem absoluten für sich machen; weist jene durch Strafreden zurück, indem man selbst auf einen historischen Sinn und Takt sich beruft — ein Unverstandenes und Unverständliches, — und will dem Verstande eben schlechthin nicht Rede stehen. Jenen Takt nun wollen wir wiederum nicht, sondern verwerfen ihn geradezu, indem wir mehr begehren, klare Einsicht.

Also: was ist Geschichte überhaupt? — Wir heben an von dem Bekanntesten und Allgemeinsten.

Sie liefert ein Gegebenes, als zufällig, d. h. als auf kein Gesetz sich gründend, nicht a priori zu erkennen. — Welches ist dieses? Woher kommt dasselbe — in dem ganzen Zusammenhange unserer Anfangs aufgestellten Grundansicht, auf die ich stets mich beziehe, die Sie gegenwärtig haben müssen, und die jetzt erweitert werden soll.

— Die wahrhafte Welt oder Existenz ausser Gott — zu erzeugen durch Freiheit; sie ist nicht, sondern soll werden: — aber sichtbar werden. Dies setzt ein Seyendes, im Gegensatze mit welchem sie wird, und als dessen ewige Fortbestimmung sie wird, die Sinnenwelt, die bloße Natur. Dieses ist, wie es eben ist, so und so gegeben; ohnerachtet aus dem angeführten Grunde der Sichtbarkeit es nothwendig ist, daß überhaupt ein solches gegeben sey. — Ferner ist die Freiheit, auch dem Gesetze der Sichtbarkeit zufolge, welches sich aber nicht mit so kurzen Worten, sondern nur in seinem Zusammenhange aufstellen läßt, gespalten in eine Summe von Freien — Individuen genannt. Diese Spaltung, überhaupt nothwendig, ist dennoch in ihrer Besonderheit, — wie viele es sind, und in welcher Reihe und Ordnung, — gleichfalls ein Gegebenes.

Und diese beiden Hauptstücke wären denn nach unserer bisherigen Ansicht das Gegebene alles. Das Uebrige insgesammt wäre von der gegebenen Freiheit aus zu erzeugen.

Ich darf wohl als ein bekanntes oder leicht anzuerkennendes voraussetzen, daß die eigentliche, die Menschheits-Geschichte es nicht zu thun habe weder mit dem Gegebenen erster Art, (Auffassung und Verzeichnung desselben, Naturgeschichte oder auch Lehre) noch mit der Vermeldung, welche Individuen gelebt haben oder leben, was nichts bedeutete, — noch auch mit den Produkten eigentlicher Freiheit, und der Geschichte dieser: wenigstens die bisherige hätte damit nichts zu thun, indem mit eigentlicher Freiheit überhaupt noch gar wenig geschehen ist. — Ihr Stoff drum läge in der Mitte zwischen dem absolut Gegebenen, und dem Produkte absoluter Freiheit, ein Vereinigungsglied etwa der beiden. (Es ist für wissenschaftliche Forschung durch die genaue Angabe des Ortes derselben in unserm ganzen Zusammenhange sehr viel gewonnen.)

Deduktion des Gegenstandes der Menschen-Geschichte.

Bahnen wir uns dazu den Weg, und leiten uns ein durch strenge Scheidung unserer Lehre von der Freiheit von dem philosophischen Systeme, das Determinismus genannt wird. — Nach dem letztern ist nur ein System der gegebenen Dinge, die Iche, als solche Dinge, mit eingeschlossen, — eben Natur. Alles Seyn in sich geschlossen und bestimmt nach einem strengen Gesetze. Die körperlichen Dinge, zuförderst unter einander in Wechselwirkung stehend nach jenem Gesetze, sind wiederum zugleich die absolut durch dasselbe Gesetz bestimmten Gründe der Vorstellungen in den Ichen, und diese Vorstellungen wieder Gründe ihrer Handlungen auf dieselbe strengnothwendige Weise. Die materielle Welt wirkt durch diesen Umweg auf sich zurück. — Und so ist drum Alles ohne Ausnahme schlechthin nothwendiges Resultat der Wechselwirkung Aller. — Aber nicht alle Vorstellung werden wieder wirkend? — Weil ihre thatbestimmende Kraft noch nicht vollendet ist, andere noch dazu kommen müssen; also nicht unmittelbar. Mittelbar aber allerdings: keine Vorstellung, die nicht irgend einmal wieder wirksam würde, und so durch ihren Erfolg im Ganzen wiederum Vorstellungen bewirke, diese wieder Wirksamkeit auf die Materie, und so ins Unendliche fort nach dem Gesetze. — Eine gesetzliche Kraft, die in dem All stets so wirken muß, wie sie wirkt: — Grundcharakter: ein schlechthin so wie es ist, einmal für immer gegebenes Seyn, das da ist, nicht wird. —

In dem Begriffe des Seyns haben jene ganz recht; darüber wollen wir sie ja nicht bestreiten. (Es ist der absolute Verstandesbegriff.) Nur daß sie in ihrer innern Blindheit nicht merken, daß dies ja ein angeschautes Seyn, mithin nicht das absolute, sondern das sichtlich, wenn sie sich nur besinnen, der Anschauung entquellende ist, und daß bei dieser Entdeckung ihr Philosophiren, daß sie vor derselben geschlossen, erst angehen werde mit der Frage, was denn nun die Anschauung sey, von deren Beantwortung abhängt, was dieses derselben entquellende Seyn sey.

— Nach uns, die dieses beachten, endet die bloße Natur — das Begriffene, nicht Begreifende, Angeschaute, nicht Anschauende — und ist abgeschlossen in einer letzten Kraft, die durch sie und nach ihrem Gesetze gar nicht mehr zu bewegen ist, sondern nur durch die über alle Natur hinaus liegende Kraft der Freiheit. — Die Natur in Tod und Ruhe: die Freiheit erst muß sie wieder beleben und anregen; nach einem Begriffe: und das ist eben der Charakter der freien Kraft, daß sie nur nach einem Begriffe bewegt werden kann. — Wir vereinigen die beiden Welten (jene haben nur Eine) durch ein Mittelglied: die freie Kraft, — Natur, indem sie im Zusammenhange derselben gegeben ist, aber ruhend und todt, als Uebernatürliches, indem sie belebt wird durch die Freiheit nach einem Begriffe. Die Masse liefert die Natur, das bewegende Princip — der Geist. (Es ist dies gar nicht wunderbar und unverständlich, wenn man sich erinnert, daß diese Masse ja nur die Sichtbarkeit, die bildliche Darstellung des geistigen Princips innerhalb der Anschauung sey — und mit ihr die gesammte Natur dasselbe.) — Wir erhalten sonach, worauf es ankommt, ausser dem in der Natur gegebenen, in dem möglicher Weise gegebenen auch noch eine Welt der Freiheitsprodukte, aufgetragen durch absolute Freiheit auf die erste, in dieser aber, die mit jener todten Kraft geschlossen war, durchaus nicht begründet. Wozu es der Regung einer menschlichen Hand bedürfte, das gehört durchaus nicht in jene Sphäre, sondern in diese; denn die Natur vermag zwar wohl eine menschliche Hand hervorzubringen; (der Strenge nach in ihrem Wesen, wie wir es bisher begriffen, nicht einmal dies, wie wir an einer andern Stelle sehen werden: hier jedoch schenken wir dies;) aber sie vermag dieselbe nicht in Bewegung zu setzen. (Ueberhaupt denken Sie Sich als jene todte Kraft den zur freien und zweckmäßigen Bewegung organisirten menschlichen Leib.)

Die Natur giebt sich ihren Herrn, von der einen Seite; von der andern, der Herr, die Freiheit bringt ihr Werkzeug und ihren Stoff mit sich. — Daraus die Sphäre der Freiheitsprodukte, als eines möglicher Weise, und unter einer gewissen Bedingung Gegebenen; für die Anschauung zufälliges, also eben zur Geschichte als einer Darstellung der Anschauung des also Gegebenen sich qualificirend.

Nun ist schon oben bemerkt: diese Freiheitsprodukte sollen aus deutlicher Einsicht, die bis auf das sittliche Gesetz zurückgeführt ist, hervorgehen; und so die ganze Welt der Freiheitsschöpfungen ohne alle Ausnahme. — So soll es seyn, so wird es auch einst seyn, wenn die Freiheitswelt in allen ihren Individuen vollständig gegeben, und die Freiheit durchaus frei, d. i. vom klaren Begriffe durchdrungen seyn wird: aber so ist es dermalen nicht. Das Meiste kommt zu Stande ohne diese Zurückführung auf das sittliche Gesetz, nur nach einem ohngefähren aufgerafften Begriffe; die Aussonderung der beiden Bestandtheile, falls es ja Etwas vom ersten gäbe, würde schwer seyn, oder unmöglich, und so möchte es nach diesem Maasstabe kaum eine Geschichte geben.

So drum steht die Sache: Bei weitem das Meiste der etwa in einem Zeitraume der Anschauung vorliegenden Freiheitsprodukte ist zu Stande gekommen nicht nach dem deutlichen Begriffe vom sittlichen Gesetze, also nicht nach diesem Gesetze; eben so wenig aber ist es zu Stande gekommen durch das Naturgesetz, indem diese geschlossen ist vor dessen Erzeugung, und es zu Stande gekommen ist durch Freiheit: — da es nun ausser diesen beiden keine Gesetzgebung giebt, ganz gesetzlos, von Ohngefähr. Dies nun eigentlich und notorisch der Gegenstand der bisherigen Menschengeschichte: Aeusserung der Freiheit, drum nicht der Natur, aber nicht aus dem sittlichen Gesetze zu erklären; — die freien, willkührlichen, gesetzlosen Handlungen der Menschen: — nur nicht in dem Sinne, daß sie willkührlich und gesetzlos nach einem bewußten Begriffe handeln wollen, sondern daß es ihnen eben so sich begeben, weil ihr Verstand und ihr deutlicher Begriff nicht weiter gegangen. — Mehr unerklärliche und auf kein Gesetz zurückzuführende Begebenheiten an der Freiheit, als Handlungen derselben.

— Durchaus gesetzlos, absolut vom blinden Ohngefähr, wie man dies ausdrückt? — So sieht es aus, zufolge des Räsonnements der beiden Gesetzgebungen. Können wir geneigt seyn, es dabei bewenden zu lassen? Gewiß nicht; so gewiß wir die Geschichte verstehen wollen: Verstehen aber heißt Einsehen aus einem Gesetze. —

Wiewohl wir nun durch die Anlegung beider Gesetzgebungen in ihrer Geschiedenheit abgewiesen worden, haben wir es denn versucht mit beiden in der Vereinigung? — Die Natur mit ihrem innern Gesetze ist ja durch das Gesetz der Sittlichkeit selber, als Seyns- und Naturgesetz: — sie ist Stoff für jene; sind nicht also alle diese Begebenheiten ganz gewiß auch dies, Stoff, an welchem die Sittlichkeit sich zeigen könne? Also eine gewisse Aeusserung der Sittlichkeit wäre nicht möglich, wenn nicht diese Produkte der unsittlichen Freiheit zum Guten zu wenden wären. So gehören sie unter das Gesetz der Sittlichkeit, als Sichtbarkeit eines gewissen Inhaltes desselben.

(Was auch die gesetzlose und gesetzwidrige Freiheit beginne, eine Aufgabe für die sittliche Freiheit enthält es immer, es zum Besten zu wenden. — Alle Dinge sollen zum

Besten dienen, — selbst die Werke des Teufels, der Unterdrücker, u. s. w.)

So jene Sphäre gleichartig mit dem Naturstoffe, der zu unterjochenden Naturgewalt, und bloß eine Erweiterung derselben durch die gesetzlose Freiheit. Diese Produkte aber müssen gekannt seyn von der sich Zwecke setzenden sittlichen Freiheit, und drum aufgenommen in eine Geschichte, als Uebersicht der Anschauung des Gegebenen. W. d. E. W. — Dergleichen mag es nun wohl gar viel in der Geschichte geben!

Aber — ich darf mir erlauben, hier historisch anzuknüpfen, und auf die gemeine Meinung mich beziehend, indem ich diese Meinung nachher streng wissenschaftlich zu prüfen gedenke, — man scheint ausser dieser negativen noch eine ganz andere bejahende und setzende Beziehung des sittlichen Gesetzes auf diese blindfreien Entschließungen der Menschen zu verlangen, zufolge welcher durch diese Eräugnisse die sittliche Freiheit geweckt, befördert und gebildet werden soll: — also — als Mittel für einen Zweck, ohne daß sie jedoch durch den freien Urheber also gedacht, und auf diesen Zweck bezogen werden. —

A) Wir wollen diesen Gedanken zuförderst in seine Stelle im Systeme einführen, und zeigen, welche Schwierigkeit er, falls er sich bestätigte, lösen würde. — (Es ist höchst wichtig für die, die das ganze System schon kennen, und mit dieser Deutlichkeit noch niemals ausgesprochen.)

1) Das Sittliche ist rein geistig und gestaltlos, Gesetz, ohne alles Bild. Seine Gestaltung erhält es erst aus dem sittlichen Stoffe: — so haben wir gehört.

2) Nun kann durch ein bildendes Princip, dergleichen das Ich ist, diese Gestaltung geschehen auch nur nach einem Bilde, das es schon hat, des Sittlichen.

3) Ein solches Bild des Sittlichen könnte nur seyn ein Bild seines eigenen sittlichen Willens, den es nicht macht

durch Freiheit, sondern den es schon hat; denn alles Machen setzt eben ein solches Bild voraus, das wieder ein Machen voraussetzt, wodurch wir in's Unendliche vorwärts getrieben werden, und niemals zu einem Anfange kommen.

Hätten wir auch nur einen einzigen Menschen in der Gemeine der Uebrigen, der sich zum Bilde des Sittlichen erhoben hätte; so ließe sich wohl denken, wie dieser durch Aufgabe von Konstruktionen der Bilder in Andern nach und nach einen Begriff sittlicher Verhältnisse entwickelte: zu diesem Ersten aber, in dem kein Früherer sie entwickeln kann, könnten wir nicht anders kommen, denn auf die angezeigte Weise. Ein Anfang der sittlichen Welt setzt einen Willen, der qualitativ, in seiner eigenen Anschauung, sittlich ist, ohne durch eigene Freiheit sich dazu gemacht zu haben, — durch sein bloßes Daseyn, durch seine Geburt; — der in der Anschauung seines Willens die Welt in einer sittlichen Ordnung erfaßt. — So nur ist der hiatus zwischen der absoluten Bildlosigkeit des Sittlichen, und der Bildlichkeit, die es in der Wirklichkeit annehmen soll, ausgefüllt. Diese Lücke im System drum wäre ausgetilgt, wenn etwa jene Annahme ausserdem sich bestätigte.

B) Konstruiren wir aber bestimmt den Gedanken selbst, der dort gedacht. — Ein Wille und seine Wirksamkeit ist das Gedachte, welcher bestimmt ist nicht durch die eigene bis zum Gesetz hindurchdringende Freiheit, sondern durch das Gesetz u n m i t t e l b a r, ohne Hülfe des Begriffes, durch das Gesetz drum als eine bestimmende Naturgewalt. (Princip und Principiat ohne dazwischenliegende Freiheit der Selbstbestimmung.) Und zwar: Es ist ein Mittel für einen sittlichen Zweck, liegt in einer sittlichen Reihe, also das Gesetz ist, obwohl es in der Form wirkt als Naturgesetz, mechanisch, dennoch das sittliche. — „Das Herz wird regiert." Das Herz = der Wille, also doch die Freiheit, die anschaulich sich bewegt, und ihren Entschluß nimmt. — R e g i e r t, geleitet eben durch ein ihr selbst verborgenes Princip; also doch in diesem Allen nur der Ausdruck der ihr verborgenen Leitung.

C) Der Geist durch Geist bestimmt, — durch den alle Geister umfassenden Geist, Gott. Diese Erscheinung der erste Grund einen Gott anzunehmen, als sittliches, nicht Natur-Wesen. Jene Willensbestimmung ist aber nur als Mittel für einen Zweck, der daher nach unserer Weise in einem beide vereinigenden Begriffe darauf bezogen werden muß; also durch einen Verstand, — den göttlichen Verstand. —

Verhielte sich dies nun also, — so wäre ein Theil der Erzeugnisse der Freiheit begründet durch die Regung der Entschlüsse der Einzelnen durch einen verständigen, weisen und sittlichen Gott. Vorsehung, Wunder; das Letztere = einer natürlichen Begebenheit, die da denkbar ist nur durch einen sittlichen Zweck, und um desselben willen.

Wäre dies nun also, so würde der vorzüglichste und eigentlichste Theil der Geschichte die Erzählung seyn von der göttlichen Vorsehung, seiner Weltregierung (in den freien Willen nämlich; denn die Natur giebt einer solchen Regierung nach Zwecken der Freiheit keinen Platz:) eines göttlichen Weltplanes zur sittlichen Bildung des Menschengeschlechts. Und zwar käme diese Wirksamkeit des vorausgesetzten Gottes zu Stande auf die beschriebene Weise. — Es ist unstreitig, daß die besten Geschichtskenner und glücklichsten Bearbeiter derselben sie von jeher so angesehen haben. Es ist daher der Mühe werth, diesen Gedanken, den wir bis jetzt nur analysirt haben, ohne dafür oder dawider uns zu entscheiden, durch eine eigentliche Deduktion zu prüfen.

(Charakter: Bestimmung eines Willens nicht durch eigene Freiheit, sondern durch eine unmittelbar auf ihn wirkende (sonach dem mechanischen Naturgesetze gleichwirkende) Kraft; als welche gesetzt wird ein fremder, allmächtiger Verstand,

stand, der göttliche. — Früher ließen wir diese Willensbestimmung hervorgehen aus dem Begriffe, und die eigene Freiheit ging selbst so weit: — aber dabei die Frage: Woher nun das Andere? — Jetzt dafür das Gesetz.)

Wir haben jenen Gedanken mit gutem Bedacht weiter auseinandergesetzt. — Gewöhnlich: die Annahme einer Vorsehung und der Wunder sey gegen das Naturgesetz, — Alles sey natürlich, d. h. mechanisch zu erklären. — Ist aus jenem Determinismus heraus gesprochen, der überhaupt ein anderes Gesetz, als das der Natur, nicht kennt. — Es möchte dies Alles wohl auf das Gebiet der Freiheit fallen, wo das Naturgesetz gar nichts mehr zu sagen hat. Begreiflicher wird es dadurch freilich nicht. — —

Ist nun eine solche Gesetzmäßigkeit der nicht auf den klaren Begriff des Gesetzes zurückgehenden menschlichen Entschließungen, — eine göttliche Vorsehung, Weltregierung, — versteht sich innerhalb der Wurzel der Welt der freien Entschließungen, — anzunehmen oder nicht?

Satz: Es giebt keine solche Weltregierung; denn das wahrhaft Reale soll schlechthin nur durch Freiheit erzeugt werden: unter Voraussetzung einer solchen Regierung aber würde es nicht durch Freiheit erzeugt; und, wenn man das Erscheinen des Absoluten als seinen Willen betrachtet, eine solche Weltregierung aber gleichfalls, so wäre dadurch der göttliche Wille in Widerspruch mit sich selbst gesetzt: wollend unbedingte Freiheit, wollend und bewirkend Unterdrückung derselben.

Gegensatz: Es kann wohl eine göttliche Weltregierung geben, d. h. eine Bestimmung des menschlichen Willens nicht durch seine Freiheit, falls etwa die unmittelbare Sichtbarkeit der Freiheit, ausser der schon bekannten Bedingung einer gegebenen Sinnenwelt, auch noch bedingt wäre durch irgend einen gegebenen Zustand der Freiheitswelt, — eine Bestimmtheit der gegebenen, individuellen Willen.

Da, eben zufolge des ersten Gesetzes, die Sichtbarkeit der Freiheit schlechthin seyn soll, so müßte eben darum auch schlechthin seyn diese ihre genannte Bedingung.

1) Die Voraussetzung analysirt, und in einen scharfen Begriff gefaßt. — Vorher das Gegebene, die Sinnenwelt, und die der Individuen. Jetzt jener Voraussetzung zufolge noch als Drittes ein bestimmter, der Qualität nach sittlicher Wille der Iche, den sie eben mitbringen und haben durch ihr Daseyn, wie sie durch ihr bloßes Daseyn mitbringen die Anschauung der Sinnenwelt, und die gegenseitige ihrer selbst unter einander: — eine sittliche Natur. — Diese ihre Mitgabe eines stehenden und sein Naturgesetz in sich tragenden Willens mag sich nun entwickeln in einzelnen Aeußerungen und Entschliessungen, — frei und begriffsartig, inwiefern subsumirt wird, nicht frei, inwiefern nur die sittliche Natur eine solche Subsumtion bestimmt. — Diese Aeusserungen nun gäben den Stoff für die Menschengeschichte, wie wir ihn wollen.

2) Es ist dadurch die Gränze genau bestimmt, wieweit eine solche sittliche Natur anzunehmen, und Aeusserungen derselben zu erwarten sind: inwieweit nämlich die sichtbare Aeusserung der Freiheit dadurch bedingt ist, und ein solches Verhältniß sich klar nachweisen läßt; wodurch uns denn die Möglichkeit gegeben ist, selbst den bestimmten nothwendigen Inhalt jener gegebenen Sittlichkeit abzuleiten, was wir nachher auch thun werden. Dadurch, daß diese Gränze abgesteckt ist, haben wir allen Erdichtungen, willkührlichen Deutungen, Schwärmereien von vorn herein das Feld abgeschnitten.

3) Durch diese Ansicht wird Alles sehr begreiflich, d. i. unter unsere aufgestellten Gesetze passend, und alles Sonderbare fällt hinweg. Gott wird nicht etwa mit einem discursiven Verstande, einem synthetischen — spaltenden und vereinigenden — versehen, noch in die Zeit, als in ihr sich ent-

schliessend und handelnd, hinabgezogen; wie es der Fall ist beinahe mit allen Vorstellungen von Vorsehung, und welches eben der Grund des Anstoßes ist, den von jeher alle Verständigen, nicht blind Glaubenden an diesem Begriffe genommen haben. Eine solche sittliche Beschaffenheit der gegebenen individuellen Willen liegt in dem formalen Gesetze des göttlichen Erscheinens, wie in ihm liegt Ichheit, Verstand, Sinnenwelt und alles Uebrige; — ist drum das Eine schlechthin unmittelbare Erscheinen des Absoluten selbst, das da i st, nicht wird in irgend einer Zeit, noch in dem Etwas wird. Dieses schlechthin durch dies Gesetz gesetzte Seyn entwickelt sich nun in wirklicher Anschauung in der Zeit: dieses, zu dem nun Nichts hinzukommt, oder davonkommt, oder in welches eingegriffen wird durch ein Wunder, d. i. durch eine neue göttliche Schöpfung in der Zeit.

Merken Sie diesen Punkt: wir werden tiefer unten in der Anwendung sehen, ob es sich, und wie es sich bestätigt.

Vereinigung des Satzes und Gegensatzes:

1) Im Satze wird die Freiheit hervorgehoben als Absolutes. Im Gegensatze nicht minder: nur nimmt er Rücksicht auf die Sichtbarkeit, das Erscheinen der Freiheit. In der Form ist also Uebereinstimmung.

2) Aber wie mit der Sache selbst? — Nichts verhindert, daß dieses Gegebene, das Resultat der seyenden Willensbestimmung, selbst wieder durch Freiheit nach dem klaren Begriffe hervorgebracht werden solle; — und daß es in seiner Gegebenheit nur das Vorbild sey des Hervorbringens durch Freiheit. So eben würde diese Ordnung Bedingung des Erscheinens der Freiheit, und Glied einer sittlichen Reihe; und das ganze Werk der Freiheit fiele in dieser letzten Rücksicht wieder der Freiheit anheim; und so erst wäre der Widerspruch vollständig gehoben. — Die Voraussetzung

ist hierbei freilich, daß jene sittliche Natur nicht durchgängig in der ganzen Individuen-Welt Statt finde. (Hier das Allgemeine; in der Anwendung wird es seine gehörige Klarheit erhalten.)

Also: Der Vorsehung, (als Wunder,) dem Grunde des eigentlich geschichtlichen Stoffes der Geschichte ist substituiret worden der Begriff einer sittlichen Erzeugung, oder Natur des Menschen. Nach unserer Idee haben wir diese Sittlichkeit der Natur gleich aufgenommen in die nothwendige Form der Erscheinung. —

Der Deduktionsgrund, die Bedingung, unter welcher jenes anzunehmen, ist: Wenn, und inwiefern eine solche sittliche Natur Bedingung wirklicher Aeusserung der Freiheit ist.

Sonach wäre das zu untersuchen, wodurch die wirkliche (erscheinende) Aeusserung der Freiheit bedingt ist.

Ueberlegen Sie mit mir Folgendes: Die Entbindung der Freiheit und des Verstandes aus der Unfreiheit und dem Unverstande ist nur in Gesellschaft möglich; und zwar in leitender und belehrender Gesellschaft, die den Verstand des Einzelnen, der da frei werden soll, zweckmäßig leite. Dafür bedarf es bei dem Leitenden ein reines uneigennütziges Interesse für diesen Einzelnen; da ja in seiner eigenen Freiheit nicht liegt, daß der Verstand und die Freiheit des Andern ihm Angelegenheit sey, wie seine eigene, und mit seiner eigenen verknüpft sey. — Ferner: in diesen ersten Versuchen des Freiheitsgebrauchs muß der Andere sich selbst überlassen werden, Keiner darf gewaltsam eingreifen; sein Recht muß drum gesichert seyn, ehe er eigentlich Rechte hat. In diesen Versuchen beleidigt und stört er; er muß nur mit

Belehrung zurückgewiesen werden. — Freiheit nur durch Erziehung unter den Menschen.

Nehme man an, die jetzt Erziehenden seyen einst selbst zu dieser Einsicht der Pflicht erzogen worden, so müßten die, welche dazu sie erzogen haben, gleichfalls also erzogen worden seyn, diese gleichfalls, und so in der unendlichen Reihe des Aufsteigens. Wo nehmen wir nun aber her eine ursprüngliche, erste erziehende Gesellschaft? — Oder — die Sache im Allgemeinsten gefaßt, und den nervus probandi zusammengedrängt: in der unverständigen und rechtslosen Menschheit (so haben wir sie allerdings genommen,) und bei absoluter Genesis der Freiheit des Einzelnen aus der Nichtfreiheit, wird als Erzeugungsmittel der Freiheit stets ein Zwang, von Belehrung begleitet, vorausgesetzt: dieser setzt in den damals zwingenden einen früher auf sie ausgeübten Zwang, mit Belehrung begleitet, voraus; und so würden wir in einer unendlichen Reihe aufwärts getrieben; wir kämen niemals zu einem ersten Zwange und einer ersten Belehrung. Da wir aber doch die Erscheinung der Freiheit schlechterdings als ein in der Zeit geschlossenes Ganze auffassen müssen; so müssen wir irgend eine Gesellschaft annehmen, die da zwingt und belehrt, ohne selbst beides bedurft zu haben, weil sie durch ihr bloßes Daseyn das schon war, wozu sie die nach ihr und aus ihr entstehende Gesellschaft mit Zwang und Belehrung erst bringt: von Natur das war, wozu Andere unter ihrer Bildung sich machen mit Freiheit.

Die Erscheinung der Freiheit (und sonach Gottes) läßt sich als ein Gegebenes gar nicht denken ohne eine solche Gesellschaft: diese gehört sonach gleichfalls zu den formalen Bedingungen derselben, wie die Sinnenwelt u. s. w., und muß gedacht werden. — Eine ursprüngliche Menschheit, die qualitativ sittlich ist; die durch ihr bloßes Seyn mit sich bringt, was in der fortgehenden Erscheinung mit Freiheit entwickelt wird. Dabei hebt sie an!

Durch Einführung in die sichtlichen Regionen der Erscheinung wird es deutlicher. Setzen Sie durchaus unrechtliche, die Freiheit Anderer nicht schonende Menschheit, so wird dieselbe sich in Kurzem vernichten. Sie müßten da auch noch Natureinrichtungen in der Menschheit hinwegdenken, die zur Erhaltung derselben da sind. Wir sehen es in der Erfahrung an wilden Völkern, die, sogar mit jenen Natureinrichtungen der menschlichen Erzeugung, u. s. w. sich unter einander aufreiben, zerstören; ausgestorben sind, und aussterben werden: Oster-Eyland, Nukahiwa. —

Wollen wir denn nun annehmen, daß vor dem Menschengeschlechte, dessen Mitglieder wir sind, ehemals die Menschheit schon begonnen habe, und zu Grunde gegangen sey, wie sie mußte und konnte, und dann wieder begonnen, und so fort, bis sie endlich Bestand bekommen habe? Doch wohl nicht; denn der Untergang läge im Gesetze, und müßte immer wieder erfolgen. — Gottes Erscheinen ist kein Probiren und Versuchen. Es ist schlechthin, und durch sein Seyn ist die ewige Entwicklung gesetzt, mithin alle Bedingungen desselben. Unter diese, das absolut ewige Seyn, gehört nun der Beginn mit einem solchen Geschlechte. Nur dieser sichert nach unserer Ansicht gegen den Untergang, d. i. nach einer höhern Ansicht, er ist die absolute Seynsform der Erscheinung. — Weil es ist, über aller Zeit, kann es nicht untergehen in irgend einer Zeit, im Nichtuntergehenkönnen aber, d. i. im Seyn liegt das Anheben von einem durch seine Natur, nicht durch Freiheit sittlichen Geschlechte. Es ist bloße Analyse des Ist der Erscheinung. Was in dieser Analyse liegt, dies eben ist.

Ich will auf diesem Uebersichtsstandpunkte, und in dieser Allgemeinheit stehend die Lehre von dem, was qualitativ und als materielle Fortbestimmung in dem Seyn der göttlichen Erscheinung liegen muß, sogleich vollenden. Jetzt, was durch die absolut ewige Fortdauer zu aller Zeit bedingt ist, die Möglichkeit des Unterganges abgewehrt: denn das Erscheinen Gottes ist absolutes, die Möglichkeit des Nichtgesetz-seyns ausschließendes Sichsetzen, ein wahrhaftiges Daseyn in allem Ernste, kein Probiren, ob es etwa gelingen möchte. — In diesem Nicht-Probiren liegt noch ein Zweites. Die Erscheinung ist Leben, stets sich entwickelndes, frisches, schöpferisches Leben; dies ist ihr Seyn: sie geht drum fort zum Vollkommneren in aller Zeit. Kein Stillstand, kein Rückgang, welches ja eine verfehlte Probe des Fortgehens seyn würde, die durch eine neue, vielleicht gelingende zu ersetzen wäre. So nach dem gemeinsamen Gesetz aller freien Individuen. Aus dieser Perfektibilität können sie nicht fallen: so weit geht ihre Freiheit nicht. (Der äussere Schein entscheidet nicht.) — Dies nun Sache keines Individuums, sondern des innern Seyns, das alle Individuen regiert, und in alle Ewigkeit fort sie regieren wird.

Und so wäre denn zuförderst die Lehre von dem, was sie Vorsehung und Wunder nennen, die wir gleich klar aufstellen wollten, vollendet. — Keinesweges ein Eingriff Gottes in die Zeit, sondern ein schlechthin qualitatives Seyn seiner Erscheinung, absolut und über aller Zeit; welches nur als Grund eines Zeitlichen in der Zeit sich zeigt: und zwar eine qualitative Bestimmung des Willens, ursprünglich gegeben auf eine gewisse Weise, eben so, wie nach demselben Gesetze gegeben ist eine auf gewisse Weise bestimmte Sinnenwelt: eine *sittliche* Grundlage der Welt, wie es giebt eine *natürliche*. — Ein fertiger, festbestimmter Wille, = x; die Freiheit des Zweckentwerfens bleibt, diesseits desselben; nur wenn sie bis so weit kommt, wird sie gleichsam gehalten; da steht es! — Diese Willensbestimmung nun ist eine doppelte, theils partiell: des ersten die Menschheit anhebenden Menschengeschlechtes, um die Entwicklung der Freiheit erst zu beginnen: — theils allgemein: um die Erhaltung und Vervollkommnung des Menschengeschlechts auf alle Ewigkeit zu sichern. Das erste Wunder ist vorüber, und seit der Zeit ist die Entwicklung der Freiheit eingetreten in ihren natürlichen Gang. Das letztere Wunder dauert fort, so daß wir alle mit unserer ursprünglichen Willensbeschaffenheit mehr oder minder hineinverflochten seyn, und von Zeit zu Zeit Aeusserungen desselben in der Menschengeschichte vorkommen mögen. (Erwarten soll sie indeß Keiner, sondern Jeder an seinem Orte nachdenken und streben, als ob auf ihm allein und seinem Verstande und seiner Anwendung desselben das Heil der Menschheit beruhe: diesem Nachdenken und Streben nun werden eben die rechten Gesichte aus jener ewigen Quelle, die da ist aus Gott, entströmen.)

— Wir haben eine gegebene Geschichte, den gegenwärtigen Rechtszustand der Menschen zu verstehen; uns drum zu halten an jenen Anfangspunkt aller Geschichte und Freiheitsentwicklung, an das erste Menschengeschlecht, und dieses zu beschreiben, wie es zufolge seiner Bestimmung seyn müsse.

Der Grundzug desselben: Interesse schlechtweg für die Freiheit Aller, und ihre Bildung dazu; in Jedem eine Liebe, die ihn aus seiner Individualität heraustreibt, und mit der er die ganze Menschheit, als solche, umfaßt. — Dies das angeborene Sittliche, wodurch die sichtbare Entwicklung zur Freiheit überhaupt bedingt ist.

In der weitern Analyse können wir recht gut geschichtlich einhergehen, indem hier Deduktion und Wahrnehmung sich begleitet; besonders achtend auf jenes Alle verbindende Princip in der Menschheit.

Zuerst anzumerken ist das natürliche Daseyn des Menschen in zwei Geschlechtern, dem männlichen und dem weiblichen, geltend für das ganze gegenwärtige Leben, ohne alles Vermögen der Freiheit, daran Etwas zu ändern; und die Forterzeugung des Menschengeschlechts aus sich selbst durch diese Veranstaltung.

1) Die Freiheitswelt erzeugt schlechthin sich selbst aus sich selbst: durchaus eigner Urheber und Schöpfer, wie geistig, durch Belehrung und Bildung, eben so auch physisch. Das Letztere ist Bild der ersten Erzeugung, und, wie wir tiefer unten sehen werden, bedingendes Mittel. — Die Freiheit ist sichtbar, und in der Zeit durchaus ihr eigener Schöpfer. Und dies ja wollten wir eben: dieser Sichtbarkeit Bedingung aber ist jene Einrichtung.

2) Derselben zufolge ist aber die Eine Erzeugungskraft des Menschen, das Menschenschaffende Naturprincip getrennt in zwei Hälften, und vertheilt an zwei Individuen; in dem Verhältnisse, daß das Eine enthält den bloßen Stoff, das Andere das belebende und die Bildung erregende Princip dieses Stoffes: daß drum, da eine belebende Kraft Nichts ist, ohne Beziehung auf einen Stoff, ein todter Stoff aber ohne eine belebende Kraft todt bleibt, beide Hälften für sich durchaus ohnmächtig sind, und nur in ihrer Vereinigung Princip werden: daß es drum durchaus der Vereinigung zweier individueller Willen bedarf, wenn es zu einer Menschenerzeugung kommen soll. — So nämlich verhält es sich: die Naturwirkung geht bis zur Erzeugung und Absetzung des menschenbildenden Principes; und mit dem Daseyn schlechthin dieses Principes eben mußte die Menschheit anheben. Aber sie legt es nieder in zwei einander schlechthin erfordernde Hälften, das Weib und den Mann. Nun ist die Naturwirkung durch diese Theilung geschlossen; und soll es wirklich zur Erzeugung eines Menschen kommen, so muß Freiheit, und zwar vereinigte und einverstandene Frei-

heit Zweier dazwischentreten. — Drum sagten wir oben: die Natur könne eigentlich keine Hand, keinen Menschenleib bilden. Einmal, beim Beginne, als das sittliche Princip mit ihr noch vereint war, konnte sie es; wie aber der Mensch, der ganze — in seiner Zweiheit — da war, trat das sittliche Princip aus von ihr, und in den Menschen; sie hatte ihren Herrn sich gegeben, der von nun an sich selbst erzeugt, bis zu ihrer vollendeten Umwandlung durch den Begriff. — Seitdem giebt die Natur den Stoff in beiden Geschlechtern; die den Stoff einigende Kraft ist erst die Freiheit; also die Natur verhält sich zur Freiheit selbst, wie das Weib zum Manne.

(Verdeutlicht am Gegensatze mit dem Saamenkorn im Pflanzenreiche. — In diesem liegt das ganze Princip der Pflanze ungetheilt: der Stoff, und die belebende Kraft. Daß diese letztere anhält, und im Saamenkorne die Fortentwicklung des Pflanzenlebens unterbrochen ist, liegt nicht an ihm: sondern weil es sich selbst nicht genug ist, vielmehr entwickelnder äusserer chemischer Kräfte bedarf, von deren Berührung es getrennt ist. Bringt es nur in diese Berührung hinein, senkt es in die Erde, laßt es von dem befruchtenden Hauche des Frühlings getroffen werden, und es wird ganz aus sich selbst sich zur Pflanze entwickeln. So nicht mit dem Saatkorne der höheren Naturgestaltung, dem Thiere, und dem Thiere, was einzig wahrhaft da ist, dem Menschen. Dieses zuförderst steht unter keiner chemischen Bedingung seiner Entwicklung, bedürftig der Umgebung, sondern es trägt schlechthin, wie es beim Herrn der Natur seyn mußte, in sich allein den hinlänglichen Grund zur Gestalt: und so würde die Menschenbildung unaufhörlich fortgehen, und es zum Bestehen eines Saatkorns gar nicht kommen. Aber der Fortgang ist unterbrochen und das Beharren des Saatkorns gesichert auf eine andere Weise: das Saatkorn selbst ist getrennt in seine zwei Hälften, den todten Stoff, und die belebende Kraft; und die Hälften in dieser Trennung sind aufzubewahren gegeben zwei freien Individuen, so daß nur durch Vereinigung zweier Freiheiten die Eine durch bloße Natur zertheilte Zeugungskraft wieder zusammenzutreten vermag zu ihrer nothwendigen Einheit.)

Und so ist denn durch dieses innerhalb der Natur übernatürliche und sittliche Gesetz die Willensvereinignng wenigstens zweier freien Individuen zur Bedingung der Ausübung des höchsten Menschheitsrechtes gemacht worden, der Erschaffung der Menschheit aus sich selbst heraus. Hierin liegt ein nothwendiges Bindungsmittel der Willen, wie wir es suchen. Die Individuen können sich nicht durchaus absondern und getrennt dastehen. Ausserdem würde die Menschheit zu Grunde gehen.

— Denn der Tod gehört nothwendig zu dieser Erzeugung, und ist das bedingende und Neben-Glied derselben. — Indem die Menschheit das Vermögen erhielt, sich neu zu erzeugen, übernahm sie in ihren alten Mitgliedern die Verpflichtung, abzutreten vom Schauplatze; und wer einen Menschen in seine Stelle erzeugt, verpflichtet sich zugleich, ihm dieselbe zu rechter Zeit zu überlassen. So setzen Tod und Geburt sich gegenseitig: und nur in einer solchen Welt kann kein Tod seyn, in der auch keine Geburt ist, — in der künftigen. Uebrigens weiß der, welcher nur über die Erscheinung hinauszukommen vermag, recht wohl, daß es mit beiden nicht Ernst ist, sondern daß sie nur sind die Erscheinung eben der Genesis der Freiheit aus sich selber, als welche wir sie auch begriffen haben: — daß aber in der Wahrheit die ganze Freiheitsgemeine in allen ihren Individuen ist schlechthin in der absoluten Form der göttlichen Erscheinung, in welcher Nichts wird oder vergeht.

Zusätze:

1) Wir haben gar nichts Besonderes gesagt: Jedem einleuchtend, der nur nicht ganz blind ist. Es könnte aber

doch auch anders seyn; wenigstens ehemals hat man sich gewundert, auch wohl den Schmutz, der ihre eigene Phantasie erfüllte, mir geliehen: vielleicht noch, wenn sie es nicht vergessen hätten! Doch wer kann wissen, auf welchem Katheder irgend ein philosophischer Spaßmacher und Freibeuter, der ein besseres Gedächtniß hat, mit solchen Verwunderungen die Lücken seiner eigenen Meditationen ausfüllt! Ich habe mich drum bemüht, es klar auszusprechen, und ich hoffe, daß Sie besonders vermittelst des angeführten Gleichnisses mich vollkommen verstanden haben.

2) Meine Meinung: es war einmal eine Zeit, ein Tag, da das Menschengeschlecht, nicht geboren von einem frühern, sondern eben kurz und gut da war in seinem Selbstbewußtseyn, (denn anders, und Etwas als Ding an sich ist es ja nie;) in zweien Geschlechtern, nicht zwar als ein einzelnes Paar, (wie man gewöhnlich annimmt;) sondern als ein Volk, (den Beweis dafür tiefer unten;) versehen mit allen Erkenntnissen und allen Mitteln eines vernünftigen Daseyns, und vernünftiger Erziehung der aus ihnen zu gebärenden; indem nun von ihnen aus der Proceß der Geburt und des Todes begann. Verständig, gut und wohlgesinnt (wie und worin, tiefer unten näher) durch ihr bloßes Daseyn: eine Unschuldswelt. — „Der Reiz der großen Fragen" nach ihrem Ursprunge und dem der Welt u. s. w. war für sie nicht da. — Gar einfach: beschäftigt mit Auffassung des sie Umgebenden, über die Zeit hinaus in das Jenseitige, was erst durch eine freie Phantasie zu konstruiren wäre, sich nicht verlierend. Philosophische Beantwortung und Beantwortung durch verständige Natur ist sehr zweierlei. — So auch wir hinterher: auch wir können über dieses absolute Faktum ihres Selbstbewußtseyns nicht hinaus; denn darauf nur kommt es an. — Wie hat es Gott gemacht, durch welche Mittel? — Wie erscheint er denn? Eben absolut: durch gar kein

Mittel, und auf gar keine Weise, als die in dem unmittelbaren Erscheinen selbst liegt.

Die Beschreibung des Zustandes, in dem das Menschengeschlecht uranfänglich gegeben ist, haben wir angehoben von der Natureinrichtung, wodurch die Erzeugung der neuen Geschlechter der Natur entzogen, und durch die freie Willensvereinigung zweier Individuen bedingt worden: wir meinen die Trennung der Zeugungskraft und die Vertheilung derselben an zwei Grundgeschlechter. —

Nicht unmittelbar und schlechtweg durch den Zusammenhang genöthigt, wiewohl auch da eine Beziehnng gleich beim folgenden Punkte sich finden wird, wohl aber durch den Umstand bewogen, daß selten oder fast nie Jünglingen, und studirenden Jünglingen eine gründliche Belehrung über diesen ihnen so höchst wichtigen Gegenstand geboten wird, will ich im Vorbeigehen und als Episode meine Betrachtung auf einen Begriff richten, der durch jene Einrichtung begründet ist, auf den Begriff der Keuschheit.

1) Der eigentliche Rang, die Ehre und die Würde des Menschen, und ganz besonders des Mannes in seinem sittlich natürlichen Daseyn besteht ohne Zweifel in dem Vermögen, als uranfänglicher Urheber neue Menschen, neue Gebieter der Natur, aus sich zu erzeugen: über sein irrdisches Daseyn hinaus und auf alle Ewigkeit, der Natur Herren zu setzen; in alle Ewigkeit fort und über die Gränzen des irrdischen Daseyns Grund zu bleiben von sittlichen und sinnlichen Erscheinungen; dies mit freier Wahl einer Gehülfin und Theilnehmerin. Mitgenossenschaft des göttlichen Schöpfungsrechtes, der Gewalt, zu erscheinen in Freien: so der menschliche Erzeuger in seinem Erzeugten. Herrschendes Gefühl des Alterthums, dem Nachkommenschaft

Segen war, Fluch — Sterben als der Letzte seines Geschlechts.

Der Mann uranfänglich: drum er das erste Geschlecht in jeder Rücksicht auf der Erde. Im Weibe, so wie in dieser ursprünglichen Einrichtung, so durchaus, Bedürftigkeit und Abhängigkeit. In jenem Leben auch da Gleichheit. Ich erinnere daran, was Jesus Tiefes sagt!

2) Die absolute Ehrlosigkeit, die Wegwerfung der eigentlich menschlichen und männlichen Ehre würde es drum seyn, wenn das zur Ausübung jenes Vorrechtes verliehene Vermögen gemacht würde zu einem Mittel sinnlicher Lust. Was über aller Natur ist, und bestimmt zur Fortpflanzung der Oberherrschaft über sie, würde ein Zweites, einem ihrer Triebe, dem der Lust, Untergeordnetes; das Uebersinnliche in sich und in seinem Daseyn gemacht zum Diener des Sinnlichen; das Bedächtige und Freie zum bloßen Naturprincip; — das Thierische, Sinnliche dagegen, die Lust und deren Trieb zum ersten Princip.

a) Unkeuschheit = Gebrauch des Zeugungsvermögens zur bloßen Lust, ohne Absicht auf den Zweck, und ohne bedachtes Wollen desselben.

b) Unkeuschheit — Ehrlosigkeit in höchster Potenz, Vernichtung der Ehre in ihrer Wurzel: Wegwerfung des eigentlichen persönlichen Werthes.

3) Dies ist auch gefühlt worden, und wird noch gefühlt im Volksglauben, liegt mancherlei Aeusserungen desselben zum Grunde: ein ehrloser Name auf die Ausschweifungen des Geschlechtstriebes. — Im Volke, das dermalen mit der ursprünglichen unschuldigen Anlage des Menschengeschlechts noch in näherer Verbindung steht: nicht bei den höheren Ständen; — woher bei diesen nicht, davon später.

Bei dem weiblichen Geschlechte ist es noch so nach dem allgemeinen menschlichen Glauben, der Weiber selbst, und sogar der Männer von ihnen. Dadurch die Ehre verloren; denn sie haben gar keine andere Ehre, als die unverletzte Keuschheit, in dem Sinne, daß das Geschlechtsvermögen nur auf den Zweck der Kindererzeugung gerichtet sey.

4) Aber wie ist dieser Verfall der rechten natürlichen Ansicht über Ehre möglich gewesen; und wie nur bei dem Einen Geschlechte?

Weil der Mann seine Ehre in etwas Anderes setzen konnte: a) In die Selbstvertheidigung seiner Person durch physische Kraft; α) Vertheidigung des bloßen ruhigen Daseyns, vor allem schöpferischen Gebrauche desselben: β) bedingt durch die Reizung, die dann oft herausgefordert werden muß. — So sind die Männer genöthigt gewesen, sich einen falschen — mindestens untergeordneten — Ehrenpunkt zu machen; wohl auch, um ihre Unverschämtheit mit zu vertheidigen, weil sie den eigentlichen und wahren fallen ließen. — Einen untergeordneten: denn es gehört allerdings mit zur Ehre des Mannes, sich und das wehrlose Geschlecht zu vertheidigen.

b) In die geistige Fortpflanzung, Schöpfer- und Gebärerkraft durch Erfindung, Unterricht, Weiterbringen. — Ich setze nämlich hier, um den äussersten Fall zu berühren, voraus, daß die geistige ursprüngliche Schöpferkraft die in den Dienst der Lust gerathene sinnliche überlebe, und in diesem dienstbaren Leibe dennoch frei und oben bleibe; — daß auch Geist und Körper so kräftig organisirt seyen, daß der letztere noch immerfort ein Organ für geistige Gestaltungen, und ein Mittel zur Verwirklichung in der Sinnenwelt bleibe, — wovon ich die Möglichkeit nicht absolut läugnen will —: so entsteht doch zuförderst eine Entzweiung im Menschen, ein Zerfallen in zwei abgeschiedene Lebensläufe. Wenn der Geist herrscht, schweigt die Natur und gehorcht. Dies das Eine Leben. — Wenn dagegen die Sinnlichkeit herrscht, ist der Geist erstorben. Und dies wird so nach

Zeiten und Perioden getheilt seyn. — Ferner: dieser so zersplitterte Mensch mit halber und gebrochener Kraft, leistet nie, was er leisten sollte, erreicht nie seine Bestimmung: sein Leben ist einmal halb, gebrochen und verschändet. Wie es auch scheine in einer vielleicht noch schlechteren Umgebung, so ist es doch nur ein Schattenbild des wirklich ihm im Rathe der Gottheit bestimmten Lebens: denn ein ganzes geistiges Leben fordert die unbedingte Unterwerfung der ganzen Körperkraft, ohne Theilung mit der Lust. — Das schöpferische Denken gelingt gar nicht so, wie begreiflich ist, denn die schöpferische Kraft ist Eine.

— Einen bestimmten Fall nur zum Beispiel. — Gesetzt das Denken nicht, aber der Muth, — frei anzuerkennen, auszusprechen, durchzusetzen, unbeachtend die Gesichter, die es geben möchte! — Unkeuschheit aber Quelle der Feigheit: Feigheit ist das unmittelbare Gefühl des Lebens, das eben nur so viel Kraft hat, um sich selbst zu erhalten, und nichts übrig. („Er hat kaum das liebe Leben.") Dagegen Muth, unmittelbares Gefühl der Fülle des Lebens und des Ueberflusses, das eben auch anderes Leben schaffen könnte, ohne sich selbst Schaden zu thun. — Solche — dennoch Renommisten: kein Wunder! Auch von ihr ist Feigheit die Quelle. Sie wollen lieber vorausschrecken, damit man nicht etwa unverhofft und aus dem Stegreife ihren Muth auf die Probe stelle.

Unverletzte Keuschheit in Ehren halten, und Heiligen unserer Person von Jugend an — das einzige Mittel, Alles zu werden, was wir können nach der uns verliehenen Kraft im ewigen Rathe Gottes. Verletzung derselben — ganz sicher und unfehlbar eine Zerstückelung, eine theilweise Ertödtung.

5) Diese Keuschheit nun war dem Urgeschlechte, von dem wir reden, angeboren: — wovon wir sogleich das Resultat sehen werden. — Da wir dabei sind: woher die Verderbniß,

derbniß, und der zur Mode gewordene Leichtsinn des Zeitalters über diesen Gegenstand? — Sie tragen sie nicht im Herzen als angebornen Zustand; eben so wenig im Verstande als freierworbene Einsicht. Sie sehen drum die vorhandenen Keuschheits- und Ehrengesetze als willkührliche und eigennützige Beschränkungen der natürlichen Freiheit an, hassen sie, sind im Aufruhr gegen dieselben, und suchen alle Welt mit fortzureißen in jenen Aufruhr. — Daher die hinterlistige Vorstellung, niedergelegt in manchen verderblichen Büchern, daß man jene Dienstbarkeit gar nicht vermeiden könne, daß dies eben der eigentliche Zwiespalt in unserer Natur, das gar nicht aufzuhebende radikale Böse sey: — und die Aufzieherei damit. Was dagegen zu thun? Eben den Verstand entscheiden lassen, durch die Ihnen jetzt dargelegte, ich denke wahre und klare Ansicht.

Zugleich ist ihr Vorgeben grundfalsch, und eine freche Lüge. Jener unordentliche Trieb ist gar nicht in dem ordentlich gebornen (nicht gerade aus einer verwilderten und verworfenen Familie abstammenden) Menschen. Nicht mehr zu dieser Unordnung gereizt, als zu andern, z. B. zum Stehlen. (Hier auch einzelne Ausnahmen, sodann die Kinder von Dieben: nicht aber das menschliche Geschlecht.) Jene, die es so ansehen, mögen für ihre Person zu solchen gehören. Wer heißt sie das Geschlecht so setzen? — Mit solchen soll man sich gar nicht abgeben, und die Berührung mit einer unreinen Phantasie, als das eigentliche Gift, vermeiden. — Es ist wie die Blattern: fliehe die Ansteckung! Selbst aber meide Müssiggang und Verweichlichung, und arbeite gehörig mit Geist, wie mit Körper.

6) Ein faktischer Beweis für das Gesagte ist das von jener angeborenen Keuschheit Uebriggebliebene, das Gefühl der Schaamhaftigkeit. — Sie erröthet, und wird zurückgestoßen von der Vorstellung, daß sie ihre Ehre ent-

weihen könne, daß in irgend einer Vorstellung diese Möglichkeit gesetzt sey. — Sie flieht drum überhaupt alle deutlichen Vorstellungen dieses Gegenstandes, alles Erheben zum Begriffe, weil dieses nur durch den Gegensatz möglich ist; der rechte Zweck gesetzt werden kann nur durch Setzung und Negirung seines Gegentheils. Ein in das ganze Seyn verflochtenes, und körperlich sich ausdrückendes, den Körper selbst modificirendes Sittliche.

Weiter in der Bestimmung des ursprünglichen Menschengeschlechts:

Aus dieser natürlichen Keuschheit desselben nun die Ehe, als die für das Leben dauernde, und unabtrennliche Vereinigung eines Mannes und Weibes als gebundene Zeugungskraft. Es findet in dieser Rücksicht eine ewige Bindung der Willen Statt; die Freiheit ist abgeschlossen mit Einem Male für immer. — Dieser Begriff wird klar seyn, wenn ich zeige, wie die Ehe aus der Keuschheit nothwendig folgt. — Keuschheit richtet die Zeugungskraft nur auf den Zweck der Erzeugung: dieser ist erreicht, wenn die Männlichkeit überhaupt die Weiblichkeit findet; sie siehet im Geschlechte nur das Geschlecht, nichts mehr. Sollte sie auch nach geschehener Wahl sich diese noch offen behalten, so müßte sie noch etwas Anderes suchen, als den Einen Zweck; (wie dies in der spätern Welt geschieht, wohl auch geschehen muß.) Reines Aufgehen im Zwecke und Unterordnen alles Anderen unter ihn; Bestimmung rein und allein nach ihm. — Möglichkeit der Scheidung also setzt keine Ehe: diese hebt den Begriff ihrer Ewigkeit auf, und macht sie in der Zeit abhängig von andern willkührlich zu setzenden Nebenzwecken. — Hier, wo wir Geschichtliches behandeln, ein geschichtliches Beispiel. Jesus — der als ein Abkömmling der uranfänglichen sittlichen und religiösen Vorstellungen betrachtet wird — spricht: Moses hat euch erlaubet zu scheiden von euern Weibern, von eures Herzens Härtigkeit wegen; vom Anbeginn aber ist es nicht so gewesen. Die Zwei sind durch einmal eingegangene Verbindung von nun an nur Ein Leib. *)

Durch diese Ehe nun wird constituirt die Familie. Das Kind durch seine Geburt aus der Mutter, dadurch, daß die erste Nahrung für dasselbe in ihr bereitet wird, welche sie ein eben so großes Bedürfniß hat zu geben, als das Kind, sie zu nehmen, selbst physisch mit derselben verbunden. Der Mann, durch die uranfängliche und ewig dauernde Verbindung an sie geknüpft, und bewegt zu lieben, was sie liebt. So ist begründet, wodurch allein Erziehung möglich wird, die Theilnahme an fremder Einsicht und Bildung, wie an seiner eigenen: — so, wie wir oben dieses Glied gerade suchten. — Eine natürliche, ohne vorhergehende freie Ueberlegung und Ueberzeugung des Verstandes; worauf sich dieselbe Theilnahme wohl späterhin gründen mag.

Bemerken wir, daß in einer solchen Ordnung der Dinge alle Bildung schlechthin und einzig aus der Familie hervorgehe. Im Ganzen keine, die nicht ist eben in den einzelnen Familien. In ihr wird der Mensch fertig für die Gemeine. — Es kommt bei dieser Auseinandersetzung ganz besonders darauf an, die Unterschiede zwischen unserer durch den Verstand auf den Begriff der Freiheit gegründeten Verfassung der Menschen, und der in diesem angebornen Zustande gegebenen in's Auge zu fassen. Hier zeigt sich einer dieser Unterschiede. Dort — Bildung in der Familie; drum ungleiche, je nachdem die Familien ungleich seyn mögen. Bei uns — absolut gleiche Bildung Aller durch die allge-

*) S. Matth. 19, 3—9. Dazu 5, 31. 32.

meine Volkserziehung. — Alle Streitigkeiten in dieser Angelegenheit daher, daß der eine Theil die Ureinrichtung ergreift und von ihr begeistert ist, der andere den Verstandesbegriff des Verhältnisses. Ein solcher Streit bricht aus, wenn einer der Gegensätze — und da hebt denn allemal der Verstandesbegriff an, dem Seynsbegriffe sein Recht des Besitzes und der Verjährung zu bestreiten — zur Sprache kommt. Durch Pestalozzi und Andere ist Volkserziehung gefordert, wo allerdings die Voraussetzung ist, der Familie die Kinder zu nehmen. Dagegen erheben sich Andere, und klagen, als über die Trennung der heiligsten Bande. Ein solcher Streit ist nur so zu schlichten, indem man den Grund des Gegners (oft besser als er selbst) kennt, und würdigt; ihn erst in sein volles Recht einsetzt, um das seinige dagegen zu setzen. — Wir werden an seinem Orte den Streit gründlich scheiden. Was wir wollen, ist indeß schon oben ausgesprochen. — —

Diese Familien standen nun in einem Rechtsvereine, einem Staate, der eben schlechtweg war, so wie sie selber.

1) Es waren mehrere Familien, denn der Staat mußte uranfänglich dargestellt seyn: ein Volk drum. Dies geht daraus hervor, daß die Vernunft zuförderst sich darstellen muß in der Form des gegebenen Seyns: — hier der oben versprochene Beweis.

2) Sie alle von Natur rechtlich, Jeder drum die Freiheit des Andern achtend, sie nicht verletzen wollend: also keiner Zwangsgewalt bedürftig. — Aber was gehört Jedem; welcher Besitz kommt jeder einzelnen Familie zu? — Wohl also eines Richterthums. Die Einheit des Willens wird aber repräsentirt in der physischen Einheit einer Person: also Monarchie. Er — der Monarch — war es eben schlechthin durch sein Daseyn: er erkannte sich also, und sie erkannten ihn. So war es Gottes Wille, seine Entscheidung war durchaus keinem Zwei-

fel unterworfen; denn darüber hinaus ging ihr Wille gar nicht.

3) Der Staat aus den Familien gebildet: diese die integrirenden Theile des Rechtsganzen. Innerhalb der Familien kein Rechtsstreit, keine Absonderung, kein Mein und Dein, sondern ihre Mitglieder stehen unter dem Oberhaupte derselben, der Eigenthümer und Berechtigter ist. Was in jener vorgeht, gehört gar nicht für die Kundnehmung des Richters. Der Staat bestand aus den ewig lebenden, unsterblichen Stämmen: — Erbe — oder eigentlich, ewiger, durch keinen Tod und keine Geburt unterbrochener Besitz des Stammes. (Ein Hauptbegriff, der indeß bloß historisch, aus einer uranfänglichen Gegebenheit zu erklären ist, und aus Verstandesgesetzen sich nicht ableiten läßt: er hält auch, wie wir zu seiner Zeit sehen werden, gegen das Verstandes- d. i. Freiheitsgesetz gar nicht Stand.)

Aber — auch nur den ursprünglichen Unterschied des Richters und der zu Richtenden gesetzt — gab es eine Ungleichheit, sich zeigend in der Bildung der Familien, und so sich fortpflanzend. Forterbung des Standes, Ursprung des Kastenwesens. In einer spätern Betrachtung wird dieser Ursprung der Ungleichheit sich noch schärfer ergeben. Wo es keine andere Bildung giebt, da bildet der Ackerbauer zu Ackerbauern, der Töpfer zum Töpfer, — der Priester zum Priester; und anders kann es bei ruhigem Fortgange ohne totale Revolution nicht werden zu ewigen Zeiten. Hier liegt auch einer der Grundunterschiede des geschichtlich, und nach den Gesetzen des ursprünglich Gegebenen sich machenden Staates, und des Verstandes-Reichs. — Der erstere aus Stämmen bestehend, die sich in's Unendliche forterzeugen aus uranfänglichen Familien: und so ist es immerfort gewesen, ohne daß es Jemand gemerkt, weil der Gegensatz fehlte. In unsern Zeiten wollte die französische Revolution gerade die Stämme auflösen, und aus diesen zu Individuen aufgelösten den Staat constituiren. Da versicherte denn ein Deutscher: sie seyen ja toll; das sey eben das πρῶτον ψεῦδος; der Staat bestehe nicht aus Individuen, sondern aus Stämmen. — Er hatte ganz recht, und das Gegebene wohl verstanden; und seine Belehrung hätte wohl den Dank der Revolutionirenden verdient, wenn sie es nicht gewußt hätten. Aber davon war eigentlich nicht die Rede, sondern davon: ob nach dem Freiheitsgesetze er aus Stämmen oder Individuen bestehen solle: ob also die Familien eben zu Individuen aufgelöst werden sollen? Wie wir — das ist schon deutlich, und soll zu seiner Zeit in scharfem Erweise gegeben werden.

4) Alles Obige nur möglich durch eine gemeinschaftliche angeborene Sprache, die da fertig war vom Seyn aus, und verständlich vom Seyn aus, — für alle die Begriffe und Verhältnisse, deren Erkenntniß angeboren war. Der Gedanke redete ohne dazwischentretende Willkühr: die bewußte Welt gestaltete sich zugleich in einem allgemeinverständlichen Schallbilde. Der Gedanke, sagen wir; nicht etwa bloß die Empfindung. Man hat sich viel Mühe gegeben, die Entstehung der Sprache zu erklären. So gefaßt, ein Zirkel: jene setzt voraus gebildeten Verstand; diese Verstandesbildung aber wieder Sprachzeichen. Von daher hätte man darauf kommen sollen: hat auch diese Ansicht aufgestellt, aber freilich nur Bibelglaubend: bei uns anders. Es ist noch merklich in gewissen Grundbedeutungen einzelner Buchstaben, z. B. F. R. L., in allen Sprachen. Die Abweichungen wären historisch zu erklären. — Die Sprache verständiger, als wir: in ihr nach Herder, Jacobi, Reinhold die Weisheit niedergelegt. — Ja, wenn sie überall niedergelegt, und die Sprache nicht zugleich auch schöpferisches Produkt wäre der Freiheit aus Nichts heraus! Die freizubildende ist durchaus eine andere, als die aner-

schaffene. Ein wichtiger Gedanke, welchen klarer zu machen wir wohl auch den Ort finden werden.

— Noch dies in Absicht der Wortbezeichnung, worin zugleich eine Revision liegt: vorher — das Sittliche, was unmittelbar aus Gott, und seinem Erscheinen ohne Freiheit im Menschen ist, Vorsehung genannt, und Wunder: auch Offenbarung zu nennen. Diese Offenbarung nun bricht irgend einmal heraus in der Zeit und äussert sich; aber es wird nur ihre Erscheinung, sie selbst nicht; gerade so wie wir oben unter der Benennung des Wunders dasselbe betrachtet haben. Die gewöhnliche Ansicht hat auch da Gott vermenschlicht, und in die Zeit herabgezogen: wohl gar mit beiden — mit Raum und Zeit — versehen. Eine solche Vorstellung ist nun ohne Zweifel unrichtig.

Ein Urgeschlecht durch Offenbarung.

Ein solches Geschlecht nun bliebe stehen; kein Fortgang in ihm, keine eigentliche Geschichte: es könnte aus dem angeborenen Grundwillen sich nicht herausbewegen und ihn überschreiten. Die Familien — ein Stehendes und Unsterbliches, bleibend in ihrer Verfassung: das Regiment selbst — ein Familien-Erbe. — (Das goldene Zeitalter ohne Geschichte.) Herabsinken etwa könnte es durch Mangelhaftigkeit der Erziehung, indem die Stammfamilien stets ihre unvollkommnere Fortsetzungen lieferten. Aber keine eigentliche Freiheit und Verstandesentwicklung. Drum keine Sichtbarkeit der Freiheitsentwicklung, für welche als Bedingung wir doch ganz allein ein solches Geschlecht annahmen.

Eine solche Sichtbarkeit ist möglich lediglich dadurch, wenn wir denken ein zweites Urgeschlecht ohne diese ursprünglich sittliche Einrichtung, also mit Freiheit und Bildbarkeit in's Unendliche und Unbedingte. — Ein Urgeschlecht ohne Offenbarung, ein freies. — Jenes einzig, weil die Anlage bestimmt ist; dieses in's Unendliche verschieden, weil eben gar keine Bestimmung da ist, die Nichtbestimmtheit aber ist eine unendlich mögliche.

Es ist hier der Ort, diesen Unterschied der beiden Urgeschlechter scharf anzugeben, und was bisher noch schwankend und unklar geblieben seyn dürfte, fest und sicher zu machen. Unsere Philosophie, ausser der Beschreibung durch Worte, die nur an schon Bekanntes erinnern, höchstens Analogien geben, hat noch das Vermögen der Konstruktion des Bildes a priori: dieses wollen wir hier anwenden. Ganz klar, oft aber durch die absolute Klarheit dunkel und schwindend. Zugleich höchst wichtig für die Einsicht in das gesammte System.

1) Das Wesen des Sicherscheinens (so sagen wir!) ist ein unendliches Vermögen Bilder zu entwerfen.

2) Hieraus nun entstände niemals ein wirklich seyendes, faktisches Bild (und so auch nicht der Ausdruck eines ursprünglichen Seyns,) wenn nicht dieses Vermögen in seinem wirklichen Bilden erfaßt würde von einem beschränkenden Gesetze, zufolge dessen das Bild gerade also und nicht anders ausfallen muß.

3) So nun zwei Grundweisen des Bildens, d. i. zwei Grundbegriffe der Bilder: einmal — des gegebenen und schlechthin vorhandenen Seyns; sodann des durch Freiheit hervorzubringenden Seyns: — Natur — Sittlichkeit.

4) In der ersten Hinsicht alle Individuen bestimmt auf gleiche Weise in der Einen Naturanschauung. (Was ist daher ihr Wesen, und wie entsteht sie? Das ewige Grundgesetz ihres Bildens ist für Alle dasselbe.)

5) In der zweiten Rücksicht ein doppeltes Verhältniß: Entweder das seyn sollende x ist gegeben als Bestimmtheit

eines Willens, mit ihm gleich synthetisch vereint: — in einem Wollen und an demselben anschaulich gemacht. Dies das Gesetz des Urgeschlechtes mit Offenbarung. — Der Wille als seyendes, gleich der Natur, wie ich dies schon oben ausgesprochen habe. Ein solches fertiges Wollen braucht freilich auch nicht immer und ewig gegenwärtige Vorstellung zu seyn, sondern wird erscheinen auf Veranlassung; also die Vorstellung desselben auch als ein in der Zeit Werdendes. — Oder: dasselbe wird gegeben ausdrücklich als Etwas, das da seyn soll in einem Willen; der Wille drum abgesondert von ihm, und als eine freie, durch ihr bloßes Seyn unbestimmte, und nur innerhalb ihres Seyns durch sich selbst zu bestimmende Kraft. — So beim Menschengeschlechte ohne Offenbarung.

Zuförderst: — dieses letzte das rechte, eigentliche, der Zweck der Erscheinung, als Freiheit. — Dagegen das erstere, obwohl man etwa es sich als das edlere denke, nur das Mittel und die Bedingung für das Daseyn des letztern. Dort die wahre eigentliche Menschheit, die Erscheinung Gottes.

Sodann — zur nähern Vergleichung: dem ersten Geschlechte ist x (der vernunftgemäße Zustand der Menschheit) gegeben als Etwas, das da unmittelbar gewollt wird, und nicht anders kann, als gewollt werden, das drum schlechthin ist an der Menschheit. Das zweite faßt auf dasselbe x, falls es überhaupt an jenes kommt, als eines, das da werden soll, — durch Freiheit; drum muß in seiner Anschauung auch die Freiheit erscheinen, durch die es werden soll, sammt den Mitteln und Weisen dazu, und der ganze Weg der Entwicklung. — Dort x die Welt, der Zustand selbst: hier eine x erst hervorbringende Freiheit. Drum erscheint auch x in der letztern Anschauung als ein ganz anderes, — mit seiner Genesis aus der Freiheit, als endliches, zeitliches, durch Mittelglieder bedingtes Freiheitsprodukt: — dort als uranfängliches Seyn. — a) Geschichte nun die Anschauung dieses Lebens der Freiheit, aus einem formalen und leeren Zustande sich entwickelnd zu x: — und dies die eigentliche. b) Die Geschichte des Menschengeschlechts, jenes Seyn von x mit dazugenommen, läuft drum in sich selbst zurück: endend, für dieses Leben nämlich, als einen hingestellten abzuschließenden Umfang, in dasjenige Seyn, von dem sie anhob: die Menschheit in einem zweiten Geschlechte sich selbst zu dem erbauend, was sie in einem ersten schon uranfänglich war; — das gegebene Seyn zum Produkte der eigenen Freiheit machend. c) So müßte es seyn, und ich erkläre dadurch einen frühern Punkt, der undeutlich geblieben seyn soll. — Wie soll denn dem zweiten Geschlechte, dem eigentlich daran liegt, und überhaupt der ganzen Menschheit jenes x, das, was da werden soll, und was hervorgeht aus dem reinen, unbildlichen Gesetze, sich stellen in einem Bilde? — Als Ordnung eines Mannigfaltigen. Offenbar kann es das nur in einer Erscheinung des Seyns, als bindend eben ein gegebenes Mannigfaltige eines schon gegebenen Seyns. Dieses Bild, das Vorbild für die Freiheit, ist nun gegeben an dem ursprünglichen Zustande des ersten Menschengeschlechts. Es ist Vorbild für sich selbst in dem zweiten freien Geschlechte.

Dies nun ist die Grundansicht, welche das Zeitleben der Menschen, die vergangene und zukünftige Geschichte vollkommen verständlich macht. Dasselbe ist in der Form des Seyns, und in der Form der Genesis: Fortschreiten zur letztern, Aufgeben drum der ersten. Die höchste Erkenntniß des Zeitalters ist nicht durchaus blind für dieses Verhältniß: die Elemente des Gegensatzes sind ihm allerdings erschienen. Der Eine eifert einseitig für die Erhaltung des Seyns darein setzend das höchste Gut: der Andere für das durch Freiheit zu erringende. Mehrere stücken ihre Ansicht aus beiden Elementen, je nachdem sie an verschiedenen Theilen von dieser oder von jener stärker berührt sind, zu einem ungleichartigen Ganzen zusammen, u. s. f. Daß der Gegensatz in seinem Einheitsgrunde verstanden würde, ist mir nicht bekannt. Dahin eben möchte ich durch das Bisherige und Folgende Sie führen.

— Grundcharakter dieses zweiten Urgeschlechts für sich: unbegränzte Zügellosigkeit des Bildungsvermögens in Beziehung auf das Praktische, ohne irgend einen Anhalt und Gesetz in ihnen selber.

Jenes erste Geschlecht gab gar kein Werden, mithin auch nicht die Anschauung, die die Menschheit, als das göttliche Bild, geben soll.

Dieses zweite auch nicht, da in ihm zwar das Princip des Werdens, die Freiheit, aber keine Anwendung und Folge derselben lag.

Beide Urgeschlechter drum müssen noch vereint werden, um in ihrer Vereinigung das Schauspiel zu bilden, auf welches es ankommt. In dieser Vereinigung konnte nicht unterjochen, überwinden, bestimmen das zweite Geschlecht das erste; denn dann wäre überhaupt nur das zweite übrig geblieben, drum keine Ordnung und Gesetz; es wäre überhaupt der Untergang erfolgt. Wohl aber umgekehrt muß das erste Geschlecht bestimmen das zweite, jedoch mit Beibehaltung seiner Freiheit. — Diese Uebermacht und Herrschaft des ersten Geschlechtes über das zweite kann nicht dem Ohngefähr überlassen bleiben, (indem auf ihr die Erscheinung Gottes beruht, die da ist schlechthin;) sondern muß gesichert seyn durch ein Gesetz: durch das der Achtung für Ordnung; eine Vorstellung, die den freien Naturmenschen zurücktreibt, und gleichsam zur Besinnung bringt; die erste Erscheinung im Menschen, an welche das absolut gebietende Soll sich anknüpft, und aus welcher es sich entwickelt.

Und jetzt an dem Zusammentreten der beiden Urgeschlechter ist der Anfangspunkt der Geschichte, ihr eigentlicher Geist und ihr Grundgesetz, und alle Hauptmomente, die in derselben sich ereignen müssen, gegeben: und dies läßt sogar a priori sich erkennen. Mit einer solchen Erkenntniß haben wir als Philosophen es einzig zu thun; dieselben in den vorhandenen Erzählungen vom Leben unseres Geschlechtes auffinden, mag nun Jeder für sich selbst.

Dies drum der Grundriß der ganzen möglichen Menschengeschichte: Nach der Vereinigung bringen Abkömmlinge des ersten Geschlechtes die ihnen bekannt gewordenen des zweiten zu ihrer Ordnung; welche in ihnen selbst sich gründet auf das nicht weiter zu begründende kategorische: So ist's sittlich nothwendig; — die sittliche Nothwendigkeit Gott genannt, so ist's Gottes Wille. Ihr Glaube — absoluter Naturglaube. — Sie können jenseit dieser Vorstellung ihr Wesen nicht weiter auflösen, und so sich nicht losreißen von jener Ansicht des Seyns. — (Man hat den Begriff des Glaubens nicht immer verstanden: Glaube geht allemal auf ein gegebenes Bild, demselben absolutes Seyn beimessend; und nur vom Bilde einer sittlichen Ordnung braucht man dieses Wort; — geht drum allemal auf ein geschichtlich Gegebenes. Beimessen der Realität einem unbildlichen Gesetze dagegen ist Einsicht, nicht Glaube. — Mendelssohn, Jacobi: — was dabei weiter gesprochen worden, davon zu seiner Zeit.) Diese Umschaffung ist ihnen möglich durch die Achtung, welche ihre Ordnung dem zweiten Geschlecht gebietet. Sie imponirt diesem in ihrer Neuheit: — diese Achtung nämlich ist Suspension ihrer Freiheit; (sich loszureißen und darüber hinauszugehen:) gegründet auf das absolute Weltgesetz der Möglichkeit einer Geschichte, d. i. der Sichtbarkeit der Freiheit überhaupt. Sie sind betäubt und genöthigt, jenes Bild eben so als absolutes zu setzen, wie die Erstern es thun;

auch weil es ihnen am Gegensatze gebricht. Es ist eben die Unmöglichkeit, der fremden Ansicht nicht die seinige zu unterwerfen; doch so, daß sie uns eine fremde bleibt, weil das dunkel gefühlte, nur jetzt noch nicht ins Werk gesetzte Vermögen, dennoch darüber hinauszugehen, nicht vertilgt ist. — Auch ein Glaube, aber ein anderer, Autoritätsglaube; bedingt in seinem Daseyn durch die Betäubung durch den fremden Naturglauben.

Wie jedoch die Erscheinung ihre Neuheit verliert, weicht die Betäubung; die freie Phantasie des zweiten Geschlechtes reißt sich los, wirft den Glauben ab, und bildet den Gegensatz gegen das, was bisher das einzig Mögliche schien, und erregt den Krieg dagegen: für's erste innerlich, in seinen Vorstellungen; sodann auch äußerlich, gegen das ihm aufgedrungene fremde Gesetz und Ordnung. — Es sind zwei Fälle: entweder die andere Parthei giebt nicht nach, oder sie giebt nach. Giebt sie nicht nach, so ist die Vereinigung getrennt, beide sind wieder sich selbst überlassen, wie vorher; alle die obigen Folgen treten wieder ein, es entsteht keine Geschichte: keine Erscheinung der Freiheit ist möglich, die da doch seyn soll schlechthin. — (Getrennt sind beide; denn was dem ersten Geschlechte das Uebergewicht versicherte, die Achtung und der Glaube, ist für diesen Punkt verloren.)

Also — das Zweite allein bleibt übrig: die Parthei des Glaubens giebt nach — zufolge eines Gesetzes. Auch läßt dieses Gesetz sich bestimmt nachweisen. Ist gleich gesagt, die Glieder des ersten Geschlechts hätten durch sich von jenem Bilde, als dem absolut seyn müssenden, sich nicht losreißen können, so ist doch nicht gesagt, daß sie dies nicht nach Anleitung Anderer vermöchten, und wenn Andere ihnen dies Losreißen vorkonstruiren. Hier tritt wieder ein das allgemeine Gesetz der Geisterwelt, die Ausströmung nämlich des freien Verstandes, wenn er irgendwo durchgebrochen und Kraft gewonnen, und die geistige Urheberschaft und Fortpflanzung überhaupt. Die erste Parthei sieht ein, daß die zweite Recht hat, macht sich selbst frei; und die Aufhebung des Autoritätsglaubens für diesen Punkt wird zugleich die Aufhebung und Vernichtung des Naturglaubens. Die Rollen ändern sich: wie das erste Geschlecht die Wechselwirkung anfing durch das Gebot der Achtung, setzt das zweite sie fort durch Entwicklung des Verstandes, und wird nun Lehrer und Urheber an seinem Theile.

Wie wird der Streit in diesem Punkte, wo er angehoben hat, vermittelt werden? Auf diese Weise: Die Vereinigung soll bleiben; Verfassung und Ordnung über die streitig gewordenen Verhältnisse, über die die bisherige Ordnung freilich keinen Streit mehr gelten ließ, muß drum auch seyn: also ein neues Band. Die freigewordene Phantasie aber wird gebunden nur durch klare Einsicht. Also — es müßte über die streitigen Punkte eine Ordnung gefunden werden, die der Freiheit ihr Recht angedeihen läßt, und sie bindet nur durch Verstandesgründe, durch Ueberzeugung; welche Ordnung vielleicht von der erstern gar sehr sich unterscheiden könnte. — Ein neues Band also — ein durch den Verstand gesetztes.

Diese freie Einsicht indeß ist logische Folge aus festen Voraussetzungen; aber das vorhandene Feste ist Glaube: jene beruht also auf Folgerungen aus dem vorhandenen Naturglauben, in der Region, wo er noch hält, durch die freie Phantasie noch nicht aufgelöst, drum zugleich auch Autoritätsglaube ist. — Der Friede ist hergestellt; aber nur für gewisse Zeit: auch das neue Glaubensband als Princip ist dem folgenden Verstande zur Prüfung bloßgestellt. Es kann gar nicht fehlen, daß dieser in denen, wo dieses Princip vorherrscht, durch die Gewohnheit von der Heiligkeit des Geglaubten nicht mehr geschreckt, nicht auch jenseits desselben sich versuche, das Princip auflöse und so streitig mache. Es wird erfolgen, was das erste Mal: der Verständige wird mit fortreißen den Gläubigen, es wird das Bedürfniß eintreten, die Einsicht zu finden, — eine neue Ordnung auch über diesen Punkt auf Verstandes-Einsicht aufgebaut werden: — Verstandes-Einsicht, die drum, wie die erste, gegründet ist auf irgend einen Glaubensartikel im Hintergrunde, für den die Zeit der Anfechtung auch kommen wird, und der eben also genöthigt seyn wird, sich zu verwandeln in eine Verstandes-Einsicht, und sich zu stützen auf einen im Hintergrunde liegenden Glaubensartikel: und dieses nach demselben Einen Gesetze immerfort; so lange bis der letzte Glaubensartikel und das letzte Resultat desselben im Zustande der Menschheit aufgehoben ist, und unser Geschlecht aus reiner und klarer Einsicht, drum mit reiner Freiheit sich selbst erbaut hat; womit denn wohl seine ganze Geschichte in diesem irdischen Daseyn abgeschlossen wäre, und es betreten dürfte die Sphären höherer Welten.

So drum verhält sich die Sache: Glaube und Verstand die beiden Grundprincipien der Menschheit, aus deren Wechselwirkung sich erzeugt die Geschichte. Durch den Glauben ist das Menschengeschlecht fertig, und erhält einen Anfangspunkt seines Laufes: durch ihn wird es immerfort im Seyn erhalten, und ein Beständiges und der Grund einer Dauer ihm eingepflanzt: durch den Verstand erhält es Bewegung; ja dieser sich selbst überlassen, würde sie fortreißen zu einer Bewegung ohne allen inneren Anhalt, und so sie vernichten. Nur in der Vereinigung der beiden Principien wird ein wahrhafter Fortgang gewonnen, dadurch eben, wenn der Glaube in Verstand sich auflöst, der Verstand dagegen an einem Glauben sich hält. Daß, wenn der Glaube allein herrscht, kein Fortgang sey, haben wir schon ersehen; was da erfolge, wenn der Verstand den Glauben verläßt, werden wir zu seiner Zeit Gelegenheit haben, in Beispielen anzugeben.

Das aber ist der Fortgang der Geschichte, daß immerfort der Verstand Feld gewinne über den Glauben, so lange bis der erste den letzten ganz vernichtet, und seinen Inhalt aufgenommen hat in die edlere Form der klaren Einsicht: daß jener diesem immer mehr die Aussenwerke nehme, und ihn nöthige, ins Innere sich zurückzuziehen nach einer bestimmten Richtung und Regel. (Aus dem Besitze geworfener Glaube heißt seitdem Aberglaube. Seitdem: dies wird uns Veranlassung geben, eine wichtige Bemerkung zu machen.)

Man versteht ein geschichtliches Zeitalter, wenn man anzugeben vermag, wieweit dasselbe bestimmt sey durch den Verstand, wieweit durch den Glauben, an welcher bestimmten Stelle die beiden Principien mit einander im Streite liegen. — Wie der Streit endigen werde, welches drum das Nächste seyn werde für diesen, läßt sich übersehen. Dies drum ist der Schlüssel zum Verständnisse aller Geschichte.

Beide Principien haben ihre gebornen Wortführer; im Beginne bestimmt durch die Abstammung aus dem ersten oder zweiten Urgeschlechte; nach geschehener inniger Verschmelzung nicht gerade dadurch mehr, sondern durch alle die besondern Umstände, welche die individuelle Denkart der Menschen bestimmen. Beide sind abgesagte Widersacher; auch ist die Form der Beschuldigung immer dieselbe, hart ausgedrückt: Du Gottloser — du Dummkopf! Es sagt aber immer dasselbe: Dir gilt der Glaube nicht als höchstes Princip; dir gilt der Verstand nicht als höchstes Princip, — worin beide Theile Recht haben. Der Streit kann zu Ende gebracht werden nur durch den ganz aufs Reine gekommenen, d. i. den, allen Glauben aus sich ausscheidenden Verstand: denn das ist das Vorrecht des Verstandes, daß er sich selber erkennt, indem er ist, und darum auch erkennt, versteht und zu würdigen weiß seinen natürlichen Gegensatz, den Glauben: dagegen der Glaube nur ist, nicht

aber

aber sich erkennt, und eben darum auch nicht seinen Gegensatz. Da der Widerstreit völlig aufgehoben. Nicht bis ans Ende hindurchgedrungener Verstand nur befeindet den Glauben, durch einen andern Glauben, an die Zulänglichkeit des Verstandes nämlich, die er doch nicht einsieht: — indem auch in der That unbedingt die Sache sich nicht also verhält.

Dies Alles gilt als der Gang der Kultur nur in denjenigen Theilen der Menschheit, wo jene Wechselwirkung Statt findet. — Bei der Absonderung des zweiten Geschlechts, das an sich ungezügelt ist, mit gesetzloser Phantasie und Freiheit, ohne Ordnung und Regel, entsteht Verwilderung, Abfall, da ursprünglich das zweite Geschlecht nur tugendleer ist, nicht aber lasterhaft.

Dies nur als Gränze und Ausnahme: uns geht es gar nicht an, da wir nur vom Gange der Kultur reden, — eigentlich auch nicht die Geschichte überhaupt. Die Wilden haben unter sich gar keine: erst von dem Zeitpunkte an fallen sie der allgemeinen Geschichte anheim, da sie mit der Kultur in Berührung kommen, und in den Proceß derselben verflochten werden.

Dies das Allgemeine, was erst feststehen muß. Wie nun ins Besondere die Bildung des Staats, und die Geschichte dieses Staats daraus sich ergebe, davon zunächst!

Indeß zur allgemeinen Uebersicht:

Davon ausgehend: wie das Reich beschaffen seyn solle, fanden wir, daß es faktisch nicht so sey, auch füglich nicht so seyn könne. Warum nicht? — Ein geschichtlicher Zustand war zu erklären: dies nur dadurch, daß die Geschichte überhaupt verstanden würde, d. i. das Grundgesetz des gegebenen Seyns aufgestellt.

Hier nun fanden wir: Das Menschengeschlecht ist frei, d. h. sich selber erzeugend und fortentwickelnd nach einem Gesetze aus einem gegebenen Zustande, dem terminus a quo. — Jeder Punkt seines Lebens drum ist Resultat jener beiden Daten. — Der terminus a quo im Bewußtseyn, mit dem Zusatze, daß er eben so seyn solle, ist Glaube; das Gesetz für die Freiheit im Verstande. — Jene Entwicklung eben die Geschichte, bestehend drum aus Glauben und Verstand, dem Streite beider, und dem Siege des letzten über den ersten.

Dies jetzt anzuwenden auf den Staat!

Entwicklung des Staates im Streite des Glaubens und des Verstandes. (Es ist dies die Geschichte schon in ihrer Mitte gefaßt.)

Hauptepochen: I) Der Staat als absolutes im Glauben: — im Glauben, also in einer gegebenen Gestalt; für Jeden in der, in welcher er ihm gegeben ist.

Fortbestimmung dieser Gestalt und Form durch den partiellen Verstand, indeß der Glaube an den Staat überhaupt feststeht. — Alte Welt.

II) Gänzlicher Untergang des Staates durch das Princip des vollendeten Verstandes: Beginn der neuen Welt. — Er wird zu einem Uebel. Fortentwicklung des Verstandes. Gelten des Staats als eines Mittels, und als Vorbereitung der Bedingungen, um die für die freie Kunst entstandene Aufgabe — die Errichtung des Reichs — zu lösen. Neuere Weltgeschichte bis auf unsere Zeiten.

Der Beginn des Staates in Mittelasien unbekannt der Geschichte. Wir finden ihn, ohne daß er Rechenschaft giebt, woher — als Monarchie (also eigentlich hindeutend auf ein Seyn, das sich selbst nicht setzt und begreift, weil es ihm am Gegensatze mangelt; ein angeborenes;) und sehen aus ihm Kolonisten auswandern. Aegypten, falls es zu erforschen ist, nach Analogie der übrigen: Priester aus Nubien.

Das der Geschichte zugängliche Entstehen der Staaten, allenthalben nach der gleichen Regel: Pflanzvölker aus den gebildeten Reichen kommen unter mehr oder minder Wilde, machen dieselben bekannt mit den Künsten des Lebens, Feuer, Getraide, Metalle; — Ehe, bilden sie zu einem Staate. — Größtentheils die Wenigern die Mehrheit aus einem zwanglosen, freilich gar dürftigen Leben zu einem gezwungenen bringend: nur durch Achtung zu erklären.

In diesem Staate werden die Ankömmlinge die Regenten, die Eingeborenen die Unterworfenen und Regierten. (Aristokratie der Familien, der Stämme.) — Sobald sich die Unterworfenen so weit besinnen, um die Frage aufzuwerfen: aus welchem Rechte dies? — so ist die Antwort: aus göttlichem; so ist es Gottes Wille, und wir sind seine Bevollmächtigten, und handeln in diesem Auftrage. Ist die Antwort einmal gefunden, der Glaubenssatz ausgesprochen und bekannt; so wird er auch wohl, ohne erst die Antwort zu erwarten, gleich bei der uranfänglichen Stiftung des Staates angekündigt. — Beispiele nachher.

Göttliche Bevollmächtigte! — Betrüger? Nichts seichter, denn dies! Wie waren sie denn so witzig, das Betrugsmittel zu erfinden, den Gott und die Eingänglichkeit ihrer Rede als sicher und auf ein Gesetz sich gründend, vorauszusetzen? Betrug ist ja Mißbrauch eines Glaubens, der da schon ist. — Zwei Fälle sind: 1) Sie glaubten es entweder selbst ganz fest und unmittelbar, und mußten es, falls sie ihrer Abstammung vom ersten Geschlechte sich bewußt waren: — für die andern Achtung, und allenfalls der bekannte Beweis.

2) Oder falls sie, nicht im Besitze des Selbstbewußtseyns jener Abstammung, es nicht so unmittelbar glauben konnten, so suchten sie ein Zeichen, um es zu erfahren.

— Ich muß diesen aus dem gewöhnlichen Denken herausgekommenen Begriff erklären. Denken Sie Sich einen Menschen, der gedrungen ist, einen Entschluß zu fassen zwischen dem Ja und Nein. Sein Verstand schweigt schlechthin, und vermag ihn nicht zu leiten. Doch ist er sittlich, und will nicht folgen einem blinden Ohngefähr, sondern dem Willen Gottes; — setzen wir noch hinzu: weil er diesen als den allmächtigen sich denkt, und nur bei dessen Willen sich Glück vorspricht. — Wenn er ihn nur wüßte! — Sollte Gott, denkt er, einer so redlichen Gesinnung, die ihm allein gehorchen will, und sich durchaus nicht weiter zu helfen weiß, eine Offenbarung versagen, wenn er ihn darum bittet, und ihm erklärt, das und das wolle er als Zeichen annehmen? So gewiß er nun wirklich so denkt, so ist ihm dies ein Zeichen, und er hat es durch seinen festen Glauben, er könne dabei nicht anders verfahren, und durch diese Ansicht von Gott, zu einem Zeichen, einer Stimme Gottes an ihm, und Offenbarung seines Willens — zu einem Orakel gemacht. Nach seinem Gewissen — das wohl für einen höher Verständigen irren, d. h. nicht so verständig seyn mag — ist dies der Wille Gottes. — Die Apostel, die Brüdergemeine bis auf diesen Tag, werfen in diesem Falle das Loos: dies, weil schon Moses, der keine Orakel, als die bei der Stiftshütte einzuholenden dulden wollte, die andern üblichen verboten hatte. Gideon — das Fell (Richter, K. 6, V. 36.) gegen Moses Gesetz; die nur sehr gewöhnliche Inkonsequenz jener Schriften, daß ihm dies ungerügt hingeht.

(Was ich dafür halte? Quod dubitas, ne feceris! Der gesetzte Fall, daß man eben einen Entschluß fassen müsse, wird überall geläugnet. — Nun glaubt aber ein solcher, der dies nicht gehört hat, fest an die Offenbarung des göttlichen Willens durch das Loos; was kann denn daraus erfolgen? Für's erste — Er, der er ist, ist durch seinen Glauben gerechtfertigt; (obwohl er vor dem Verstande nicht darüber gerechtfertigt ist, daß er dieser ist.) Sodann, was er durch das Loos berathen thut, ist, da wir die Frage auf Ja oder Nein gesetzt haben, entweder das Rechte (d. i. was ihm ein hinlänglicher Verstand gerathen haben würde) oder nicht. Ist das Erste der Fall, so ist's gut. Wäre das Letzte, so wird einmal der Verstand darüberkommen, und es bessern; weil es als unverständig in der Folge offenbar wird: es hat also doch zur Entwicklung des Verstandes geholfen, diesen gefördert durch einen Fehler: dazu ist ja aber eben Alles da.)

— Zum göttlichen Zeichen zu dienen, sind aber passend alle Eräugnisse, die durchaus gesetzlos erscheinen: Vogelflug, Eingeweide der Opferthiere, wer einem zuerst begegnet. So die bestimmten wirklichen Orakel an einem heiligen Orte, selbst sich gründend auf eine frühere Offenbarung. — Mögen hinterher wohl zum Betruge gemißbraucht seyn von den Ungläubigen: (der Gläubige wagt es nicht!) Aber jeder bestimmte Unglaube, als etwas Negatives, setzt einen Glauben voraus, den er abgeschüttelt hat.

— Doch wohlgemerkt: — nach der ersten Ansicht bedeutet der Vogelflug u. dgl. nicht überhaupt Etwas: dies ist Deutung des unwissenden Pöbels, und sein hochverpönter Aberglaube, wie es denn auch die Modernen nicht anders wissen. Nur wenn der Gott angerufen wird um Entscheidung in einem bestimmten Falle, bedeutet es; und zwar in öffentlichen Angelegenheiten, denn etwas Anderes ist in diesem Systeme für den Gott nicht da — wie ich später erweisen werde.

Wenn nun Cecrops oder Kadmus glaubte, daß sein Gott, der Schutzherr seines natürlichen Reiches, ihn gesandt habe, um die Wilden von Attika oder Theben zu menschlicher Sitte zu bringen, so ist dies dem erleuchteten Menschen eben so respektabel, als wenn Jahrtausende später Bonifacius glaubte, daß Gott ihn in die Germanischen Wälder gesandt habe. Kein Bonifacius war möglich ohne Cecrops und Kadmus: und so hat denn auch Bonifacius noch nicht die letzte Offenbarung Gottes ausgesprochen; die rechte eigentliche im Verstande will eben noch gar nicht an die Menschen kommen; auch er ist drum nur Mittel und bedingendes Glied in der großen Kette der Menschenentwicklung, wie Jene. — Eben so, wenn Romulus nur fest glaubte an die Offenbarung des Gottes durch den Vogelflug, und jenes Augurium wirklich gehabt hatte, (nur wenn Eines von Beiden nicht war — war er ein Betrüger:) so wußte er es gar nicht anders, als daß Gott ihn berufen und bevollmächtigt habe, und Keiner, der denselben Glauben an Offenbarung hatte, konnte es ihm abstreiten, sondern mußte überzeugt seyn davon, so wie er selber. Er hat zuerst den Gedanken gehabt, er den Gott gefragt, und dessen Bestätigung erhalten: nun steht es nicht mehr in seinen Gelüsten. Daß ein Anderer nachher noch frage, geht nicht; er hat den Gedanken eben nicht gehabt, und Gott antwortet nicht auf das schon Beantwortete. — Dies seine Berechtigung vor aller Welt: von Gottes Gnaden Erbauer und Beherrscher Roms.

Resultat: Der Staat und seine Verfassung eine absolut göttliche Anordnung: worüber nicht weiter zu grübeln, die den Verstand durchaus abweiset. Eine Glaubenssache für alle Welt: für die Stifter natürlicher Glaube, für die Untergeordneten Autoritätsglaube.

Welche Religion gab dies, und welchen Staat? (Hier die Grundzüge der gesammten alten Religion, des gesammten alten Staates.)

1) a) Gott hatte durchaus keine Beziehung auf die Menschen ausser mittelbar durch den Staat. Nur dieser für ihn da, als sein eigentliches Werk und Wille, sein Anliegen und Leidenschaft. Die Individuen nur in der Staatsordnung, als Glieder des Vereins, und als Mittel für dessen Zweck. Nach dem Willen Gottes war das Individuum untergegangen im Staate. (Was einige neuere Spitzköpfe sagten: Gott sehe nur das Ganze, nicht die Individuen; ist ächtes Alterthum. Gott dann kein sittliches Wesen, kein Weltschöpfer. *)

So alle Andeutungen der Gottheit bezogen auf den Staat. Wenn in meiner Heerde eine Mißgeburt erzeugt wird, wem wird es, wenn ich abergläubisch bin, Etwas bedeuten? Nach neueren Zeitbegriffen mir. Bei den Alten dem Staate, welchem die prodigia gemeldet werden mußten, und der sie procurirte (procurare). Die Arroganz, die Gottheit des Staates in seine individuellen Angelegenheiten zu mischen, verhaßt und verboten; (daher besondere Haus- und Familiengötter — Lares, Penates.) Unterschied zwischen religio und superstitio.

— Wo der Staat zu Grunde gegangen war, der Glaube an die Götter desselben aber noch fortdauerte, wie dies mit Aegypten und Judäa geschah; da erhielten die Götter solche Privat-Angelegenheiten. — Beide Völker in Rom dafür bekannt; aber diese peregrinae superstitiones verpönt, — die Chaldäer, Juden so oft vertrieben.

Die Konsequenz war, daß man durch Nachforschungen allerdings auch von diesen Göttern Etwas über die Staatsschicksale herausbringen könne: sie wichen den Beschwörun-

*) So erflehte bei den Persern der Opfernde nicht für sich von den Göttern Heil, sondern bloß für das Vaterland und den Herrscher: denn er selbst sey ja im Ganzen befaßt: ἐν γὰρ δὴ τοῖσι ἅπασι Πέρσῃσι καὶ αὐτὸς γίνεται. Herod. I, 132.

gen und Zauberformeln. Das sollten nun nur die thun, die dazu verordnet waren. Daher war es so sehr verpönt, und ein Majestäts Verbrechen, nach dem Leben der Cäsaren und dem Schicksal des Staats zu forschen. Ein solcher mußte Absichten einer Staatsumwälzung haben.

b) Dieser Gott nun nicht ein metaphysischer, sondern ein Erfahrungsbegriff: der Gott, der nach dem Glauben der Völker sich so und so bezeugt haben sollte durch wirkliche Lebenszeichen, Begebenheiten und Aeusserungen, worauf sich eben seine Offenbarung gründet: — wie nämlich gerade diese Aeusserungen im Glauben der Völker sich vorfanden. (Christen fällt diese Einsicht schwer, und verwirrt die Offenbarungsgläubigen.)

Nun werden diese Offenbarungen bei verschiedenen Völkern höchst verschieden seyn. — Die Einheit Gottes, im völlig abgezogenen bildlosen Begriffe, ist metaphysisch — die eigentliche Metaphysik selbst, und noch jetzt — Zeuge die neuesten Streitigkeiten — fällt es den Menschen beinahe unmöglich, sich dazu zu erheben. Die persönliche bildliche Einheit der Muhamedaner und Christen, den letztern eben nicht befohlen, ist eben kein Fortschritt des Verstandes. Jene weit davon entfernt: ein Göttliches überhaupt, bestimmt durch seinen Gegensatz mit dem Menschlichen; das sich nun gestaltete und personificirte, hier so, dort anders, durch seine Aeusserungen. Daher die Vielgötterei, d. h. die verschiedenen Erscheinungen des Einen Göttlichen, gegründet — durchaus nicht auf irgend eine Spekulation, sondern auf wahr geglaubte Geschichte. (Hinterher erst kam der deutende Unglaube; deutend, weil er nicht glaubte; der auch noch unter uns herrscht, — das Allegorisiren und Metaphysiciren. — Dies löst den bekannten mythologischen Streit. Widersprochen hat Voß richtig, nicht aber das Rechte an die Stelle gesetzt: selbst ungläubig, was ganz recht ist, nicht jedoch begreifend die Quelle möglichen Glaubens und Offenbarung.

Götter, wirkliche lebendige Naturen, die sich offenbart haben, und fortoffenbaren, leben und wirken.

2) Jeder glaubte nun natürlich am meisten seinem Gotte, hielt diesen für den mächtigsten; (versteckt für den wahren und einzigen.) Dazu hilft Selbstliebe und Selbstvertrauen. Jedoch konnte er den andern nicht geradezu abläugnen, mußte ihn indessen problematisch stehen lassen. Wie es damit stände, mußte sich finden. Jeder Gott nämlich hat die Tendenz zu werden der alleinige und rechte; das Werkzeug eines jeden sein auserwähltes Volk; welches drum besiegen und unterjochen wird die Andern, das wird den rechten Gott gehabt haben: der kapitolinische Jupiter bekriegt so den delphischen Apollo. — Drum der Sieg zugleich ein Sieg über die Götter, die herausgerufen wurden: doch mit Achtung behandelt, denn man konnte doch immer nicht wissen, ob sie sich nicht rächen könnten.

Dies läßt sich an einem merkwürdigen Beispiele darstellen.

Das Recht des Krieges und der Unterjochung war sonach ein göttliches Recht, sich gründend auf das Recht eines mächtigeren Gottes sich zu unterwerfen einen untergeordneten: darum auf Verschiedenheit der Götter. So zwischen Griechen und Persern; zwischen Römern und Griechen und allen übrigen Nationen; weil jene eigentlich eine neue Gottheit hatten. (Bei den Trojanern etwa nur war es anders; diese waren aber zum Glück untergegangen.) Die Hellenen dagegen hatten gemeinsame Gottheiten; (daher auch gemeinsame Spiele, Wettkämpfe, als deren gemeinschaftliche Verehrung: dies ihr eigentliches, natürliches Volksband.) Drum sie kein Kriegs- und Unterjochungsrecht gegen einander: — wohl aber das Recht der gegenseitigen Aufsicht, ob die gemeinsamen Stammgötter nicht zum Schaden des Ganzen von Einzelnen beleidigt würden: daher ihre heiligen Kriege. Der religiöseste Staat der Spartanische, der irreligiöseste der Athenische. Diese Einsicht giebt den wahren Grund von ihrer gegenseitigen Abneigung. Das erste Heilige, die Aristokratie beizubehalten, und die Achtung vor der Unabhängigkeit hellenischer Staaten war spartanischer Geist. Die Athenienser verwandelten die Aristokratie in Demokratie, um eine größere künstliche Macht zu haben, (eine Seemacht,) nach dem Princip, dessen Anwendung auch einen Charakterzug unserer gegenwärtigen Zeit ausmacht, daß dem bloß Regierten der Staat nicht eigene Angelegenheit ist, er drum für ihn nur thut, was er muß, dagegen der Regierende, was er irgend kann, und sich selber größer und reicher macht, um mehr zu können. Sie machten die Einzelnen frei, und nahmen sie auf in den regierenden Körper, um sie fleißiger im Diensteifer, aufopfernder und das Staatsganze reicher und nächtiger zu machen. Diese Macht nun gebrauchten sie zur Unterdrückung der Freiheit anderer hellenischen Staaten, welche Operation, nach ihrem richtigen Principe, allemal von Einführung der Demokratie ausging. — Im entgegengesetzten Geiste die Spartaner, die mit ihrer natürlichen Macht und der ihrer Bundesgenossen sich begnügten, und nichts von ihnen begehrten, als die Ehre der Oberanführung. — Daher jene Abneigung, daher der peloponesische Krieg, daher die Partheilichkeit der großen, selbst atheniensischen Schriftsteller gegen sich selbst für die Spartaner; *) daher die Niederlagen Athens; daher endlich die

---

*) So besonders Xenophon (s. de republ. Lacedaem., verglichen mit: de republ. Atheniens.) Thukydides (L. I. c. 18 u. s. w.) auch Platon (de Legg. u. de Republ.) und Aristoteles (Polit. L. II. c. 6. II.) u. s. w.

Schwächung des Ganzen, bis sie zuletzt einer Gewalt anheimfielen, die durch gar nichts begeistert war, als durch die klare verständige Berechnung ihres Vortheils, der des macedonischen Königes Philippus, der jedoch bei allem dem, so wie sein Nachfolger, genöthigt war, die äussere Form unabhängiger Staaten stehen zu lassen.

Die Staaten des Alterthums drum Theokratien; das Volk Werkzeug Gottes, der seine Macht und Oberherrschaft offenbaren will, ausgehend auf ein Universal-Reich. Vom römischen Staate aus wurde der Zweck so ziemlich erreicht. An dem jüdischen Staate sieht man es ein, weil dies ein künstlicher, der Natur nachgeäffter Staat war, gleich nach dem Begriffe erbaut; (weswegen es in der Wirklichkeit auch niemals zu ihm kam:) sehe man es an den Naturstaaten des Alterthums nur auch ein, so wird auch über das Andere das Licht aufgehen, und man wird begreifen, was uns in der Regel so unbegreiflich ist. (So z. B. den Grund römischer Größe — ihr Glaube, ihre Religiosität: [darin ist Livius viel werth.] Diesen Grund führen römische Schriftsteller selbst an. Warum hat man sie denn nicht zu verstehen gesucht?)

II. Was der Staat? — Zuförderst: die Grundlagen desselben die oben beschriebenen unsterblichen Familien, als die Bestandtheile, aus denen er sich zusammensetzte, die Stämme; zugleich das Vehikulum und die Gewährleistung der Erziehung der folgenden Geschlechter zu Menschen. (Dies läßt sich durchaus nicht trennen, ohne die Volkserziehung an die Stelle zu setzen: auf diese kommt man aber nicht, ohne den Verstand als das Höchste zu setzen, der durch das absolute Glaubensprincip eigentlich ausgeschlossen war und verpönt.) Unter diesen Stämmen nun der Unterschied zwischen den Regierenden und Regierten; wie er nun eben festgesetzt war, als durch göttliches und absolutes Recht bestimmt, worüber kein Grund weiter anzugeben.

Aristokratie: — Erinnern Sie sich an die Griechen. Veränderung der Verfassung in diesem Punkte, Vergehen an den Göttern. Alle ihre großen Schriftsteller dieses Geistes. Platon meint nur, man solle die Lehre von den goldenen und silbernen Geschlechtern dem Volke beibringen, um doch ihrem einmal aufgeregten Verstande Etwas hinzugeben; nicht daß er selbst es geglaubt hätte: sein Glaube war ganz ein anderer. Aristophanes; nur im Namen der Religion und gegen Gottlose konnte er sich das erlauben: die ganze griechische Tragödie ganz ausdrücklich dazu bestimmt, den unbedingten Glauben an den göttlichen Rathschluß zu predigen. (Wie viel ästhetischer Aberglaube, in dem die neuere Welt liegt, würde hinwegfallen, wenn man die angestaunten Erscheinungen unter den Alten, die wir gläubig wahrnehmen, historisch begreifen wollte, und etwa nebenbei auch seine eigene Zeit!) — Sokrates, indem er das Verstandesprincip bemerkbar machte, und diesen ansprach und bildete, und auf sittliche und religiöse Wahrheit richtete, griff das eigentliche Princip des Alterthums in der Wurzel an, und war auf dem Wege eine neue Zeit zu begründen. Den Sophisten, die mit dem Verstande nur spielten, Rednerkünste suchten, zu Täuschung in Privatprozessen u. dergl., den Naturphilosophen hätte es hingehen mögen. Ihm nicht. Sobald eine nur ein wenig ernstere, und das wahre Princip des Staates erfassende, und zur Herstellung desselben von den Spartanern, bei denen es nie untergegangen war, eingesetzte Regierung kam, wie die 30 Tyrannen, mußte er büßen. — Mysterien für die aristokratischen Stämme, die schon durch den Vortheil an die Verfassung gebunden waren: bei den Philosophen der Unterschied zwischen dem Exoterischen und Esoterischen: der erhabene Unwille Alexanders, als er die geheimeren Lehren der Philosophie vom Aristoteles bekannt gemacht sah: *) die Manier Platons. — Welcher christliche Philosoph dagegen wird Etwas wahrfinden und vortragen, von dem er nicht wünschte, daß es je eher je lieber Antheil des ganzen menschlichen Geschlechts seyn, und bis zu dem niedrigsten Volke sich verbreiten möge? Wo der Unterschied im Princip liege, davon zu seiner Zeit!

Unter den Regierten — Vertheilung der verschiedenen Arbeitszweige an die Stämme, so eben das ganze Kastenwesen bildend.

Endlich: der Mensch für sich ist Nichts, sondern nur der Bürger, und zwar nur als derjenige, und an der Stelle, welcher er zufolge seines Stammes zugehört. Wer drum kein Bürger ist, nicht in seinem Stamme umfaßt ist im Bewußtseyn des den Staat errichtenden Gottes, hat gar keine Rechte; er ist Sache des Gebrauchs, ein Eigenthum der Bürger, über dessen Besitz nun die Gesetze entscheiden, und ihn entweder als Gemeinbesitz mögen bestehen lassen, (bei den Spartanern z. B.) oder ihn an die einzelnen Bürger vertheilen. Sklaverei der Fremden, Besiegten u. s. f. — Diese daher keine Ehe, sondern nur contubernium (nach römischem Ausdruck;) keine Familie, denn sie gehörten selbst zur Familie des Herrn.

Scharf gefaßt durch den Gegensatz: Bei uns Grund der Rechte die Menschheit; diese drum auch Grund des Bürgerthumes, sie als das Höhere. Wie diese Ansicht in der Welt wirklich geworden, und in den allgemeinen Glauben eingetreten ist, davon zu seiner Zeit. Im Alterthume

*) „Du hast nicht wohlgethan," sind seine Worte, „die tieferen Lehren bekannt zu machen: denn wodurch werden wir uns fortan von den Uebrigen unterscheiden, wenn die Lehren, nach denen wir auferzogen worden, Allen gemeinsam sind?" S. Plutarchi vit. Alexandr. c. VII.

von Menschheit gar nicht, sondern nur vom Bürgerthume die Rede: dies allein Grund des bedingten Rechtes des Einzelnen, das nur von seiner Stelle gilt; also keinesweges Gleichheit der Rechte, selbst nicht des Bürgers. — Dieses Bürgerthumes Grund der die Person umfassende Wille des Gottes: wen dieser eben nicht umfaßt, hat kein Recht. — Daraus klar, wie der Thrazier, der Syrer in seinem Lande beim Bestehen seines Staates, Rechte hat; nicht wenn er in Rom ankommt. Da gilt der syrische, thrazische Gott und sein Wille Nichts, oder er ist überwunden und unterjocht, drum auch die Seinigen.

Um es an einem Beispiele des Gegentheils nachzuweisen: Ohne Zweifel bestand ein großer Theil der ersten Bevölkerung Roms aus entlaufenen Sklaven, Vertriebenen, und andern herrenlosen Menschen ohne Bürgerthum: diese wären nach dem gemeinsamen Begriffe jenes Weltalters auch in Rom ohne Bürgerthum geblieben. Wie erhielten sie es? Wie traten sie ein in den Begriff des kapitolinischen Jupiters? Antwort: durch das vom Romulus als seinem Bevollmächtigten, und in seinem Namen eröffnete Asyl, die Erklärung, daß wer in Rom sich anbaue, was er auch vorher gewesen sey, frei seyn solle und Bürger. In dieser Erklärung war es Jupiter selbst, der ihn zum Bürger aufnahm, mit den im Dekret liegenden Gerechtsamen. — Die eigentliche Stärke des Staates zusammengesetzt aus den anderwärts Bürgerschaftslosen. Dies Princip der Aufnahme dauerte fort: so Lucumo (Lucius Tarquinius,) und Attus Clausus. (S. Liv. 1, 34. 2, 16.)

(Dadurch Vorbild eines andern spätern Eräugnisses, das den Staat zerstören sollte; und dadurch die feindliche Tendenz gegen andere Staaten, die zu einem andern gewaltthätigen Akte, dem Weiberraube nöthigte, ihm die

Kenntniß seiner Lage recht aufdrang, und ihn nöthigte, zu siegen, oder unterzugehen.)

Scharfe Schilderung des Rechtsverhältnisses in der alten Welt. Rechte und gegenseitige Verbindlichkeiten durchaus nicht gleich, sondern höchst ungleich, zwischen den Bürgern bis herunter zur völligen Rechtslosigkeit der Sklaven, den Freien gegenüber. Diese Ungleichheit durch einen absoluten, nicht weiter begreiflichen Beschluß der Gottheit gesetzt, der sich eben offenbart hat in den bekannten Thatsachen. Und zwar hat der Gott in diesem seinen Rechte ordnenden Begriffe erfaßt die Väter der unsterblichen Stämme. Seit dieser Zeit nun behält jeder Stamm die Gerechtsame, die er ursprünglich hatte.

Für uns nun dies eine Nothverfassung, befestigt nur durch den Glauben daran: das bestimmte ungleiche Recht gründet sich eben auf einen bestimmten Offenbarungsglauben der Völker, und wird gehalten und Allen erträglich gemacht durch diesen Glauben; in seinen beiden Grundformen (als Natur- und Autoritätsglaube.)

(„Ich stehe an diesem Platze, weil es Gott so gewollt." Wie wir noch jetzt, eben so die Alten: so in der Komödie der Alten die Sklaven oft sich tröstend, wie unsere gemeinen Leute: wir können nicht Alle reich seyn, der arme Mann macht's wie er kann, u. dergl. Welch ein Grundunterschied jedoch sey in diesem Glauben der Alten, und dem der Neuern, an Gott, als den Urheber der Ungleichheit, werden wir zu seiner Zeit sehen.)

Ueber den Ursprung der Ungleichheit unter den Menschen — einst eine Preisaufgabe: Rousseau. (Sie geben dies jetzt nicht mehr auf: die draußen sind den Akademien über den Kopf gewachsen, und haben vor ihnen den Respekt verloren.) Sie denken aber Alle immer an Kunst; bei dem, was ihnen nicht ansteht, an List und Betrug: die Kunst kommt jedoch immer erst nach, — der Natur: drum erst als Natürliches nachzuweisen. — Nach uns die Ungleichheit ursprünglich: zwei Grund- und Stammgeschlechter. In der Vereinigung dieser Ungleichheit und der Unterordnung der Stämme konnte es sich freilich auf mancherlei Weise gestalten; dies aber wurde angesehen als eine unbedingte Verfügung des Nationalgottes, und erfaßt in diesem festen Glauben. — Die Gleichheit ist eine Aufgabe für die praktische Freiheit. Wie wir eben sagten: Fortgang der Menschheit vom Glauben zum Verstande sey Geschichte; eben so könnte man sagen: von Ungleichheit zu Gleichheit: denn das erste Resultat des die menschlichen Verhältnisse durchaus ordnenden Verstandes ist die Gleichheit in denselben, wie wir gesehen haben.

— Wohlgemerkt, — so verhielt es sich ursprünglich: allenthalben im Alterthume und ohne alle Ausnahme hat der Staat also begonnen. Wir haben — und dies ist eben der Vortheil einer verständigen Ansicht der Geschichte — den Staat des Alterthums überhaupt und schlechtweg geschildert. *)

(Dies

*) Es ist theils bekannt, theils läßt es sich beweisen, daß in den früheren Zeiten selbst in Griechenland mit der Aristokratie das Kastenwesen, ganz nach orientalischer Weise, verbunden war. Sogar von den Staaten des jonischen Stammes, namentlich von Athen, hat dies vor Kurzem ein gründlicher Alterthumsforscher erwiesen: erst Solon zerstörte mit der Aristokratie auch jenes, indem er ohne Unterschied des Stammes den Reichthum zum Maasstabe des Antheils an der politischen Gewalt machte: Klisthenes endlich vertilgte sogar die darauf deutenden Namen der Tribus (Ὅπλητες, Τελέοντες, Ἀργάδεις, Αἰγικορεῖς.)

(Dies prüfe nun Jeder und suche es anzuerkennen. Es will im Großen und Ganzen angesehen seyn. Was das Einzelne anbelangt, so kann man ebensowohl Belege dagegen, als dafür bringen: überhaupt diese nicht zählen! Es kommt nur darauf an, die Grundregel der Entwicklung zu fassen, — nicht todt die Anekdoten, sondern mit Leben das fortgehende Leben anzuschauen, was freilich nicht Jedem gegeben ist. Erstreiten läßt hierin sich noch weit weniger, als in der strengen Wissenschaft: dies ist schon Anwendung des Verstandes, des wissenschaftlich gebildeten.)

So indessen bleibt es nicht. Der Autoritätsglaube, gegründet auf's Imponiren, unterdrückt und betäubt nur die Untergeordneten. — Sie sind doch gleichwohl Bürger, und haben ihren Antheil an den allgemeinen Pflichten. Ueber dieses Besondere, in ihrem Umkreise Liegende den Verstand zu gebrauchen, untersagt ihnen der nur allgemeine Glaube nicht. Hier ist er nicht verschanzt, und giebt Blöße. Es kann nicht fehlen, daß die Regierten nicht häufig glauben sollten, bisweilen mit Unrecht, bisweilen auch wohl mit Recht, sie hätten Dieses oder Jenes besser verwaltet. So giebt sich ihnen der Unglaube an die Untrüglichkeit der Regenten von selbst in die Hände, besonders bei eigenem Leiden und Ungemach. (Um desto mehr, je mehr die Regierten für den Staat wirken, und für ihn dulden und tragen müssen: dies der durchgehende Maasstab. Ist der Staat im tiefen Frieden, oder giebt es eine eigene Kaste der Krieger, und die Regierten werden in die Werkstätten und an den Ackerbau verwiesen, so zeigt sich dies Alles weniger.) Jetzt verlangen sie Theil an der Regierung. Es beginnt der Streit der Demokratie mit der Aristokratie. Ist auf jene Weise der Glaube ein=

mal durchbrochen, so stellt sich ihnen die Einsicht, daß alle Glieder des Staats das gleiche Recht haben zur Theilnahme an der Regierung. In den leidenschaftlichen Verhandlungen darüber kann es nicht fehlen, daß, da mit Verstandeswaffen gestritten wird, die Aristokraten, wenn sie nur überhaupt auf dieses Feld sich begeben, vor sich selbst und in ihrer eigenen Einsicht besiegt werden, und nachgeben. — Erweiterung der Aristokratie; ein neues und zweites Geschlecht der Aristokraten, nicht durch den Willen Gottes, sondern durch die Konstitution des Staates. Diese Konstitution eröffnet nun mehr oder minder allen Bürgern die Möglichkeit des Eintritts in jenen Stand. — Bemerken Sie wohl den unterscheidenden Charakter derselben. Diese Veränderung in der Natur der Aristokratie — eine Hauptepoche hier tritt nämlich zuerst ein Verstandesprincip in Kraft, die Konstitution, gegründet auf Verstandesberechnungen. So das Ende der Theokratie. (Der Konstitution geht nothwendig eine Zeit des Staats voraus, wo sie noch nicht ist.)

Konstitution = Gesetz über Errichtung des regierenden Körpers. Errichtung, sage ich, Genesis. In der Theokratie ist er, und lebt unsterblich in den unsterblichen Stämmen.

Noch dies: Was bürgt für die Konstitution? Glauben an gegenseitige Treue, gebaut selbst auf Glauben an die Religiosität, durch Eid u. dergl. Denn welch ein höheres Gesetz gäbe es noch über die Konstitution? — Wer diesen Glauben verletzt, wird mit dem alten Worte ein Tyrann, mit dem neuen ein Usurpator genannt: ein Gewalthaber gegen die entweder deutlich ausgesprochene, oder in dem allgemeinen Glauben der Völker liegende Konstitution. — Tyrannen nur im Zeitalter der Konstitutionen.

(Das glänzendste und zum Glück uns zugänglichste und offen vor Augen liegende Beispiel dieses Krieges und seines Erfolges ist die römische Geschichte. Am Senate in seiner Erblichkeit, nach den Begriffen des Alterthums, war schon beim Beginne das Corps der Aristokraten festgesetzt und abgeschlossen: sie waren eine vermittelnde Macht zwischen den Königen und der plebs. Sie, nicht das Volk hoben die Königswürde auf; der erste Schritt zur Konstitution und Demokratie. Sie, — dem Volke wäre es auch nicht eingefallen. (Unsittlichkeit, Vergreifung an keuschen Matronen vermochte, was alle Tyranneien des Superbus nicht konnten. So wiederholte es sich nachher auch bei den Decemvirn. Nichts hebt den Glauben so gewaltsam auf, als thierische Lust der Gottgebornen.) Dies war nun Nichts weiter, als Vernichtung eines Gliedes der Verfassung, dessen Gewalt überging an den Senat. — Eben so erging es in Griechenland, ohngefähr aus den gleichen Gründen. Der trojanische Krieg und seine Eräugnisse stürzten das Königsthum. — Die Aristokratie war nun innerlich verändert, ihres persönlichen Einheitsbandes verlustig, an dessen Stelle ein inneres, konstitutionelles trat, z. B. Wahlgesetz, da zu den Königsrechten alle Aristokraten das gleiche Recht hatten. Nach aussen also, in Beziehung auf die plebs blieb sie politisch dieselbe: faktisch und historisch aber war das Verhältniß folgender Maaßen verändert.

Der sonst für's Leben bleibende geheiligte Ausfluß aller Gewalt vom Könige aus, fiel hinweg. Die Einheit ward zum bloßen Begriffe, dargestellt in wandelnden Personen, die ausserdem auch auf andere Art bekannt waren: (in denen die Majestät nur accidentell war, durch Zeit beschränkt, nicht substantiell ihnen beiwohnend.) Ein Mittelglied war aufgehoben, und das Höchste gränzte unmittelbar an das Niedrige.

Die Aristokratie war darum durch die Aufhebung des Königthumes geschwächt, d. i. der Glaube an sie sichtlicher dem prüfenden Verstande ausgesetzt. Außer andern Gründen erleichterten zu Rom den Angriff des letztern die größere Anspannung des Volks für den Staat in den beständigen harten Kriegen, sodann das tägliche Beisammenleben in Einer Stadt, und die mögliche genaue Beobachtung der Persönlichkeiten. — Er begann von Seiten der plebs mit Forderung persönlicher Freiheit und Schutz gegen Gewaltthätigkeit an den Personen, und hob in fortgesetzten Siegen sich bis zur Forderung der curulischen Würden, als der Theile der eigentlichen königlichen Gewalt, und der gemischten Ehen; mithin zur Forderung der Aufhebung alles Unterschiedes zwischen ihnen, der Aristokratie selbst, zur Forderung der Rechtsgleichheit aller Bürger durch die Geburt. — Bemerken Sie von der Einen Seite, zum sichtlichen Beweise der Wahrheit meiner aufgestellten Theorie: — Sie können dies Alles beim Livius nachlesen, dem unverdächtigsten Gewährsmanne, da er von unserer Theorie gewiß um die beinah zwei Jahrtausende entfernt ist, die zwischen uns liegen. — Die Gegengründe der wahrhaften, ächten Aristokraten religiöser Art: wie denn die Plebejer die Auspicien, Opfer, und alles Gottesdienstliche verwalten könnten; ob denn zu diesen die Götter redeten, diese für sie überhaupt da seyen, und sie von ihnen wüßten? Die gemischten Ehen — wie Vermischung mit Thieren. — Die Geschlechter (die göttlichen) würden dadurch ungewiß. Kurz: ausdrücklich nicht als ein Vergehen gegen sie, die Aristokraten, sondern als Auflehnung gegen die Götter. Da eben der reine Glaube, der auch den Andern angemuthet wird, als anerkannt und offenbar. Wie der Plebejer, dem natürlichen Verstande folgend, dies gerade ergreift, um die Aristokraten verhaßt zu machen: da höre man es; sie schlössen sogar die plebs aus von den gemeinsamen Göttern.

(Ich selbst habe in früherer Jugend dies oft mit Erbitterung gelesen: und so jeder Neuere, selbst der erklärteste Aristokrat. Alle moderne Aristokratie der Gesinnung nur ein Schatten gegen die alte! Woher dies, davon zu seiner Zeit. — Aber ich bitte: dachten diese Männer etwa boshafter Weise sich nur so Etwas aus, rein aus den Fingern es saugend; und warum fürchteten sie nicht, daß alles Volk sie steinige; und warum steinigte sie dieses nicht in der That, — oder schickte sie in's Tollhaus? Wie es, wenn wir nicht so gar zahm wären, heute gewiß Jedem erginge, der eine solche Lehre von sich hören ließe. — Nein; sie mußten es wohl selbst fest glauben, mußten auch wissen, daß alle Welt wenigstens die Prämissen dieser Schlüsse fest glaube. Sie waren nicht die Neuerer, sondern die Alt- und Recht-Gläubigen: die Neuerer, Ketzer und Freigeister waren in der That ihre plebejischen Gegner.)

Bemerken Sie sodann von der andern Seite, daß, nachdem nicht nur durch die Kraft des Volkes, sondern durch den Uebertritt mehrerer der Aristokraten zur Ueberzeugung dieser Parthei, die Neuerer gesetz- und konstitutionsmäßig ihre Forderung durchgesetzt hatten, und das Konsulat z. B. aus den plebejischen Stämmen besetzt werden durfte, dennoch der alte Volksglaube so festhielt, daß sie von dieser Verstattung keinen Gebrauch machten, sondern fortfuhren nur aus den Patriziern zu wählen; so daß ihre Gegner, entschlossen die Revolution durchzusetzen, genöthigt wurden, eine andere höhere Obrigkeit, tribunos militares consulari potestate mit vier, fünf, sechs und mehreren Theilnehmern zu ernennen; daß Einer der Konsuln ein Plebejer seyn müsse, um die curulischen Würden nur an sich zu bringen: und dies, während menschlicher Ansicht nach die plebejischen Konsuln und Diktatoren mit eben so viel Glück und Kraft den Staat verwalteten. (Livius nennt dies Mäßigung. Persönliche Rücksichten auf die Patrizier aber waren es sicher nicht; sondern es war religiöser Glaube. Doch welch ein unbilliges, der Majestät des wählenden Volkes selbst Eintrag thuendes Gesetz, nach welchem es gar wohl erlaubt war, zwei plebejische Konsuln zu ernennen, durchaus aber nicht zwei patrizische!)

— Ferner, wie, nachdem nur dieser Satz des Verstandes sich geltend gemacht hatte, man hinterher das Gesetz einschlafen ließ, und gewöhnlich nur aus schon senatorisch gewordenen Stämmen wählte; also, daß Cicero zu seiner Zeit es als ein seltenes Wunder preisen konnte, daß er als novus homo das Konsulat erlangt habe, da doch schon Jahrhunderte vor seiner Geburt alle Jahre wenigstens ein novus homo zum Konsulate erhoben werden mußte.

Bleiben wir stehen bei der Römischen Geschichte, um sogleich am Beispiele den Fortschritt von jenem Siege des Verstandes und den berechneten Konstitutionen aus, darstellen zu können.

Ich behaupte: Mit dem Einschlafenlassen jener Gesetze für die Anwendung ging der alte Staat zu Grunde, und bewies seine innere Erstorbenheit.

1) Der Analogie nach, wie der Senat das Königsthum stürzte, das Volk den Senat besiegte, so hättten auch die Sklaven die Bürger. Dazu konnte es nun nicht kommen innerhalb des Bürgerthumes, da jene gar nicht Bürger waren. Dazu bedurfte es anderer erweiternder Principien, und einer tiefer greifenden Umkehrung der Begriffe, zu der es später auch kam. — Nachdem also die Bürger gesetzliche Gleichheit der Rechte errungen hatten, war der Fortschritt der alten Geschichte geschlossen. —

2) Wie aber erstarben sie: und warum folgte aus jener Revolution nicht, was man hätte erwarten sollen? Aus folgenden Gründen:

— Der Verstand will Recht haben, und behalten, sich nicht für Unverstand, oder für ungültig ausgeben lassen.

So weit begeistert er zur feurigen That. Wenn man ihm nun sein Recht widerfahren läßt, ist er befriedigt, und hat in sich unmittelbar keinen thatbegründenden Trieb. Er ist spekulativ und betrachtend. Soll durch ihn das in der Erkenntniß Durchgesetzte auch im Leben errungen werden, so müssen mit ihm andere Antriebe sich vereinigen. Welche? Zuerst — was ihn auch vornehmlich entwickelt — die Sorge für persönliche Sicherheit und Wohlseyn. Diese treibt unmittelbar; ist sie aber ohne seine Dazwischenkunft befriedigt, so bleibt er ruhig. — Auch noch ein Anderes: der praktische Trieb, — den wir Kunsttrieb nennen möchten, die Liebe zur Gestaltung des Verstandesgebildes rein um des Gestaltens willen. — Tritt ein bei einer sehr hohen und sehr verbreiteten Ausbildung des Verstandes, und bei einer hohen Sicherheit und Ruhe des persönlichen Daseyns, und gehört nicht hierher.

In Rom nun war die Sorge für das persönliche Wohlseyn befriedigt nach jenen Siegen durch höchst begünstigende Gesetze: eher konnten die Plebejer die Vornehmen plagen, und thaten es. Auch durch die Eroberungen wurde ihre Ruhe nicht gefährdet; aus diesen Einkünfte und Truppen, ohne die souverainen Bürger der Hauptstadt zu belästigen, die Nichts begehrten, denn panem et circenses. — Mithin: jene Sätze galten gesetzlich; Keiner leugnete sie. Doch wirklich zu regieren? Dies konnte sie nur inkommodiren; so hatten sie es besser. Der Staat war ihnen ein Fremdes, wie Tacitus später sagt. — So bei dem großen Volke; — der Verstand kein treibendes Princip.

Bei den Aristokraten der Glaube, und die Begeisterung daran veraltet, erbleicht, verschwunden: drum auch in ihnen kein Antrieb für den Staat zu wirken. Der Staat ist Keinem mehr Gegenstand und Angelegenheit: weder um in ihm seine eigenen Angelegenheiten zu bedenken, weil diese schon bedacht sind, noch um in ihm das Werk des

Gottes zu treiben, weil dieser den Gedanken entschwunden ist.

Was wird nun das Augenmerk? Das persönliche Wohlseyn. Was dadurch der Staat? Das Gehege, innerhalb dessen wir sicher sind. — Es tritt in die allgemeine Denkart die Ansicht ein: der Genuß des Lebens — Zweck des Lebens; der Staat nur das Mittel dazu; kurz ganz und gar dasselbe System, das wir oben geschildert haben. Ehemals ist es da gewesen, jetzt wieder da.

Der Staat Mittel; dies auf eine doppelte Weise: zur Erhaltung des Erworbenen, und — um zu gewinnen, durch das Regieren selbst zu verdienen, weil man es sich gut bezahlen läßt. Das Erste für das Volk, das Zweite für die Vornehmen. Steht es auch dem Volke offen, so wissen diese doch nicht so Bescheid; sie würden auch mit ganz andern Mitteln von der Habsucht und Raubgier abgewiesen werden. Diese, sich verbergen müssend, erlaubt sich auch verborgene krumme Wege, nicht mehr fechtend blos mit den Waffen des Verstandes. (So ihre Vaterlandsliebe, wie ein Engelländer sagt, gleich der Liebe zum Rinderbraten; Jeder schneidet davon sein Stück!) — Dem Staate nun erging es in der Regel so: der Vornehme wollte allerdings die Staatswürden verwalten, die Heiligthümer u. s. f. innehaben; (ihrer im Herzen lachend; siehe Cicero!) aber nicht um ihrer selbst willen, sondern um Prokonsulate, Proprätturen zu erhalten, und in diesen die Provinzen zu plündern; diese vielleicht auch tapfer erobernd, und vertheidigend, wie der Räuber seinen Raub: — weil jenes Erste die Bedingung, das Letzte der Lohn war. Die Plebs, durch die Wohlfeilheit der Lebensmittel, die öffentlichen Spiele, Triumphe, Gerichte, Wahlversammlungen abgehalten und beschäftigt, begehrte nichts weiter.

Zeitalter des Luxus: dessen Princip richtig erfaßt: das irrdische Leben und sein Genuß letzter Zweck, nicht Mittel; alles Andere nur Mittel dazu. Aus diesem folgt dann das Uebrige. — Die römischen Schriftsteller, Livius, Sallustius setzen offenbar darein den Verfall des Staats von der ehemaligen innern Stärke und Ehrwürdigkeit: luxuria perditi mores. — Nicht gerade die große Schwelgerei; darauf kommt es nicht an. Wir sind nicht so, weil wir die Mittel dazu nicht haben, auch nicht die physische Kraft; sind aber nicht um ein Haar besser. Jenes Princip, als das Leben=bestimmende, macht es aus! — Diese Denkart nun ist nichts Positives, Ursprüngliches. Wäre dies, wie sollte der Mensch zu etwas Besserem kommen! Sie ist die negative. Wenn die Sittlichkeit, die eigentliche Kraft des Verstandes, die Kunsttriebe, die Religion verfällt, so tritt sie ein. Der Mensch muß irgend einen Mittelpunkt haben, auf den er Alles beziehe. Ist ihm alles Andere entzogen, so bleibt er sich selbst in seinem sinnlichen Daseyn. Dies ist ihm das Sichere, denn es ist das Allerletzte und Schlechteste. Livius hat es wenigstens gefühlt: der Verfall aus der Verachtung der Götter. Woher nun aber diese? Haben die Altvordern sich boshafter Weise vorgenommen, sie zu verachten? — Es war nothwendig, nach dem Gesetze der Zeit, durch den Angriff des Verstandes, der erst nach Jahrtausenden die Kraft gewinnen sollte, das scheinbare Uebel wieder gut zu machen, und an die Stelle der verschwundenen Theokratie eines praktischen Gottes zu setzen das Reich des wahren und ewigen Gottes.

Zeitalter des Eigennutzes, herbeigeführt durch den im Streite über Konstitution erschütterten Glauben, indeß der Verstand selbst keine begeisternde Kraft hat. Dieser letztere wird nun zum Berechner des Vortheils: — Aufklärung. —

Wenn es nun einmal dazu gekommen ist nach diesem Principe, daß eigentlich gar Keiner mehr für den Staat, sondern Alle nur für sich selbst sich interessiren: wie kann der Staat fortdauern, leben und sich regen, vielleicht seine größte Wirkung nach aussen haben seit dieser Zeit, wie in Rom es doch geschah?

Es tritt vielleicht ein Genialität: Begeisterung und Getriebenwerden durch das bewußtlose religiöse Princip.

1) Man hält dies für ein Zeichen einer guten Zeit: um es umzukehren, begreifen Sie es als Zeichen einer bösen, verfallenden. In der guten Alle ohne Ausnahme begeistert vom Willen Gottes, und sich erfassend als sein Werkzeug. Da ist's keine Merkwürdigkeit; wird es gar nicht bemerkt: ein solcher kein Genie, denn Einer eben wie Alle. Denken Sie das Urvolk. — In der schlechten Zeit Alles versunken; aber ein Einzelner; da ist's Wunder! Livius bemerkt es als ein Besonderes in den punischen Kriegen, daß, welchen man auch herausgegriffen, Alle den Staat gleich gut geführt. Dies als ein Eigenes gepriesen: ein Senat von Königen; im Vergleiche mit dem Auslande. Später, hätte man dem Marius, Sulla, Pompejus, Cäsar, Antonius, Oktavian jeden Ersten Besten aus dem Haufen gegenüberstellen können, wären sie denn das geworden, was sie waren? Vergleichen Sie nur ihre Zeitgenossen, die öffentlich geschändeten Räuber (Verres) Gauner, Wucherer, Gesetzverdreher und Umgeher, — Bestechende und Bestochene, gänzlich aufgegangen im schaamlosesten Eigennutze. Sie nicht groß an sich; in jene alten Zeiten versetzt, der Mittelstab: groß nur durch die Kleinheit der Umgebung.

2) Das religiöse Princip, bewußtlos wirkend: es bleibt übrig für's erste in der Sprache: ergreift so das jugendliche Gemüth und entzündet da die Flamme. — Diese Genialität folgt auf ein praktisch religiöses Zeitalter,

und kann sich verstecken in Bildern der Nationalgröße, der Nacheiferung, des persönlichen Ehrgeizes. — Sie erzählen, daß den Themistokles die Thaten des Miltiades nicht schlafen ließen. Ich bitte, waren denn die Thaten an der Schlaflosigkeit Schuld, oder Etwas im Themistokles selbst? Wenigstens tausend Philister zu Athen wußten sie eben so gut; tausend Philologen nicht minder. Warum denn diese nicht? Ei, dabei konnte man um seine gesunden Gliedmaßen kommen; ich lobe mir meine Ruhe und Bequemlichkeit, und mein Ordinäres an Speise, Trank, und Schlaf. Was will der Mensch mehr! — Nein, ihm standen solche Thaten da als das, was schlechthin seyn solle, und ausser ihm Nichts, als Bestimmung des Menschen, als das Einzige, was ihm Werth giebt: was ist denn dies nun, als das Göttliche im Menschen? — Dies die Prämisse, entwickelt, wer kann wissen, wie? Die Thaten des Miltiades waren nur das Bild, in dessen Beurtheilung sich jene tiefere Prämisse zeigte.

Durch dieses über die Eigennützigkeit sich erhebende Princip der genialen Begeisterung wurde in den letzten Zeiten der römischen Republik die Welteroberung (des Reiches des alten politischen Gottes) vollendet, und Alles unterworfen dem Jupiter Kapitolinus.

Welche Folge dies für den Kulturstaat überhaupt hatte, davon sodann, nachdem ich erst die angegeben, welche es innerlich gehabt.

Der Geniale, der allein zu regieren versteht, will es auch allein; die, so es nicht verstehen, besonders, wenn nur für das, was allein sie begeistert, für ihre persönliche Sicherheit und Wohlseyn gesorgt ist, können nicht widerstehen, noch wollen sie; der Staat geht aus der Demokratie wieder über zur Oligarchie und Monarchie, — und endet hierin seinen Lauf: eine zweite ganz andere Herrschaft der Genialen, dort der Gottgesandten. Jener Recht das des geistig stärkern. Dort das Opfer der Gleichheit dem göttlichen Willen, hier, das der schon errungenen der eigenen Faulheit, Feigheit, Nichtswürdigkeit gebracht. — Theokratie — Geniokratie. — (Nach Tacitus — Müdigkeit, also Feigheit: incuria reipublicae ut alienae: „Wen geht der Staat Etwas an, wenn ich nur sicher bin meines Lebens und meine Nahrung habe, was will ich mehr! Ich halte es wenigstens für reichlichen Gewinn, für Jenes nicht sorgen zu müssen.“)

So der Ursprung der zweiten Monarchie — durch Genialität: aber nicht jede so fortgesetzt; denn: 1) Einem religiösen Zeitalter folgt das geniale. Der größte Theil der Zeitgenossen der Genialen durchaus gemein, also ohne Heiliges. Diese letztern selbst, obwohl ohne ihr Bewußtseyn getrieben durch das Göttliche, können in dem, was zum Bewußtseyn kommt, sehr profan und gottlos seyn; sind es auch gewöhnlich, als Kraftgenies. In einem solchen Zeitalter verstummen drum alle religiösen Anklänge, werden zu Einem, dessen man sich in guter Gesellschaft schämt. Da drum keine mehr umherfliegen, so können auch keine mehr herabfallen und zünden in jungen Gemüthern. Sprache und Begriff des Zeitalters gehen ganz auf mit der Sinnenwelt, und mit der Berechnung derselben durch den Eigennutz.

2) Ist es auch nicht nöthig. Es darf nur eine Form, die den abgegangenen Herrscher ersetzt, gefunden werden, und da findet sich ja aus der Ur-Monarchie die Erblichkeit im Stamme: und so wird ein solches dem Staate entfremdetes Volk sich sogar freuen, daß es auch mit Wahl und Ernennung keine Sorge habe, sondern daß sein Herrscher ihm im Wege der Natur ohne sein Zuthun geboren

werde, wie ohne sein Zuthun die Sonne ihm aufgeht und untergeht. (Bemerken Sie, daß diese Erblichkeit hier künstlich konstitutionirt ist.) — Wie nun einem solchen Staate sich solle aufhelfen lassen, ist durchaus nicht begreiflich: in ihm ist das Leben erstorben. Hat er keine auswärtigen Feinde, so kann er als dieses corpus mortuum fortdauern. Der erste Anfall derselben aber wirft ihn sicher über den Haufen. —

In dem eigentlichen Bürger die Religion aufgegangen in Sinnlichkeit. —

Aber das Bürgerthum umfaßte nicht die Menschheit: denn im römischen Reiche 1) Sklaven: zum Theil mit hoher Ausbildung des Verstandes, — Künstler, Räthe, Freunde, Erzieher der Herrn. — Diese hörten von der Gottheit, von Heiligkeit: sie selbst sollten keinen Theil daran haben. 2) Alle die unterworfenen Völker: ihre Voreltern verehrten einen starken und mächtigen Gott. — Wo ist er hin? Ist er todt, oder hat er uns verstoßen? 3) Das gesammte weibliche Geschlecht: unmittelbar auch ausgestoßen — nur Mütter der Kinder, nicht Bürger. Dennoch hörten sie davon, hatten zugleich die höchste Empfänglichkeit. Der Mann durch Thaten zerstreut: sie ruhend, bedürfend einer Liebe und Theilnahme: — superstitiös, so daß sie fast nicht zu bändigen waren. Sie auch hernachmals bei Verbreitung des Christenthums die ersten, und Allen voraus! — Es hatte sich gegen den Anfang der römischen Weltherrschaft überall verbreitet ein Erschrecken über die Sünde und Unheiligkeit, und ein angstvolles Streben in das Bewußtseyn, den Schutz, die Liebe einer Gottheit aufgenommen zu werden: durch alle Mittel. So Einweihung in die ägyptischen, persischen, griechischen Mysterien: die Judengenossen; die Summe des Geldes, die aus allen Ländern im Tempel zu Jerusalem aufgehäuft war. Jeder, der so etwas versprach, willkommen. — Dieser Durst nun sollte auf eine ganz andere Weise befriedigt werden, wie er auch das Gelingen dieser Weise vorbereitete: ein Durst, der nur zweimal also sich zeigte in der Geschichte; damals, und zur Zeit der Reformation, und der zum drittenmale dereinst noch wiederkommen wird in einer andern Gestalt. —

Neuere Geschichte! Die Berechtigung zu dieser Trennung muß uns gegeben werden durch einen absoluten Gegensatz beider; diesen:

Die alte Welt hatte zum letzten Principe einen mit absoluter Willkühr das gesellschaftliche Verhältniß der Menschen ordnenden Gott: — nach Uns, damit überhaupt ein solches Verhältniß sey, als das schlechthin nothwendige für Sichtbarkeit der Freiheit. — Das Resultat dieses göttlichen Willens war drum ein gegebenes Seyn: — eines geordneten Menschengeschlechtes eben; denn vom Seyn einer objektiven Sinnenwelt ist da noch gar nicht die Rede.

Das Gegentheil: ein Gott, dessen Wille durchaus nicht geht auf ein gegebenes Seyn, sondern auf ein solches, das da seyn soll, — auf ein Werdendes, in alle Ewigkeit, und seyn soll nicht aus irgend einer Willkühr Gottes, sondern zufolge seines innern Wesens: dessen Wille drum, falls er absolut gesetzt ist, schlechthin ausser sich setzt absolute Freiheit: der drum für sich gar kein Seyn seines Objekts begründet, indem, falls es zu einem solchen Objekte kommen sollte, dieses nur durch die ausser ihm, und nicht als die seinige gesetzte Freiheit möglich ist. Die Freiheit ist also die absolut sichtbare Substanz, als Sichtbarkeit — Bedingung des Gesehenwerdens — des göttlichen Willens, d. i. des innern Wesens Gottes, seines Bildes. Nur in der Form der Freiheit ist Gott sichtbar, — wie er überhaupt sichtbar ist, im Bilde, im Gesichte! *)

Unmittelbar ist also Gott nur sittlicher Gesetzgeber: aber in der Form der Sichtbarkeit: drum mittelbar Urheber dieser Form selbst, d. i. der Welt, **) (innerhalb dieser Form, d. i. im Bewußtseyn.) Kurz, unsere oben vorgetragene Lehre von der Freiheit.

Ganz dieselbe ist aber die des Christenthums und dies drum das gesuchte Princip der neuen Geschichte; nur daß sie bei uns dasteht absolut, ausser allem historischen Zusammenhange, und anfangend als die einzige; (wie sie selber dies faktisch zu seyn vermag, davon geben wir, als Philosophen, in reiner Wissenschaft keine Rechenschaft, indem wir sie als faktisch — als zufällig, ausser der auch noch eine andere möglich sey, — gar nicht denken: hier werden wir zu seiner Zeit auch auf diesen Punkt merken müssen) im Christenthume dagegen als ein Faktum, ablösend und aufhebend eine andere Lehre, und durch diesen Gegensatz bestimmt in ihrer Form. — Unsere Betrachtung desselben als

---

*) Denn der Herr ist der Geist; wo aber der Geist des Herrn ist, da ist Freiheit. 2. Corinth. c. 3. v. 17. Wer mich siehet, der siehet den Vater. Wie sprichst du denn: zeige uns den Vater. Johannes c. 14. v. 9.

**) Herr du bist würdig zu nehmen Preis und Ehre und Kraft; denn du hast alle Dinge geschaffen, und durch deinen Willen haben sie das Wesen, und sind geschaffen. Offenbarung Johannis c. 4. v. 11.

als solchen Gegensatzes dürfte freilich in den gewöhnlichen Ansichten darüber Vieles ändern. —

Obiges giebt den Begriff des Himmelreichs, im Gegensatze des Reichs von dieser Welt. Dies die Grundansicht des Christenthums: dieser Gegensatz erscheint allenthalben als der eigentlich charakteristische. *)

Dadurch wird geändert 1) die stehen gelassene Ansicht von Gott. Dieser ist nach dem Alterthume ein qualitativ unbegreiflicher Geschichts- und Natur-Anheber: — nach unserer Weise angesehen, grundlose Willkühr, der man sich fügen muß: eine Zwangsgewalt. Nach dem Christenthume, ein durch sein innres Wesen bestimmtes Heiliges, ohne alle Willkühr. **)

2) Die Ansicht von der Menschheit. Diese stimmt mit dem göttlichen Willen überein nicht durch irgend ein gegebenes Seyn, ***)

---

*) Das Christenthum heißt drum schlechtweg das Evangelium vom Himmelreich. Matth. c. 13. v. 11 u. 19 c. 9. v 35. c. 10. v. 7. c. 4 v. 17 u. 32. Lukas c. 4. v. 43. c. 8. v. 1. c. 9. v. 11. Marc. c. 1. v. 14. c. 4 v. 11. u. s. w.

**) Das Gesetz ist durch Mosen gegeben, die Gnade und Wahrheit ist durch Jesum Christum geworden. Joh. c. 1. v. 17. Gott hat uns wissen lassen das Geheimniß seines Willens. Ephes c. 1. v. 9 Gott ist ein Licht, und in ihm ist keine Finsterniß. 1. Joh. c. 1. v. 5. Denn Ihr habt nicht einen knechtischen Geist empfangen, daß Ihr Euch abermal fürchten müßtet, sondern Ihr habt einen kindlichen Geist empfangen, durch welchen wir rufen: Abba, lieber Vater. Römer c. 8. v. 15. Desgl. 1. Joh. c. 4. v. 16 u. 18. 2 Thimoth. c. 2. v. 7. Galat. c. 3. v. 13 Römer c. 2. v. 2. u. ff. c. 3. v. 4. 1. Petri 1. 16.

***) Da antworteten ihm die Juden: wir sind Abrahams Saamen, sind niemals Jemandes Knecht gewesen, wie sprichst du denn: Ihr sollt frei werden? Jesus antwortete ihnen und

sondern durch ein Thun: *) ist also schlechthin frei: **) metaphysisch: Jeder soll thun nach seinem eigenen Begriffe, ***) zwischen welchem und dem Willen Gottes durch-

---

sprach: Wer Sünde thut, der ist der Sünde Knecht; wenn Ihr Abrahams Kinder wäret, so thätet Ihr Abrahams Werke; Ihr thut Eures Vaters Werke. Da sprachen sie zu ihm: Wir sind nicht unehelich geboren; wir haben Einen Vater Gott, Jesus antwortete ihnen: Wer von Gott ist, der höret Gottes Wort: darum höret Ihr nicht, denn Ihr seyd nicht von Gott. Johannes c. 8. v. 33. 34. 39. 41 bis 47.

*) So wir sagen, daß wir mit Gott Gemeinschaft haben, und wandeln in Finsterniß, so lügen wir, und thun nicht die Wahrheit. 1. Joh. c. 1. v. 6. Seyd aber Thäter des Wortes und nicht Hörer allein, damit Ihr Euch nicht selbst betrüget. Jakob. 1. 22. Gott wird richten einen Jeglichen nach seinen Werken. Römer 1. 6. Sintemal vor Gott nicht die das Gesetz hören gerecht sind, sondern die das Gesetz thun, werden gerecht seyn. Römer c. 2. v. 13. Desgl. Römer c. 2. v. 6. u. ff. 1. Joh. c. 5. v. 3. 2. Joh. 4. 6. Ephes. 2. 10. 1. Corinth. c. 4. v. 20. u. s. w.

**) Denn auch die Kreatur frei werden wird von dem Dienste des vergänglichen Wesens zu der herrlichen Freiheit der Kinder Gottes. Römer c. 1. v. 6. Und werdet die Wahrheit erkennen, und die Wahrheit wird euch frei machen. Joh. 8. 32. So euch der Sohn frei macht, so seyd ihr recht frei. ibid. 36. Desgl. Römer 8. 21. Desgl. ibid. v. 2. Das sind die zwei Testamente, eins von dem Berge Sinai, das zur Knechtschaft gebieret, und langet bis gen Jerusalem, das zu dieser Zeit ist, und ist dienstbar mit seinen Kindern. Aber das Jerusalem, das droben ist, das ist die Freie, die ist unser aller Mutter. Galat. c. 4. v. 24—26. Desgl. c. 2. v. 19. u. c. 5. v. 1.

***) Wer aber durchschauet in das vollkommene Gesetz der Freiheit, und darinnen beharret, und ist nicht ein vergeßlicher Hörer, sondern ein Thäter; derselbige wird selig seyn in seiner That. Jakob. c. 1. v. 25.

aus kein Mittelglied eintreten darf: *) er hat drum keinen Herrn ausser physisch sich selbst, sittlich Gott: **) ist also auch politisch frei und unabhängig von jeder Obergewalt. Menschheit ist Nichts, denn diese mit dem göttlichen Willen übereinstimmen sollende Freiheit. ***) Darin besteht ihr – der Menschheit – Wesen. Schlechthin Alles daher, was Mensch ist, ist gleich in Absicht der Freiheit: †)

---

*) Und soll nicht lehren Jemand seinen Nächsten, noch Jemand seinen Bruder, und sagen: Erkenne den Herrn; denn sie sollen mich alle kennen von dem Kleinsten an bis zu dem Größesten. Ebräer 8. 11.

**) Denn das ist der Wille Gottes, daß Ihr mit Wohlthun verstopfet die Unwissenheit der thörichten Menschen, als die Freien, und nicht, als hättet Ihr die Freiheit zum Deckmantel der Bosheit, sondern als die Knechte Gottes. 1. Petri 2. 15. u. ff. Bist du ein Knecht berufen, sorge dir nicht; doch kannst du frei werden, so brauche deß viel lieber. Denn wer ein Knecht berufen ist in dem Herrn, der ist ein Gefreiter des Herrn; desselbigen Gleichen, wer ein Freier berufen ist, der ist ein Knecht Christi. Ihr seyd theuer erkauft, werdet nicht der Menschen Knechte. 1. Corinth. c. 7. v. 21 — 23. Desgl. Offenb. Joh. c. 22. v. 8—9. Galater 5. 13.

***) Du sollst Gott lieben, deinen Herrn, von ganzem Herzen, von ganzer Seele, und von ganzem Gemüthe. Matth. 23. 37. In Gott leben, weben und sind wir. Apostelgesch. c. 17. v. 28. Wer aber dem Herrn anhanget, der ist Ein Geist mit ihm. 1. Corinth. 6. v. 17. Wir wissen aber, daß wir Gott gleich seyn werden. Denn wir werden ihn sehen, wie er ist. 1. Joh. c. 3. v. 2. Desgl. Römer 14. v. 7 u. 8. Epheser 2. v. 22. Philipper 2. 13. Römer 6. v. 13. Matth. 10. 20. Joh. 3. 27. c. 6. v. 57. Joh. 17. 21.

†) Denn es ist kein Ansehen der Person vor Gott. Röm. c. 2. v. 11. es ist Aller zumal Ein Herr, reich über Alle, die ihn anrufen; denn wer den Namen des Herrn wird anrufen, soll

das Christenthum drum das Evangelium der Freiheit und Gleichheit: der erstern nicht bloß im methaphysischen, sondern auch im bürgerlichen Sinne: Aufhebung aller Oberherrschaft und bürgerlichen Ungleichheit. *) So folgt's aus dem Grundprincipe: was dabei noch zu bedenken ist, wird sich finden.

Daraus ergiebt sich: Da Alles, was Mensch ist, auf die gleiche Weise berufen ist durch Freiheit darzustellen den göttlichen Willen, so hängt Alles ohne Ausnahme auf die gleiche Weise zusammen mit der Gottheit, **) und ist,

---

selig werden. Römer 10. 12. So wir aber sammt Christo gepflanzet werden zu gleichem Tode, so werden wir auch in der Auferstehung gleich seyn. Ebendaselbst c. 6. v. 5. Und sintemal Ihr den zum Vater anrufet, der ohne Ansehen der Person richtet nach eines Jeglichen Werk. 1. Petri 1. 17. Desgl. Matth. 22. 30.

*) Nachdem geschrieben stehet: So wahr ich lebe, spricht der Herr, mir sollen alle Kniee gebeugt werden, und alle Zungen sollen Gott bekennen, so wird nun ein Jeglicher für sich selbst Gott Rechenschaft geben; darum lasset uns nicht mehr Einer den Andern richten. Römer 14. 11—13. Die weltlichen Könige herrschen, und die Gewaltigen heißt man gnädige Herrn: Ihr aber nicht also: sondern der Größeste unter Euch soll seyn wie der Jüngste, und der Vornehmste wie ein Diener. Lukas c. 22. v. 25, 26. Desgl. Matth. 20. 25 bis 28. Marc. 10. 42 bis 45. 1. Petri 5. 3. Offenb. Joh. 17. 74. Jakob. 4. 12. Joh. 13. 13. u. s. w.

**) Denn Ihr seyd alle Gottes Kinder durch den Glauben an Christo Jesu; denn wie viele Euer getauft sind, die haben Christum angezogen. Hier ist kein Jude noch Grieche, hier ist kein Knecht noch Freier; hier ist kein Mann noch Weib, denn ihr seyd allzumal Einer in Christo Jesu. Galater 3. 26 bis 28. Und hat verkündet im Evangelio den Frieden, Euch die Ihr ferne waret, und denen, die nahe waren. Denn

falls Gott ein Bewußtseyn zugeschrieben wird, auf die gleiche Art befaßt in diesem seinen Allen auf dieselbe Weise geneigten und gnädigen Bewußtseyn. *) Nichts, was Menschengesicht trägt, ist ausgeschlossen von der gleichen Gnade, nichts sündig oder verworfen. Ein Evangelium der Versöhnung und Entsündigung **) — historisch genommen nicht methaphysisch: d. h. nicht, als ob in Gottes ewigem Wesen bis auf Jesus wirklich es so ausgesehen hätte, wie in dem Gotte des Alterthumes, sondern nur, daß erst jetzo in der Erkenntniß der Menschen diese Ansicht von ihrem Verhältnisse zur Gottheit treten soll an die Stelle der frühern, tief eingewurzelten. ***)

---

durch ihn haben wir den Zugang alle beide in Einem Geist zum Vater. So seyd Ihr nun nicht mehr Gäste und Fremdlinge, sondern Brüder mit den Heiligen, und Gottes Hausgenossen. Epheser 2. 17 bis 19. Und seyd fleißig zu halten die Einigkeit im Geiste, durch das Band des Friedens. Ein Leib, und Ein Geist, wie Ihr auch berufen seyd auf einerlei Hoffnung eures Berufs. Ein Glaube, Eine Taufe, Ein Gott und Vater aller, der da ist über euch alle, und durch euch alle, und in euch allen. Epheser 4. 3 bis 6. Desgl. Coloss. 3. 11. 1. Corinth. 15. 22. 1. Timoth. 2. 4 u. 5.

*) Weil Ihr denn Kinder seyd, hat Gott gesandt den Geist seines Sohnes in Eure Herzen, der schreiet: Abba, lieber Vater! also ist nun hier kein Knecht mehr, sondern eitel Kinder. Sind es aber Kinder, so sind es auch Erben Gottes durch Christum. Galat. 4. 6 u. 7.

**) Gott hat uns mit ihm selber versöhnet durch Jesum Christum, und das Amt gegeben, das die Versöhnung prediget. Denn Gott war in Christo, und versöhnete die Welt mit ihm selber, und rechnete ihnen ihre Sünden nicht zu, und hat unter uns aufgerichtet das Wort von der Versöhnung. 2. Corinther 5. 18 u. 10. Desgl. Lukas 3. 18—21.

***) Mir ist gegeben zu erleuchten Jedermann, welche da sey die Gemeinschaft des Geheimnisses, das von der Welt her in Gott

Folgerungen: Das Christenthum ist drum durchaus eine Sache des Verstandes, *) der klaren Einsicht: und zwar des individuellen Verstandes eines jeden Christen, **) keinesweges etwa eines stellvertretenden. Denn schlechthin Jeder soll gehorchen dem von ihm selbst als solchen ver-

---

verborgen gewesen ist, der alle Dinge geschaffen hat, durch Jesum Christum. Auf daß jetzt kund würde den Fürstenthümern und Herrschaften in dem Himmel an der Gemeine die mannigfaltige Weisheit Gottes, nach dem Vorsatz von der Welt her, welchen er bewiesen hat in Christo Jesu unserm Herrn, durch welchen wir haben Freudigkeit und Zugang in aller Zuversicht durch den Glauben an ihn. Epheser 3. 8—12.

*) Ich bin gekommen in die Welt ein Licht, auf daß, wer an mich glaubt, nicht in Finsterniß wandle. Joh. 12. 46 Auf daß Eure Herzen ermahnet und zusammengefasset werden in der Liebe, zu allem Reichthum des gewissen Verstandes, zu erkennen das Geheimniß Gottes, und des Vaters, und Christi, in welchem verborgen liegen alle Schätze der Weisheit und der Erkenntniß. Coloss 2. 2 u. 3. Denn unser Wissen ist Stückwerk, und unser Weissagen ist Stückwerk; wenn aber kommen wird das Vollkommene, so wird das Stückwerk aufhören Wir sehen jetzt durch einen Spiegel in einem dunkeln Wort; dann aber von Angesicht zu Angesicht. Jetzt erkenne ich es stückweise; dann aber werde ich es erkennen, gleich wie ich erkannt bin. 1. Corinth. 13. 9—12. werdet nicht Kinder an dem Verständniß; sondern an der Bosheit seyd Kinder, an dem Verständniß aber seyd vollkommen. 1. Corinth. 14 20. Desgl. Philipp. 3. 12. u. f. Luk. c. 3. v. 16 c. 11. v. 52. Joh. 3. 19 bis 21. c. 11. 9—10. 2. Corinth. 4. 6. Epheser 3. 18 u. 19. 2. Corinth. 3. 8—11.

**) Gott will, daß allen Menschen geholfen werde, und zur Erkenntniß der Wahrheit kommen 1. Timoth. 2. 4. Nun aber spiegelt sich in uns allen des Herrn Klarheit mit aufgedecktem Angesicht, und wir werden verkläret in dasselbige Bild von einer Klarheit zu der andern, als vom Herrn, der der

standenen Willen Gottes,*) indem nur unter dieser Voraussetzung derselbe durch die Freiheit geschieht, wie er ja allein dadurch geschehen soll.

Aber der Verstand begründet sich nur in sich selbst, und hängt zusammen nur mit sich selbst. So wie oben gesagt worden, soll also der Christ überhaupt seyn auch nur zufolge seiner freien Einsicht. Jeder Christ drum muß zuförderst einsehen, und klar verstehen, daß er den Willen Gottes nur nach seiner klaren Einsicht thun solle, einsehen und verstehen eben sein ganzes Verhältniß zur Gottheit.**)

Das Christenthum ist drum zuförderst Lehre.***) Es setzt sich die Aufgabe zu bilden den Verstand der Men-

---

Geist ist. 2. Corinth. 3. 18. Desgl. Jakob. 1. 5. 1. Joh. 2. 27. Coloss. 1. 28. Römer 14, 12 u. c. 15. v. 14.

*) Und sollt Ihr sonst etwas halten, das laßt Euch Gott offenbaren. Philipp. 3. 15. Und hören nicht auf für Euch zu beten, und zu bitten, daß Ihr erfüllet werdet mit Erkenntniß seines Willens in allerlei geistlicher Weisheit und Verstand. Coloss. 1. 9. Darum werdet nicht unverständig, sondern verständig, was da sey des Herrn Wille. Epheser 5. 17. Philipp. 4. 8.

**) Gott gebe Euch den Geist der Weisheit und der Offenbarung zu seiner selbst Erkenntniß, und erleuchtete Augen Eures Verständnisses, daß Ihr erkennen möget, welche da sey die Hoffnung Eures Berufs, und welcher da sey der Reichthum seines herrlichen Erbes an seinen Heiligen, und welche da sey die überschwengliche Größe seiner Kraft an uns, die wir glauben, nach der Wirkung seiner mächtigen Stärke. Epheser 1. 17—19. Desgl. 1. Corinth. 2. 10—19.

***) Christus hat mich nicht gesandt zu taufen, sondern das Evangelium zu predigen. 1. Corinth. 1. 17. Ich danke Gott, daß Ihr seyd durch ihn in allen Stücken reich gemacht an aller Lehre, und in aller Erkenntniß. Wie denn die Predigt von Christo in Euch kräftig geworden ist. 1. Corinth. 1. 6.

schen, *) und zwar den aller Menschen ohne Ausnahme, zu einer gewissen Einsicht, zur absoluten, des Verhältnisses der Menschheit zu Gott.

Es ist bis jetzt anerkannt, und wird fast einseitig betrieben, daß es sey Mittheilung einer Erkenntniß, eines Systems. Doch stutzen sie wieder, wenn man es konsequent durchsetzt. Darin besteht auch sein Gegensatz mit dem Alterthume, dem Heidenthume. Dort Glauben, hier unmittelbare, selbsteigene Einsicht eines Jeden: dort stellvertretende Offenbarung, die bei den Inspirirten selbst sich nicht Rechenschaft geben konnte bei dem zu Ende gekommenen Verstande, eben drum von Andern auch nicht zu verstehen, sondern nur zu erfassen war in einem verstummenden und betäubten Autoritäts-Glauben; hier schlechthin unmittelbare Offenbarung in der individuellen Selbstanschauung eines Jeden. **) Dort Mitlerschaft zwischen Gott

---

*) Und lehren alle Menschen mit aller Weisheit, auf daß wir darstellen einen jeglichen Menschen vollkommen in Christo Jesu. Coloss. 1. 28. Desgl. 4. 6. Titus 3. 14. Philipper 1. 9.

**) Und die Salbung, die Ihr von ihm empfangen habt, bleibet bei Euch, und dürfet nicht, daß Euch Jemand lehre, sondern wie Euch die Salbung allerlei lehret, so ist es wahr, und ist keine Lüge; und wie sie Euch gelehrt hat, so bleibet bei demselbigen. 1. Joh. 2. 27. Ich will mein Gesetz in ihr Herz geben, und in ihre Sinne will ich es schreiben. Ebräer 10. 16. Und der Geist ist es, der da zeuget, daß Geist Wahrheit ist. 1. Joh. 5 u. 6. Daß Euch Gott Kraft gebe stark zu werden durch seinen Geist an dem inwendigen Menschen, auf daß Ihr begreifen möget mit allen Heiligen, welches da sey die Breite und die Länge, und die Tiefe und die Höhe, und erkennen daß Christum lieb haben, viel besser ist, denn alles Wissen, auf daß Ihr erfüllet werdet mit allerlei Gottesfülle. Epheser 3. 19.

und dem Menschen, hier Aufhebung des Zwischengliedes, und so unmittelbarer Zusammenhang. *) So ist's. Doch dieser Gegensatz mit dem richtig verstandenen Heidenthume ist fast gar nicht gemacht. — Was aber in den Aeusserungen des Christenthums selbst irrt, mißverstanden, und zu der entgegengesetzten Meinung, es sey eine Religion des Glaubens, gedeutet wird, werden wir zu seiner Zeit ersehen.

II.

Es ist Lehre. Aber dies nicht allein, dies nicht wahrhaft, und in seiner letzten Bedeutung. Wenigstens können wir es so nicht nehmen wollen, indem wir es nicht zum Gegensatze einer Lehre in einer Geschichte der Lehre überhaupt, sondern zum Gegensatze einer Verfassung machen in einer Geschichte der Menschheit, als sich entwickelnder Freiheit überhaupt. Nach uns muß es drum selbst Verfassung seyn, **) durchgreifende historische Umschaffung

---

*) Denn es ist Ein Gott, und Eine Mittlerschaft zwischen Gott und dem Menschen, nämlich der Mensch Jesus Christus, der sich selbst gegeben hat für Aller Erlösung. 1. Timoth. 2. 5 u. 6. Und soll nicht lehren Jemand seinen Bruder, und sagen: Erkenne den Herrn. Denn sie sollen mich Alle kennen, von dem Kleinsten an bis zum Größesten. Ebräer 8. 11. In meines Vaters Hause sind viele Wohnungen. Wenn es nicht so wäre, so wollte ich zu Euch sagen: Ich gehe hin Euch die Stätte zu bereiten. Joh. 14. 2. Und ich sage Euch nicht, daß ich den Vater für Euch bitten will, denn er selbst der Vater hat Euch lieb. Joh. 16. 26 u. 27.

**) Wir warten aber eines neuen Himmels und einer neuen Erde, nach seiner Verheißung, in welcher Gerechtigkeit wohnet. 2. Jak. 3. 13. Gott hat Christum gesetzt über alle Fürstenthümer, Gewalt, Macht, Herrschaft, und Alles, was genannt werden mag, nicht allein in dieser Welt, sondern

des Menschengeschlechtes, bis hinein in die Wurzel, die durch den früheren Zustand nur vorbereitet und möglich gemacht wurde. Wir müssen es so nehmen, wobei uns freilich der Beweis obliegt, daß wir es auf diese Weise richtig gestellt und angesehen haben.

Also nicht nur Lehre, sondern Verfassung, Bestimmung des wirklichen Seyns des Menschengeschlechts ist es. Auch dies giebt eine doppelte Ansicht. Zuförderst und überhaupt: das Seyn des Menschen nach dem Christenthume besteht darin, daß er durchaus keinen Herrn habe ausser Gott, kein Gesetz anerkenne, als das göttliche, das da sich richtet nur an seine Freiheit. Das mit dem Bewußtseyn der Evidenz ergreifende Bild dieses Zustandes in Allen beabsichtigt die Lehre. — Diese kann immer diesen Zustand setzen, als einen, der da seyn soll, und dadurch ist das wirkliche Seyn in Nichts geändert: das Christenthum ist noch weiter Nichts geworden, denn Lehre. — Es kann auch, welches die erste Weise des wirklichen Seyns ist, innerlich den Willen Aller bestimmen, daß sie — mit diesem guten Willen — keinen Herrn und Gesetz anerkennen, als Gott, und fertig seyn würden, allein ihm zu gehorchen, wenn sein Gesetz sich nur zeigte, und jede andere Gesetzgebung aufhöbe. — Sodann ist das Christenthum innerlich realisirt in dem Willen des Menschen, und es folgt daraus, daß ein Staat nach alterthümlicher Form, wenn er auch etwa noch ist, und die Menschen zwingt, wenigstens des innern Beifalls und Glaubens entbehrt, und daß jene Gesinnung ihm feindselig ist, und ihn umstürzen würde, sobald sie äussere Thatkraft erhält. Oder, welches

auch in der zukünftigen. Epheser 1. 21. Desgl. Coloss. 2. 10. Epheser 1. 10. Römer 12. 4 u. 5. 1. Corinth. 6. 1—3. Apostelgeschichte 17. 31.

die zweite durch die erste bedingte Weise des wirklichen Seyns ist, Gott wird wirklich und in der That alleiniger Herr, ohne Zweifel durch den Umsturz jedwedes anderen Herrn, es tritt eine Verfassung ein, in der Jeder gehorcht nur dem von ihm selbst deutlich erkannten Willen Gottes. Es ist wohl klar, daß nur im letztern Falle das Christenthum wirkliche Verfassung des Menschengeschlechts geworden wäre, und daß derjenige, der da sagt: das Christenthum ist nicht etwa bloße Lehre, sondern es ist wirkliche Verfassung des menschlichen Geschlechts, sage: zu einer solchen Ordnung der Dinge soll es durch dasselbe kommen, muß es dadurch mit absoluter Nothwendigkeit kommen. *) Dies drum hätte ich durch das Bisherige gesagt, mit gutem Bedachte, es also sagen wollend. Ich hätte ein historisches Faktum a priori abgeleitet, geweissagt: — der Beweis des Rechts liegt mir noch immer ob.

In Beziehung auf die dadurch gegebene Uebersicht der ganzen Geschichte wäre nun die Frage, ob ich mit dieser neuen Geschichte die ganze abzuschließen gedenke, oder noch eine neuere und vielleicht allerneueste annehme. Im ersten Falle, worüber dann freilich der Beweis zu führen wäre, würde von unserem Standpunkte allerdings eine Uebersicht der gesammten Geschichte des menschlichen Geschlechts auf

*) Dein Reich komme: dein Wille geschehe auf Erden, wie im Himmel, denn dein ist das Reich, und die Kraft, und die Herrlichkeit in Ewigkeit. Matth. 6. 10. u. 13. Darnach das Ende, wenn er das Reich Gott und dem Vater überantworten wird, wenn er aufheben wird alle Herrschaft und alle Obrigkeit und Gewalt. Er muß aber herrschen, bis daß er alle seine Feinde unter seine Füße lege. 1. Corinth 15. 24. u. folg. Ich bin nicht gekommen Frieden zu senden, sondern das Schwert. Matth. 10. 34. Desgl. Epheser 6. v. 10 bis 17. c. 1. 21. u. folg. Römer 14. 1 bis 13.

der Erde möglich: sie zerfiele in Entwicklung der Freiheit und Aufgeben der entwickelten, Unterwerfung derselben unter die Herrschaft Gottes: beginnend von einer faktischen Herrschaft desselben, einer Theokratie des Glaubens, als der alten Zeit; fortlaufend bis zu einem für Jedermann verständlichen und verstandenen Reiche Gottes auf der Erde, als dem neuen und zweiten Weltalter.

Was nun insbesondere den ganzen Umfang der in diesen Vorlesungen vor Ihnen angestellten Betrachtung betrifft, falls sich etwa finden sollte, daß dasselbe, was ich Ihnen zu Anfange abgeleitet und hingestellt habe als das durch den Verstand schlechthin gefoderte Reich des Verstandes, zugleich wäre das durch das Christenthum gesetzte, und in seiner Grundlage schon wirklich eingeführte Reich Gottes auf der Erde, so würde sich dasjenige, was erst erschien als eine willkührliche und mit Kunst zu lösende Aufgabe der Wissenschaft, verwandeln in eine absolut nothwendige Aufgabe der Zeit, und der in derselben sich entwickelnden Geschichte, die nicht umhin kann gelößt zu werden. Anstatt Regeln zu geben irgend einer Freiheit, wie ich zu wollen schien, hätte ich bloß zu entwickeln ein historisches Gesetz, und Sie auf das ruhig zu erwartende Resultat desselben zu verweisen. Meine Untersuchung hätte ihre Natur geändert, und aus einer philosophischen sich verwandelt in eine historische. Die Hauptsache hiebei wäre freilich, die Wissenschaft selbst, und die praktische Kunst derselben nicht, wie sie erst stand, absolut zu setzen, sondern sie selbst als ein Glied der Geschichte abzuleiten, und sie dieser, und insbesondere dem Christenthume, dessen eigentliche Aufgabe ja durch dieselbe gelößt werden soll, als Mittel unterzuordnen. So, sage ich, das Verstandesreich unter die Garantie des Christenthums, als eines historischen, und mit historischer Nothwendigkeit sich entwickelnden Princips gesetzt, wird sich sagen lassen, warum es bisher zu demselben nicht kommen konnte, weil nämlich das Christenthum noch nicht so weit entwickelt war; daß es aber nothwendig, und aller menschlichen Freiheit zum Trotz zu ihm kommen muß, weil das Christenthum sich entwickeln muß zum Ende: wann es ferner dazu kommen wird, nicht in Jahreszahlen, sondern in Epochen, d. i. was vorher noch geschehen muß. Auf diese Weise drum werde ich meine wissenschaftliche Aufgabe lösen, und Sie haben hierin die Uebersicht dessen, was ich noch zu sagen habe.

Der Gegensatz alter und neuer Welt besteht in ihrer Verfassung, der Bestimmtheit der Menschen als Gesellschaft: Ihr Princip ist die Ansicht von Gott und seinem Verhältniß zur Menschheit. Nach der alten Welt fodert Gott willkührlich einen gegebenen Zustand derselben: daraus Ungleichheit, mittelbare Herrschaft Gottes; d. i. Menschen hatten Menschen zu Herren. Dies Princip ist abgelaufen; wir bedurften drum ein anderes, dies: Gott fodert die Ergebung des Willens: ist sittlicher Gesetzgeber der Freiheit: dies sey das Christenthum, sagten wir, es dadurch hinstellend als Princip eines wirklichen Weltzustandes, eines Zustandes der Menschheit, als einer Gesellschaft. Unsere Aufgabe blieb drum zu zeigen, wie sie dies werden könne, also aus jenem als Principe dieses als das Principiat abzuleiten: wir werden drum die neue Zeit nicht, wie die alte abgelaufene, als gegeben auffassen, sondern sie ableitend weissagen. Dies ist von nun an unser Geschäft. Fände sich nun dieser Zustand als derselbe, den wir erst philosophisch gefodert; so wäre unsere Aufgabe: wie es zu ihm kommen solle, rein historisch (nicht als Aufgabe der Freiheit, sondern als nothwendiger Erfolg nach einem Gesetze) gelöst.

Zuerst drum hätten wir das Christenthum zu schildern, als eine geschichtliche Erscheinung es auffassend, (nicht etwa erdenkend) es richtig verstehend, indem wir erstlich das Mannigfaltige aus seiner Grund-Einheit ableiten, und diese Grund-Einheit wieder aus jenem erfassen, nach der Regel: ein solches Mannigfaltige giebt eine solche Einheit, und umgekehrt; zweitens aber die Einheit selbst verstehen aus ihrem Gegensatze, dem Princip der alten Welt.

Das Erste wäre, wenn es vollständig auf alle Aeusserungen der biblischen Schriften, dann der Kirchengeschichte zurückgeführt werden sollte, ein umfassendes Unternehmen. Hier nur die Grundzüge; selber darin ausgeführter verfahrend, als es für unsern Zweck der Ableitung nöthig wäre, um die Irrthümer abzuweisen. Quell derselben ist der Mangel der Begriffs-Einheit, das nur Zusammenschichten des Mannigfaltigen ohne organische Einheit einer Ableitung, das Beieinander- und nicht Durcheinanderseyn desselben: sodann auch der Mangel des Gegensatzes, wodurch das Haupt-Merkmal, daß das Christenthum ein Historisches ist, zur unsäglichen Verwirrung verloren geht. Auch werden wir es nicht so machen, wie Neuere, die es recht gut zu machen suchen. Das Christenthum sey Etwas, nicht Nichts, nicht ein Solches, das in andrer Gestalt, z. B. der Philosophie, auch da ist, und drum nur das Unverständliche und Unverständige herausheben, das sie selbst durch ihr Nichtverstehen sich erst machen. Nach uns ist es durchaus verständlich, durch Wissenschaftslehre. Diese enthält den Lehrinhalt desselben in ihrer Form. — Aber wie denn, wenn die Wissenschaftslehre selbst nur durch das Christenthum faktisch möglich wäre, seyn könnte nur als wissenschaftlicher Begriff, Exposition des vorausgegebenen Christenthums; wenn sie ferner, in sich selbst todt, nur durch jenes eine das Leben bestimmende Kraft bekommen könnte, (wie sie diese erhalten werde, ist ja unsere versprochene Haupt-Ableitung) wäre es denn sodann Nichts?

Der wesentliche Einheitsbegriff des Christenthums ist das Himmelreich. *) (Auch dieser ist misgedeutet, und bis jetzt kaum richtig verstanden. — Auf immer für ähnliche Aeusserungen, die ohne diese Beschränkung hart erscheinen, und Haß erregen müssen, gemerkt: gelebt kann er seyn, und ist's ohne allen Zweifel: aber ein Andres ist Seyn, ein Andres Verstehen, d. i. ein Bild haben dieses Seyns, das da ausdrückt dessen Gesetz.)

Himmel bedeutet das Uebersinnliche, durchaus nicht Erscheinende, rein Intelligible, **) die Freiheit, ***) (die — das setze ich hinzu zur Verdeutlichung, in jenem Begriffe ist darauf noch nicht Rücksicht genommen, — zu einem Theile des Erscheinenden sich verhält wie Princip zum Prin-

---

*) Vergleiche Anmerkung *) Seite 177.

**) Unsere Trübsal, die zeitlich ist, schaffet eine ewige, und über alle Maaßen wichtige Herrlichkeit uns, die wir nicht sehen auf das Sichtbare, sondern auf das Unsichtbare. Denn was sichtbar ist, das ist zeitlich, was aber unsichtbar ist, das ist ewig. 2. Corinth. 17—18. Sehet das Reich Gottes ist inwendig in euch. Lukas 17. 21. Gelobt sey Gott, der mich gesegnet hat mit allerlei geistlichem Segen in himmlischen Gütern durch Christum. Epheser 1. 3. Desgl. Coloss. 1. 12. u. 3. 1. Römer 14. 17 bis 19.

***) Denn der Herr ist der Geist, wo aber der Geist des Herrn ist, da ist Freiheit. 2. Corinth. 3. 17. Aber das Jerusalem, das droben ist, das ist die Freie, die ist unser Aller Mutter. Galater 4. 26. Vergleiche Note **) S. 178.

cipiat.) Der Gegensatz ist das Erscheinende, Irrdische, was da ist von der Welt. *)

Jene Freiheit wurde durch Christus verkündigt, der objektiven Bemerkung hingestellt, ferner ein Reich derselben Freiheit, und eine Beherrschung seiner durch Gott, **) gegenüber dem Reiche von dieser Welt, unter dem Fürsten der

---

*) Wisset Ihr nicht, daß der Welt Freundschaft Gottes Feindschaft ist? Wer der Welt Freund seyn will, der wird Gottes Feind seyn. Jakobi 4. 4. Welcher Ende ist Verdammniß, welchen der Bauch ihr Gott ist, und ihre Ehre zu Schanden wird, derer die irrdisch gesinnt sind. Unser Wandel aber ist im Himmel. Philipp. 3. 19 u. 20. Denn Alles, was von Gott geboren ist, überwindet die Welt, und unser Glaube ist der Sieg, der die Welt überwunden hat. 1. Joh. 5. 4. Habt nicht lieb die Welt, noch was in der Welt ist. So jemand die Welt lieb hat, in dem ist nicht die Liebe des Vaters. Denn Alles, was in der Welt ist, (nämlich des Fleisches Lust, der Augen Lust, und hoffärtiges Leben) ist nicht vom Vater, sondern von der Welt. Und die Welt vergehet mit ihrer Lust: wer aber den Willen Gottes thut, der bleibet in Ewigkeit. 1. Joh. 2. 15—17. Vergl. Joh. 8. 23., 7. 7., 15. 19., 17. 14. 1. Corinth. 3. 19.

**) Gott hat uns selig gemacht und berufen mit einem heiligen Rufe, nicht nach unsern Werken, sondern nach seinem Vorsatz und Gnade, die uns gegeben ist in Christo vor der Zeit der Welt, jetzt aber geoffenbaret durch die Erscheinung unseres Heilandes Jesu Christi, der dem Tode die Macht hat genommen, und das Leben und ein unvergängliches Wesen an das Licht gebracht, durch das Evangelium. 2. Timoth. 1. 9 u. 10. Und das Leben ist erschienen, das da von Anfang war, und wir haben gesehen, und zeugen, und verkündigen Euch das Leben, das ewig ist, welches war bei dem Vater, und ist uns erschienen. 1. Joh. 1, 2. Vergl. Joh. 10. 11.

der Welt, eben dem alten heidnischen Gotte. *) Gott ist unmittelbar und ohne Dazwischenkunft der Beümmer desselben. — Daß es dazu komme, dazu gehört, daß der Mensch, das freie Subjekt, mit gänzlicher Absterbung des eigenen Willens sich ihm hingebe. — Dies Gott: und dies allein. Alle andere Aeusserungen desselben sind als unmittelbare fallen gelassen. Dies der Mensch; **) und nur unter dieser Bedingung ist er wahrhaft da. ***) Dies das Verhältniß beider.

---

*) Und der Teufel führte ihn auf einen hohen Berg, und wies ihm alle Reiche der ganzen Welt in einem Augenblick, und sprach: diese Macht will ich dir alle geben, und ihre Herrlichkeit; denn sie ist mir übergeben, und ich gebe sie, welchem ich will. Lukas 4. 5 u. 6. Denn wir haben zu kämpfen mit Fürsten und Gewaltigen, nämlich mit den Herren der Welt, die in der Finsterniß dieser Welt herrschen mit den bösen Geistern unter dem Himmel. Epheser 6. 12. Gott hat uns errettet von der Obrigkeit der Finsterniß, und hat uns versetzet in das Reich seines lieben Sohnes. Coloss 1. 13. Vergl. Joh. 12. 31. 2. Corinth. 4 4 Epheser 2. 3. Joh. 8 44., 14. 30., 16. 11. 2. Corinth. 4. 4.

**) Ihr seyd der Tempel des lebendigen Gottes: wie denn Gott spricht: ich will in ihnen wohnen, und in ihnen wandeln, und will ihr Gott seyn, und sie sollen mein Volk seyn. 2. Corinth. 6. 16.

***) Das ist das ewige Leben, daß sie dich, daß du allein wahrer Gott bist, und den du gesandt hast, Jesum Christum, erkennen. Joh. 17. 3. Wie viele Christum aufnahmen, denen gab er Macht Gottes Kinder zu werden, die an seinen Namen glauben, welche nicht von dem Geblüt, noch von dem Willen des Fleisches, noch von dem Willen eines Mannes, sondern von Gott geboren sind. Joh. 1. 12 u. 13. Der Mensch lebt von einem jeglichen Worte Gottes. Lukas 4. 4.

Zuförderst die Umdeutung: der Wille Gottes ist ewig, unvergänglich. Was drum zu dessen Werkzeuge sich macht, ist gleichfalls über allen Tod, *) d. i. Untergang, oder Abänderung jener seiner wesentlichen Grund-Eigenschaft hinaus: **) es ist Etwas, das nothwendig ewig und unveränderlich ist, und ihm selbst seine Unveränderlichkeit zusichert. ***) — Dies kann Jeder werden zur Stunde; drum

---

*) Christus hat dem Tode die Macht genommen, und das Leben, und ein unvergängliches Wesen an das Licht gebracht. 2. Timoth. 1. 10. Ich sage Euch: wer an mich glaubet, der hat das ewige Leben. Ich bin das Brodt des Lebens. Eure Väter haben Manna gegessen in der Wüste, und sind gestorben: dies ist das Brodt, das vom Himmel kommt, auf daß, wer davon isset, nicht sterbe. Joh. 6. 47—50. Wer mein Wort höret und glaubet, der hat das ewige Leben, und kommt nicht in das Gericht, sondern er ist vom Tode zum Leben hindurchgedrungen. Joh. 5. 24. Da wir todt waren in den Sünden, hat er uns sammt Christo lebendig gemacht, und hat uns sammt ihm auferwecket, und sammt ihm in das himmlische Wesen versetzt in Christo Jesu. Epheser 2. 5 u. 6. Vergl. Joh. 11. 25. 1. Joh. 5. 12. Joh. 8. 51. 1. Joh. 2. 17. 2. Corinth. 4. 15. Joh. 17. 3. Matth. 22. 31. Lukas 20. 38. Römer 6. 9. Colosser 2. 13.

**) Denn ich bin gewiß, daß weder Tod noch Leben, weder Engel noch Fürstenthum, noch Gewalt, weder Gegenwärtiges noch Zukünftiges, weder Hohes noch Tiefes, noch keine andere Kreatur mag uns scheiden von der Liebe Gottes, die in Christo Jesu ist, unserm Herrn. Römer 8. 38 u. 39. Ich gebe meinen Schaafen das ewige Leben, und sie werden nimmermehr umkommen, und niemand wird sie aus meiner Hand reißen. Joh. 10. 28.

***) Durch welche Erkenntniß uns die theuren und allergrößesten Verheißungen geschenket sind, nämlich, daß Ihr durch dassel-

zur Stunde vom Tode zum Leben durchdringen. *) Dies hat man nun umgedeutet und gesagt: — der Himmel nur nach dem Tode: den Ausdruck Tod nicht begreifend. Wahr ist's, nur nach dem Tode, aber dem Tode während des äussern Lebens hienieden, dem Absterben der Welt. **) Dieses aber hat man verwechselt mit dem Tode, als einer äussern Begebenheit, und gemeint, nur nach diesem: die sey der Himmel: eine Verwechselung, wenigstens Vermengung, welche schon von den Aposteln gemacht worden. ***) Falsch. In der Lehre Jesu unterscheiden sich zwei Zustände: der Eine, das Getriebenseyn vom eignen Willen; dieser, wie er auch seyn möge, wie sittlich und glänzend scheinbar, ist nichts, ausser Gott, der Tod, das Begrabenseyn. †) In diesem

---

bige theilhaftig werdet der göttlichen Natur, so Ihr fliehet die vergängliche Lust der Welt. 2. Petri 1. 4.

*) Ich sage Euch: es kommt die Stunde, und ist schon jetzt, daß die Todten werden die Stimme Gottes hören; und die sie hören werden, die werden leben. Joh. 5. 25.

**) Wisset Ihr nicht, daß alle, die wir in Jesum getaufet sind, die sind in seinen Tod getauft? So sind wir ja mit ihm begraben durch die Taufe in den Tod, auf daß, gleich wie Christus ist auferwecket von den Todten, durch die Herrlichkeit des Vaters, also sollen auch wir in einem neuen Leben wandeln. Römer 6. 3 u. 4.

***) Welche der Wahrheit gefehlet haben, und sagen, die Auferstehung sey schon geschehen, und haben etlicher Glauben verkehret. 2. Timoth. 2. 18.

†) Fleischlich gesinnet seyn ist der Tod, und geistlich gesinnet seyn ist Leben und Frieden. Denn fleischlich gesinnet seyn ist eine Feindschaft wider Gott, sintemal es dem Gesetz Gottes nicht unterthan ist, denn es vermag es auch nicht. Römer 8. 6 u. 7. Denn der Tod ist der Sünden Sold, aber die Gabe Gottes ist das ewige Leben. Röm. 16. 23. Laß die

werden schlechthin alle Menschen geboren. *) Diesem nun muß man absterben; **) dies ist der Tod, die neue Geburt, der Durchbruch zum wahren Seyn und Leben. Wer dies, — der hat das Leben in ihm selber, ***) lebet in

---

Todten ihre Todten begraben, du aber gehe hin, und verkündige das Reich Gottes. Lukas 9. 60. Matth. 8. 22. Joh. 5. 21.

*) Der erste Mensch, Adam, ist gemacht in das natürliche Leben, und der letzte Adam in das geistliche Leben: aber der geistliche Leib ist nicht der erste, sondern der natürliche, darnach der geistliche. Der erste Mensch ist von der Erde und irdisch, der andere Mensch ist der Herr vom Himmel. Welcherlei der irdische ist, solcherlei sind auch die irdischen, und welcherlei der himmlische ist, solcherlei sind auch die himmlischen. Und wie wir getragen haben das Bild des Irdischen, also werden wir auch tragen das Bild des Himmlischen. Davon sage ich aber, daß Fleisch und Blut nicht können das Reich Gottes ererben, auch wird das Verwesliche nicht erben das Unverwesliche. 1. Corinth. 15. 45—50.

**) Darum, ist Jemand in Christo, so ist er eine neue Kreatur; das Alte ist vergangen, siehe, es ist Alles neu geworden. 2. Corinth. 5. 17. Wache auf, der du schläfst, und stehe auf von den Todten, so wird dich Christus erleuchten. Epheser 5. 14. Es sey denn, daß das Waizenkorn in die Erde falle, und ersterbe; so bleibt es allein; wo es aber erstirbt, so bringt es viele Früchte. Wer sein Leben lieb hat, der wird es verlieren, und wer sein Leben auf dieser Welt hasset, der wird es erhalten zum ewigen Leben. Joh. 12. 24 u. 25. Es sey denn daß Jemand von neuem geboren werde, kann er das Reich Gottes nicht sehen. Joh. 3. 3. 1. Petri 1. 23. Vergl. Matth. 18. 3., 10. 37. Lukas 14. 26. 1. Petri 5. 6 u. 7. Markus 8. 34. Coloss. 3. 23. 2. Corinth. 4. 7. 1. Corinth. 10. 31. Epheser 6. 7. Galater 6. 9. Matth. 10. 39.

***) Denn wie der Vater hat das Leben in ihm selbst; also hat er dem Sohne gegeben das Leben zu haben in ihm selber.

Ewigkeit, über ihn hat der Tod keine weitere Gewalt. *) Der äusserliche Tod macht im Christenthume gar keine Epoche, **) es wird von ihm nicht geredet, er ist versunken in das allgemeine Nichts der gehaltlosen, im Christenthume einmal für immer vernichteten Erscheinung.

Die in den Gräbern liegen, werden die Stimme hören und leben: ***) hat man nicht aus dieser und ähnlichen Stellen einen jüngsten Tag, und eine allgemeine Todten-Erweckung gemacht? so viel mir bekannt ist, bis jetzt allgemein. Es ist daran kein wahres Wort: so, wie gesagt, ist's zu verstehen; Himmel ist ewiges Leben aus, von und durch sich; Wer aber hier nicht dazu kommt, der nie. †) Wenn das Heidenthum ein künftiges Leben annahm, so war dies nur eine Fortsetzung des hiesigen sinnlichen, und der Tod die Verbindung beider. Anders das Christenthum,

---

Joh. 5. 26. Wer das Wasser trinken wird, das ich ihm gebe, den wird ewiglich nicht dürsten, sondern das Wasser, das ich ihm geben werde, das wird in ihm ein Brunnen des Wassers werden, das in das ewige Leben quillt. Joh. 4. 14.

*) So Jemand mein Wort wird halten, der wird den Tod nicht sehen ewiglich. Joh. 8. 51. Und die Welt vergehet mit ihrer Lust; wer aber den Willen Gottes thut, der bleibet in Ewigkeit. 1. Joh. 2. 17. Vergl. Matth. 16. 28. Marc. 9. 1. Lukas 9. 27. 2. Corinth. 4. 16. Ebräer 2. 14.

**) Wer überwindet, dem soll kein Leid geschehen von dem andern Tode. Offenb. Joh. 2. 11. Christus hat dem Tode die Macht genommen. 2. Timoth. 1. 10.

***) Es kommt die Stunde, in welcher Alle, die in den Gräbern sind, werden seine Stimme hören, und werden hervorgehen, die Gutes gethan haben, zur Auferstehung des Lebens, die aber Uebles gethan haben, zur Auferstehung des Gerichts.

†) Wer da hat, dem wird gegeben werden, wer aber nicht hat, dem wird auch das genommen werden, was er hat. Matth.

dies setzt das Ewige in das Zeitliche hinein, als den eigentlichen Anfang des Zeitlichen selbst. *)

Die Offenbarung dieses Reichs, die Einladung, Glieder desselben zu werden, und die allgemeine Anweisung, wie dies zu machen, das ist das Wesen des Christenthums, sein absoluter, ewig von der Zeit unabhängiger Zweck für alle Zeit. Dies auch der ganze: daraus ist Alles abzuleiten, darauf zurückzuführen. Dies wird auch in den durch die sicherste Veranstaltung zur Erhaltung desselben vor uns liegenden unsterblichen Schriften des neuen Testaments als die Hauptsache behandelt, und jene zwei Zustände als Wiedergeburt und Tod **) bei Johannes, als Leben im Geiste und im Fleische ***) bei Paulus bezeichnet. Dasselbe ist auch von der durch ihre Früchte bestätigten Parthei der sogenannten Mystiker vom Anfange an bis jetzt für die Hauptsache gehalten worden.

Aus ihm, und durch dieses ist ein zweiter Haupttheil zu begreifen und abzuleiten, der historische, enthaltend Lehren, die nur im Gegensatze mit andern aus dem Zeitglauben hervorgehenden Behauptungen, um diese zu vernichten, gesagt wurden. Ihr Daseyn ist bedingt durch den Gegensatz; nur durch ihn, und mit ihm zusammengenommen sind sie verständlich. Hat die Lehre Erfolg, so muß

---

25. 29. So ihr nicht glaubet, daß ich es sey, so werdet ihr sterben in euren Sünden. Joh. 8. 24.

*) Was Ihr auf Erden binden werdet, soll auch im Himmel gebunden seyn, und was Ihr auf Erden lösen werdet, soll auch im Himmel los seyn. Matth. 18. 18.

**) Joh. 3. 3, 12. 24 u. 25. 1. Petri 1. 23.

***) Römer 8. 4. Galater 5. 16—22. 1. Corinth. 3. 1 u. 3. Joh. 3. 6, 6. 63.

doch der Gegensatz einmal wegfallen; mit ihm aber fällt zugleich die Bestreitung. Will man sie, sie für ein Ewiges haltend, auch dann noch beibehalten, so wird man ihnen einen andern Sinn geben müssen; oft keinen finden, und sodann genöthigt seyn, Unsinn zu reden.

Ich will das Wesentliche dieses historischen Inhalts, dieser durch die Zeit bedingten Lehren aus dem Gegensatze des Christenthums gegen die Zeit seiner Entstehung sogar ableiten.

Jene Grund-Ansicht des Christenthums, die rein geistige Welt, war durchaus neu in der Zeit, vorher unerhört. *) (Dies ist ein historisches Postulat, wovon der Widersprechende das Gegentheil beweisen müßte aus irgend einer vorchristlichen Aeusserung. Nur nicht gemacht, wie gewöhnlich, hineingetragen, Alles in seinem Sinne genommen. Diese verstehen keine Geschichte: sie geben gar keine zu: ihnen bleibt die Welt, wie sie ist: für das Fassen der eigentlichen Frage vom Werden, ja für das Bild des Werden ist ihr Verstand verschlossen. So tragen sie

*) Das Geheimniß Christi ist nicht kund gethan in den vorigen Zeiten den Menschenkindern. Epheser 3. 5. Es ist verborgen gewesen in Gott, von der Welt her. Ebendaselbst 3. 9. Siehe es kommen die Tage, spricht der Herr, daß ich über das Haus Israel ein neues Testament machen will; indem er sagt: ein neues, macht er das erste alt. Was aber alt und bejahrt ist, das ist nahe bei seinem Ende. Ebräer 8. 8 u. 13. Auf die Frage, warum seine Jünger die Fasten nicht halten, antwortet Jesus: Niemand flickt einen Lappen von neuem Tuch an ein altes Kleid; denn der neue Lappen reißt doch von dem alten, und der Riß wird ärger, u. s. w. Marc. 2. 21 u. 22. Matth. 9. 14—17. Vergl. Lukas 22. 20. Matth. 26. 28. Marc. 2. 21. Römer 16. 25. Ebräer 7. 11 u. 12. Coloss. 1. 26.

auch wohl hier recht mit Kunst hinein durch Umdeutung der Schriften des alten Testaments. Dies ist ein grober Mißgriff, auch gegen ihr System, daß Christus sey Aller Vorbild. — Wir sollten uns doch nicht so sehr gegen dieses Bekenntniß der Neuheit sträuben; denn für die Menge, für die sichtbare, und anerkannte christliche Kirche ist sie noch heute, fast zweitausend Jahre nach Christo, neu in ihrer wahren Kraft, und Reinheit.)

Auch Jesus hatte es nicht von einem Andern gehört oder überliefert bekommen, sondern es rein in sich selbst angeschaut, — wie wir mit gutem Fug postuliren. Rein durch Anschauung und Begriff seiner selbst war er dazu gekommen Was heißt dies? Was denken wir durch eine solche Voraussetzung, nach den Gesetzen der Anschauung und des Begriffs überhaupt. Was heißt das, das Himmelreich erhalten durch Verstehen seiner selbst. Eine analytische Aufgabe. Dabei etwas tiefer, indem wir Jesu seinen nothwendigen Begriff von sich selbst nachkonstruiren: es ist der Mühe werth, theils um innerer Wichtigkeit, theils um des Lichtes willen, welches es über die ganze Menschengeschichte verbreitet. Es kommt dazu, daß wir einen der Sätze, die hierbei hervorgehen, auch noch anderwärts brauchen werden.

Verstehen heißt, das Gesetz sehen, wonach ein gewisses Seyn zu Stande kommt, — genetische Erkenntniß. — Ein solches Verstehen, als freie Kunst getrieben, wie es in der Philosophie getrieben wird, setzt ein Bild jenes Seyns voraus, über welchem man indifferent drüberschwebt, es darum nicht selbst ist. Dieses Bild, in seiner reinen Absonderung gefaßt und festgehalten, steigert sich nach und nach zum Begriffe.

Auf diese Weise konnte es mit dem Verstehen des Himmelreichs im Verstande Jesu nicht zugehen; denn das vorausgesetzte Bild ist weder durch die sinnliche Erfahrung möglich, noch konnte es ihm als Aufgabe einer freien Konstruktion durch einen Andern gestellt werden, wie es bei uns in Mittheilung der Wissenschaft geschieht, da der Voraussetzung nach dieses Bild vor ihm nie in eines Menschen Verstande wirklich geworden war.

Nicht ein Mögliches drum, sondern ein Wirkliches im unmittelbaren Bewußtseyn seiner selbst, sein unmittelbares ihm also ohne alle sein Zuthun gegebenes Seyn mußte er durch diesen Begriff begreifen. Wie mußte sich dies Selbstbewußtseyn ausdrücken? Er war unmittelbar, ohne ihm bewußte Freiheit, durch sein Daseyn Bürger des Himmelreichs; sein Wille ging auf, und war gefangen in einem höheren Willen, *) er war dessen Werkzeug, und so wurde er seiner sich bewußt. Auf dieses erste Merkmal nun geachtet! Er war, was wir ein bestimmtes künstlerisches oder praktisches Genie nennen, mit einem angeborenen Triebe zu einem gewissen Thun. Kaum ist nöthig zu erinnern, daß dies ein bestimmter Trieb des Willens seyn mußte, denn das Allgemeine ist nichts Wirkliches.

Nun aber würde er, dieses sein Seyn anschauend, sich begriffen haben als eben getrieben, damit gut, und sein Begriff zu Ende: keinesweges aber als getrieben durch das Absolute, Uebernatürliche, Gott. Also — seine Willensbestimmtheit mußte zugleich den klaren Begriff ihrer selbst, ihren Exponenten mit sich bringen; nicht bloß den Begriff

---

*) Ich kann nichts von mir selbst thun, denn ich suche nicht meinen Willen, sondern des Vaters Willen, der mich gesandt hat. Joh. 5. 30. Ich bin vom Himmel gekommen, nicht daß ich meinen Willen thue, sondern deß, der mich gesandt hat. Joh. 6. 38. Der Sohn kann nichts von ihm selbst thun, denn was er sieht den Vater thun; denn was derselbige thut, das thut gleich auch der Sohn. Joh. 5. 19. Vergl. Joh. 4. 34. u. 8. 16.

des Faktum, sondern auch dessen Charakter; so daß jener organisch mit diesem vereinigt, und dadurch selbst gesetzt, letzterer nicht etwa ein bloßer Zusatz zum erstern war. Dies war möglich nur auf die Weise, wenn es die Bestimmung seines Willens war, Stifter des Himmelreichs zu werden, alle Menschen ohne Ausnahme zu Bürgern desselben zu machen. Dann führte das Bewußtseyn seines eigenen Seyns seinen Exponenten bei sich, weil es ein Handeln nach diesem Exponenten war.

Stückweise: wie er von seinem Daseyn überzeugt war, so war er es von seinem Berufe, das Himmelreich zu stiften, *) d. i. die Menschen zu überzeugen, daß sie absolutes Princip wären; dieses hingegeben werden müsse an einen höheren, durchaus nicht in ihnen liegenden Antrieb, und sie zu vermögen, also sich hinzugeben, damit allein herrsche, und Princip alles Lebens sey Gott. Woher nun dieser sein Beruf? Der Inhalt desselben erklärte ihn: es war eben diese Hingegebenheit seines eigenen freien Willens an jenes höhere Princip, was er verkündigen sollte, er war durch sein Seyn, wie er alle machen wollte. **) Wie-

---

*) Ich muß auch andern Städten das Evangelium predigen vom Reiche Gottes, denn dazu bin ich gesandt. Lukas 4. 43. Denn ich habe nicht von mir selbst geredet, sondern der Vater, der mich gesandt hat, der hat mir ein Gebot gegeben, was ich thun und reden soll, und ich weiß daß sein Gebot ist das ewige Leben. Joh. 12. 49 u. 50. Das ist aber der Wille des Vaters, der mich gesandt hat, daß ich Nichts verliere von Allem, das er mir gegeben hat, sondern daß ich es auferwecke am jüngsten Tage. Joh. 6. 39.

**) Denn ich bin vom Himmel gekommen, nicht daß ich meinen Willen thue, sondern deß, der mich gesandt hat. Joh. 6. 38. Und der mich gesandt hat, ist mit mir, der Vater läßt mich nicht allein, denn ich thue alle Zeit, was ihm gefällt.

derum — jenes Verhältniß der Menschen zu Gott war ihm gewiß durch nichts Anderes, als durch seinen unmittelbar gewissen Beruf, ein solches Verhältniß zu realisiren, und der Stifter des Himmelreichs zu werden. *) Anders ist es dem Wissenschaftslehrer gewiß: ihm leuchtet es ein als Bedingung des Seyns der Menschen überhaupt; nur Gott ist, was ausser ihm, ist seine Erscheinung; aber nur also vermag er zu erscheinen, wie er aus dem allgemeinen Gesetze der Erscheinung selbst einsieht. So nicht bei Jesu, weil es bei ihm nicht also möglich war, weil diese Einsicht der Wissenschaftslehre einen Jesus in der Zeit voraussetzt. Bei ihm war es wahr zufolge des unmittelbar gewissen Berufs, eine Verfassung zu stiften, welche dies als ihre Möglichkeit voraussetzt. Die Wahrheit drum abhängig von diesem Faktum des Berufes.

Drum zuförderst, — was für uns ein Metaphysisches ist, konnte für ihn ein Historisches seyn. Für ihn war es wahr durch seinen Beruf; da er über dieses sein Selbstbewußtseyn nicht zu Gesetzen hinausging, überhaupt nur durch seinen Beruf. Seit diesem Berufe erst ist dieses Verhältniß; die ganze frühere Zeit fällt anheim dem Zustande,

---

Joh. 8. 29. Meine Speise ist die, daß ich thue den Willen deß, der mich gesandt hat, und vollende sein Werk. Joh. 4. 34. Vergl. 8. 40 u. 55. u. 9. 4.

*) Der mich gesandt hat, ist wahrhaftig, und was ich von ihm gehört habe, das rede ich. Joh. 8. 26. Jesus wußte, daß ihm der Vater Alles in seine Hände gegeben hatte, und daß er von Gott gekommen war, und zu Gott ging. Joh. 13. 3. So ich von mir selbst zeuge, so ist mein Zeugniß nicht wahr. Ein Anderer ist es, der von mir zeuget, und ich weiß, daß das Zeugniß wahr ist, das er von mir zeuget. Ich habe ein größeres Zeugniß, denn Johannis Zeugniß: denn die Werke, die mir der Vater gegeben hat, daß ich sie vollende, diese, die ich thue,

der in ihrer Geschichte sich ausspricht, indem dieses gesammte Wahrfinden über unmittelbare Geschichte gar nicht hinausgeht.

„Gott sendet mich, das Himmelreich zu stiften; dessen bin ich unmittelbar gewiß. Gott kann nicht zu dem senden, was nicht möglich ist, mithin ist ein Himmelreich, so wie ich es stiften soll, möglich, und alle Bedingungen desselben sind gegeben. Warum? weil Gott gesendet hat; also nicht über die Sendung hinaus geht der Beweis: jenseit derselben behaupten wir gar Nichts, und bescheiden uns unserer Unwissenheit."

Der nervus: die Einsicht des Verhältnisses und seiner allgemeinen Wahrheit ist gegründet lediglich auf den göttlichen Beruf, der innerlich klar ist, nicht auf Einsicht in ein Gesetz. Diesen umgestoßen, oder seine Gewißheit getrübt, so ist Alles umgestoßen.

Nochmals: Irgend einmal, in einem bestimmten Zeitpunkte in Jesu Leben fiel in Jesu Verstande die Begebenheit vor, daß ihm klar einleuchtete, als der an ihn gestellte Beruf, das Himmelreich, in dem erklärten Sinne des Worts, zu stiften. Durch den Inhalt dieses Berufs wurde ihm nun klar desselben Form, indem er sich selbst als eingeborenen Bürger des Himmelreichs, und als ersten begriff. Beides durchaus in Einem Schlage, indem beides nur mit- und durcheinander möglich ist. Dieser Revolution in Jesu Verstande, diesem eigentlichen Durchbruche der Klarheit über sich selbst ging freilich ein Zustand der Un-

---

zeugen von mir, daß mich der Vater gesandt hat. Joh. 5. 31. 32 u. 36. Vergl. 7. 16 u. 28, 8. 14., 18 u. 42.

Klarheit vorher, — denn ausserdem wäre jenes Selbstbegreifen, mit welchem eigentlich das Christenthum anhob, kein bemerkbares, durch seinen Gegensatz abstechendes Faktum geworden; und vorbereitende Ueberlegungen, die ihm das Mittel, jenen Begriff zu bilden, die Bilder-Elemente angaben. Diese waren nun ohne Zweifel Betrachtungen der alttestamentlichen Lehren von Gott, und seinem Verhältnisse zu den Menschen, *) die ihn nicht befriedigten. Warum nicht? weil in ihm dunkel und unentwickelt ein anderes höheres Bild lag. Woher? absolut durch sein individuelles Daseyn, aus Gott. — Dies ist bedeutend. An diesem Gegensatze gestaltete sich nun dieses Bild zur vollkommenen Klarheit und Bestimmtheit; nicht etwa durch den Gegensatz, durch Steigerung desselben, — aus Nichts wird Nichts, aus Irrthum keine Wahrheit. Jedes so erzeugte Bild aber ist zuerst problematisch: was gab ihm die Wahrheit? für uns giebt sie demselben Bilde die alleinige Begreiflichkeit des vorfindlichen Seyns durch dasselbe, für ihn — die unmittelbare Anschauung desselben an einem Exempel: er selbst stand in diesem Verhältnisse zu Gott, und durch ihn schlechthin alle Menschen, die mit ihm, und nach ihm lebten: also das Bild war in seiner Anschauung realisirt.

Die Einsicht in die Wahrheit des Himmelreichs war also eine absolute Fortbestimmung seiner faktischen Anschauung und Verstandes durch ein Ursprüngliches aus seiner Individualität, d. i. aus Gott: — wie es in dieser Form durchaus mit allen tüchtigen Menschen auf der Welt hergeht.

---

*) Lukas 2. 46 u. 4. sqq. Joh. 7. 15.

Um der Sache die höchste Klarheit zu geben, — von einer andern Seite, durch ein anderes Hülfsmittel. Aus der faktischen Entwicklung des Menschengeschlechts läßt eine gewisse Person in der Geschichte, die eigentliche Haupt-Person in derselben, der Anfänger aller wahren Geschichte, sich als schlechthin nothwendig nach einem Gesetze a priori ableiten. Diese schlechthin nothwendige Person stimmt überein mit dem, was die Erzählungen uns von Jesu berichten, und wir verstehen dies, und seine Anforderungen in einem organischen Zusammenhange, wenn wir Jesus als diese nothwendige Person denken.

Die Sache verhält sich so. Das Menschengeschlecht soll mit eigener Freiheit, ausgehend von einem entgegengesetzten Zustande, und diesen vernichtend, sich erbauen zu einem Reiche Gottes, zu einer Welt, in der Gott allein Princip sey aller Thätigkeit, und Nichts ausser ihm, indem alle menschliche Freiheit aufgegangen ist, und hingegeben an ihn. (Dies ist die Absicht des Erdenlebens, dieses ewige Sichmachen, nie abreißend wegen Tod und Geburt; dagegen in dem höheren Leben das Machen wegfällt, und das Seyn vorausgesetzt wird.) Dies geschieht einzeln durch jedes Individuum, indem die unmittelbar sich bestimmende Kraft der Freiheit nur in individueller Form vorkommt. — Aber dann bedarf es eines Bildes dieser Bestimmung des sich Ertödtens und Hingebens. Dieses Bild könnte sie haben nur durch eine vorhergegangene Freiheit: — sinnlich nicht, denn das ganze Verhältniß ist ein Uebersinnliches. — Also die Freiheit setzt voraus das Bild, und das Bild setzt voraus die Freiheit. *) Dieser Cirkel löst sich

*) Denn wer den Namen des Herrn wird anrufen, soll selig werden. Wie sollen sie aber anrufen, an den sie nicht glauben? Wie sollen sie aber glauben, von dem sie Nichts gehört

nur so, daß das Bild einmal Sache, Realität sey, der aufgegebene Zweck ohne alle Freiheit. Dies nun bei Jesus.

Folgendermaßen drum begriff nothwendig der Erste, dem das wahrhafte Seyn klar wurde als ein Himmelreich, zuförderst sich selbst, sein Verhältniß zu Gott, und zufolge und sich gründend auf die Wahrhaftigkeit dieses seines Verhältnisses, das aller Menschen:

1) Er war berufen durch Gott. — Dies fand er faktisch vor.

2) Der Inhalt seiner Berufung, seine Verkündigung, und sein Geschäft an dem Menschengeschlecht war wahr — nicht aus allgemeinen Gründen, wie für uns, — sondern um der Wahrheit und Göttlichkeit seines Berufs willen. Dieser war eine Zeitbegebenheit, drum zufolge eines freien Entschlusses Gottes, — nicht, wie für uns, zufolge eines innern Gesetzes des göttlichen Erscheinens. — Daß alle Menschen Bürger werden könnten und sollten, war nur dadurch wahr, daß Gott es durch Jesus versprechen ließ, *) drum nur unter der Bedingung, daß er durch Jesus rede,

---

haben? Wie sollen sie aber hören ohne Prediger? Wie sollen sie aber predigen, wo sie nicht gesandt werden? Römer 10. 13—15. u. 17. Niemand hat Gott je gesehen, der eingeborne Sohn, der in des Vaters Schooß ist, der hat es uns verkündet. Joh. 1. 28.

*) Und ich habe noch andere Schaafe, die sind nicht aus diesem Stalle; und dieselbigen muß ich herführen, und sie werden meine Stimme hören, und wird Eine Heerde und Ein Hirte werden, solches Gebot habe ich von meinem Vater empfangen. Joh. 10. 16 u. 18.

diesen berufen habe; er, Gott, zu dieser Stiftung. *) Also das Himmelreich datirt von jener Zeit,

3) Jesus drum der erste Bürger des Reichs, in welcher Art, sogleich.

4) Setze man, wie man ohne Zweifel, durch den Zusammenhang genöthigt, setzen muß, es habe Jesu beigewohnt folgende Einsicht: was für die Entwicklung des Menschengeschlechts faktisch gegeben seyn muß, wie nach unserer obigen Deduktion ein Jesus, ist gegeben nur einmal in der Zeit, und wiederholt sich nicht, (weil sodann das Erste nur Probe wäre, und noch dazu verfehlte;) es ist für das ganze Menschengeschlecht. Er ist drum in seiner Form einzig: Alle, die in das Himmelreich kommen, gelangen dazu nur durch ihn, das durch ihn hergegebene Bild. **) Er drum der erste, ***) und der geborene, und der einzige gebo-

*) Denn durch Jesum haben wir den Zugang Heiden und Juden beide in Einem Geiste zum Vater. So seyd Ihr nun nicht mehr Gäste und Fremdlinge, sondern Bürger mit den Heiligen, und Gottes Hausgenossen, erbauet auf den Grund der Apostel und Propheten, davon Christus der Eckstein ist. Epheser 2. 18 bis 20.

**) Ich bin der Weg und die Wahrheit, und das Leben, Niemand kommt zum Vater, denn durch mich. Joh. 14. 6. Ich bin der Weinstock, Ihr seyd die Reben. Wer in mir bleibet und ich in ihm, der bringet viele Frucht, denn ohne mich könnet Ihr nichts thun. Joh. 15. 5. Es ist mir alles übergeben von meinem Vater, und Niemand weiß, wer der Sohn sey, denn nur der Vater; noch wer der Vater sey, denn nur der Sohn, und welchem es der Sohn will offenbaren. Lukas 10. 22.

***) Welcher ist das Ebenbild des unsichtbaren Gottes, der Erstgeborne von allen Kreaturen. Coloss 1. 35. Vergl. Römer 8—29. Offenb. Joh. 1. 5. welcher ist der treue und wahrhaf-

geborene, der eingeborene Bürger und Sohn, *) Werkzeug und geistige Effekt: **) ausser ihm keiner geboren, weder vor ihm, ***) weil er sodann nicht seyn konnte, noch nach ihm, weil er sodann vergebens, und nicht für das ganze Geschlecht da wäre: Alle drum sollen durch das von ihm in die Zeit eingeführte Bild, vermittelst der eigenen Freiheit, in dieses Reich kommen: wiedergeboren werden von ihm aus. (Diese Anforderung der Wiedergeburt an Alle hat er ja nie von sich ausgesagt, wie er ja im entgegengesetzten Falle gesollt hätte.) Er war der eingeborne Sohn Gottes, durch den allein Alle selig werden können, die es

---

tige Zeuge, der Anfang der Kreatur Gottes. Offenb. Joh. 3. 14.

*) Von seinem Sohne, der geboren ist ein Sohn Davids nach dem Fleisch, und kräftiglich erwiesen ein Sohn Gottes nach dem Geiste. Röm. 1. 3. 4. Also hat Gott die Welt geliebet, daß er seinen eingeborenen Sohn gab, auf daß Alle, die an ihn glauben, nicht verloren werden, sondern das ewige Leben haben. Joh. 3. 16 u. 17. Vergl. 1. Joh. 4. 9. Joh. 3. 35., 9. 38., 11. 27. Matth. 26. 54. Röm. 8. 14., 8. 31. Ebräer 1. 5. u. s. w.

**) Ich und der Vater sind Eins. Joh. 10. 30. Wer mich siehet, der siehet den Vater. Joh. 14. 9. Der Vater hat den Sohn lieb, und hat ihm alles in seine Hand gegeben. Joh. 3. 35. Mein Vater wirket bisher, und ich wirke auch. Joh. 5. 17. Der Sohn kann nichts von ihm selbst thun, denn was er siehet den Vater thun; denn was derselbige thut, das thut gleich auch der Sohn. Joh. 5. 19.

***) Ich bin der Erste und der Letzte, und der Lebendige. Ich war todt, und siehe, ich bin lebendig von Ewigkeit zu Ewigkeit, und habe die Schlüssel der Hölle und des Todes. Offenb. Joh. 1. 17 u. 18.

werden. Kein anderer Name, *) andere Person, andere Veranstaltung. Keine Bothschaft, Evangelium nach ihm, weil dies das Evangelium der absoluten Wahrheit und Realität ist. (Wer ein andres Evangelium predigt, sey es ein Engel vom Himmel, sey verflucht. **)

Dieses, — die Bedingtheit alles göttlichen Reichs auf der Erde durch eine erste Erscheinung des Begriffs desselben in derjenigen Form, welche sie nach den Gesetzen der Erscheinung überhaupt haben mußte, in der Form eines Christus, — ist nun eine ewig gültige historische Wahrheit für Jeden bis an das Ende der Tage, der jene Erscheinung als Faktum erfassen, und als solches sich in der Reihe der Fakten genetisch machen wird. Er wird auf einen einst vorhanden gewesenen Christus stoßen, auf einen eingeborenen Sohn Gottes, einen Menschen, den Gott unmittelbar zu seinem Werkzeuge gemacht, um durch ihn Alle einzuladen, sich selbst mit Freiheit, durch freie Hingebung, dazu zu machen. Wahr drum ist, daß es nothwendig einen Sohn

---

*) Und ist in keinem Andern Heil, ist auch kein andrer Name den Menschen gegeben, darinnen wir sollen selig werden. Apostelgesch. 4. 12. Vergl. Joh. 8. 24. u. 14. 6.

**) Aber so auch wir, oder ein Engel vom Himmel Euch würde ein Evangelium predigen anders, denn das wir Euch gesagt haben, der sey verflucht. Galater 1. 18. Es werden falsche Christi und falsche Propheten aufstehen, und große Zeichen und Wunder thun, daß verführet werden in Irrthum (wo es möglich wäre) auch die Auserwählten. Siehe, ich habe es Euch zuvor gesagt. Darum wenn sie zu Euch sagen werden: Siehe er ist in der Wüste, so gehet nicht hinaus: Siehe er ist in der Kammer, so glaubet es nicht. Denn gleich wie der Blitz aufgeht vom Aufgang, und scheint bis zum Niedergang, also wird auch seyn die Zukunft des Menschensohnes. Matth. 24. 24 — 27.

Gottes giebt. So hat es sich auch in der nachfolgenden Geschichte bestätigt. Alle nachfolgende Entwicklung der Freiheit hat sich gegründet, und ist bedingt gewesen durch das Vorhandenseyn jenes Evangelii; von der Philosophie werde ich dies noch besonders zeigen. Wie wir uns stellen mögen, in den Boden der christlichen Zeit hinein sind wir gesetzt, durch seine Einflüsse ist das faktische Grundseyn bestimmt, von welchem wir ausgehen.

Wer, sage ich, jenen Begriff nicht nur überhaupt erfaßt, ihn vielleicht lebt, und sich einbürgert, wozu es des einfachen Absterbens seiner selbst bedarf, sondern auch auf ihn als ein Faktum reflektirt, (was er ja unbeschadet des eigentlichen Inhalts und der praktischen Anwendung sehr wohl unterlassen kann,) wer ferner nicht bloß dies thut, und ihn nun eben stehen läßt, sondern auch ihn begreift, durchgeführt bis zum Ende, der wird Christus als Sohn Gottes anerkennen. Wer dies nun aber nicht thut? was können wir von ihm sagen? Er ist nicht durchaus klar, versteht sich nicht im Zusammenhange der Erscheinung. Dies ist allerdings eine Unvollkommenheit, die vermieden werden soll, falls sie es kann. Aber er kann nicht in das Himmelreich kommen? Des Bildes bedarf es: dies ist wahr. Wenn nun dieses in seiner Umgebung allenthalben vorhanden ist, allenthalben ihm entgegen kommt, in einer Klarheit, Verständlichkeit, Ausbildung ihm entgegen kommt, wie Jesus selbst und seine Apostel durchaus nicht fähig waren, es aufzustellen, — dies nach dem eigenen Geständniß und der Weissagung Jesu, die ich zu seiner Zeit anführen werde, — soll denn dieses Bild nicht gut seyn, und seine Dienste thun, wenn man nicht historisch begreift, woher es ist in seinen allerersten Anfängen?

Vom Mittel zur Seligkeit ist die Rede, von dem einzigen, ausser welchem kein Heil ist. Hierüber sollen alle Menschen unterwiesen werden. Dieses Mittel nun ist der

Tod der Selbstheit, *) — der Tod mit Jesu, **) die Wiedergeburt, ***) u. s. f. Dieses hilft einzig, und dieses ganz, gründlich, durch und durch. — Daß man wisse, es sey dies der Tod mit Jesu, daß man neben jener Unterweisung zugleich die ganze Historie der Unterweisung mit kenne, das trägt zur Seligkeit durchaus nichts bei. Den Weg zur Seligkeit muß man gehen: †) das ist's: die Geschichte, wie er entdeckt und geebnet worden, ist wohl sonst gut, aber zum Gehen hilft sie nichts.

---

*) Das ist gewißlich wahr: Sterben wir mit, so werden wir leben. 2. Timoth. 2. 11. Und wenn ich weissagen könnte, und wüßte alle Geheimnisse und alle Erkenntniß, und hätte allen Glauben, also daß ich Berge versetzte, und hätte der Liebe nicht, so wäre ich nichts. 1. Corinth. 13. 2. Ein Jeglicher unter Euch, der nicht absagt Allem, was er hat, kann nicht mein Jünger seyn. Lukas 14. 33. Wer sein Leben erhalten will, der wird es verlieren, wer aber sein Leben verliert um meinetwillen, der wird es erhalten. Lukas 9. 23. Vergl. 12. 25.

**) Wisset Ihr nicht, daß Alle, die wir in Jesum Christ getaufet sind, die sind in seinen Tod getauft? Römer 6. 3. Wir tragen alle Zeit das Sterben des Herrn Jesu an unserm Leibe, auf daß auch das Leben des Herrn Jesu an unserm Leibe offenbar werde. 1. Corinth. 4. 10. Vergl. Philipp. 3. 10. Colosser 2. 12.

***) Siehe Note **) Seite 196.

†) Gebiete Etlichen, daß sie nicht anders lehren, auch nicht Acht hätten, auf die Fabeln und der Geschlechter Register, die kein Ende haben, und bringen Fragen auf mehr, denn Besserung zu Gott im Glauben. Denn die Hauptsumme des Gebots ist Liebe von reinem Herzen, und von gutem Gewissen, und von ungefärbtem Glauben. 1. Timoth. 1. 4 und 5.

Ich hoffe, dies ist klar und durchgreifend. Man sage nicht, was schadet's, wenn auch auf dieses Historische gehalten wird? Es schadet, wenn Nebensachen in gleichen Rang mit der Hauptsache gestellt, oder wohl gar für die Hauptsache ausgegeben, und diese dadurch unterdrückt und die Gewissen geängstiget werden zu begreifen und zu glauben, was sie unter solcher Anweisung nimmermehr glauben können; wo sich drum die ganze Sache in das Hersagen unverstandener Formeln endigt. Es ist dies nur eine andere Verfälschung der Grundlehre des Christenthums von der Rechtfertigung, getreten an die Stelle anderer Verfälschungen, wie ich zu seiner Zeit zeigen werde. Zum Christenthume kommt es gar nicht eher, auch in der Theorie, bis jener Weg der Seligkeit als der einzige und ganze erkannt ist, und das Historische als historisch dem freien Verstande anheim gegeben wird.

Unmittelbar bei der ersten Erscheinung Jesu war ein entscheidender Grund auf die Erkenntniß dieser Persönlichkeit des Christus zu bringen. Es ist nöthig, dies auseinander zu setzen, um einen anderen Haupttheil des Christenthumes zu erklären, und von den darauf ruhenden Misverständnissen zu reinigen. — Die Wahrheit eines Himmelreiches überhaupt beruhte in Jesu auf der unmittelbaren Gewißheit, daß er von Gott berufen sey, es zu stiften: dies war ihm der Beweis; so hatte er auch für Andere keinen andern. Dies mußten sie vor allen Dingen mit ihm glauben:*) ihm glauben, wie Er sich, durch ein Nachbild erse-

*) Das ist Gottes Werk, daß Ihr an den glaubet, den er gesandt hat. Joh. 6. 29. Wer den Sohn nicht ehret, der ehret den Vater nicht, der ihn gesandt hat. Joh. 5. 23.

zen sein unmittelbares Selbstbewußtseyn. Dies ist nun der Glaube, den Jesus forderte, der Glaube an ihn, als von Gott berufenen Stifter, der wesentlich war, und ihm für's Erste also erschien. *)

Dies war nun eine ungeheuere Forderung, wegen des gänzlich unbekannten und unerhörten Inhalts der Botschaft. **) Beides stand einander im Wege. Es zeigte sich drum, daß Jesus, ausser bei einigen Vertrauten, die eigentlich seiner Moralität glaubten, keinen Glauben fand. ***) Es lag in dem Begriffe der alten Welt, und in der Praxis derselben, göttliche Sendung durch Zeichen und Wunder zu beweisen. Diese Forderung mußte ihm gestellt werden, †) und er konnte sie auch vor seiner eigenen Erkennt-

---

Wer an mich glaubet, der glaubet nicht an mich, sondern an den, der mich gesandt hat, und wer mich siehet, der siehet den, der mich gesandt hat. Joh. 12. 44 u. 45. Diese erkennen, daß du mich gesandt hast. Joh. 17. 25.

*) Ein jeglicher Geist, der da bekennet, daß Jesus Christus ist in das Fleisch gekommen, der ist von Gott, und ein jeglicher Geist, der da nicht bekennet, daß Jesus Christus ist in das Fleisch gekommen, der ist nicht von Gott. 1. Joh. 4. 2 u. 3.

**) Selig ist, der sich nicht an mir ärgert. Matth. 11. 6. Vergl. Joh. 8. 51—53., 9. 16., 10. 20 u. 31.

***) Denn auch seine Brüder glaubten nicht an ihn. Joh. 7. 5. Glaubet auch irgend ein Oberster und Pharisäer an ihn? sondern das Volk, das Nichts vom Gesetz weiß, ist verflucht. Joh. 7. 48 u. 49.

†) Was zeigest du uns für ein Zeichen, daß du solches thun mögest? Joh. 2. 18. Vergl. 11. 47 u. 48., 6. 30., 19. 29. 1. Corinth. 1. 22. Matth. 12. 38., 16. 1. 2. Mose 4. 1—9.

niß nicht wohl abweisen. *) Dadurch gerieth nun Jesus in den Widerspruch der beiden Zeiten. Nach dem Princip der alten Zeit war diese Anforderung an ihn, an sich selbst, und an Gott durchaus passend, und unabweislich. Nach dem Princip der neuen Zeit — ich bitte dies, obwohl ich es kurz abthue, wohl zu merken, — ist eine solche Forderung absurd. Gott ist der Herr des Geistigen, nicht des Sinnlichen, das ihn gar nichts angeht. **) Zeichen und Wunder mag der Fürst der Welt thun, Beelzebub, der Oberste der Teufel, wie auch seine Zeitgenossen, gar nicht inkonsequent, dies für wahrscheinlich ansahen: ***) des himmlischen Vaters ist dies durchaus unwürdig. †) In seinem Reiche soll innerhalb dieser Sinnenwelt Nichts geändert werden, ausser durch Freiheit unter dem göttlichen Pflichtgebote; und wer es anders will, und Wunder be-

*) Da hoben sie den Stein ab, da der Verstorbene lag. Jesus aber hob seine Augen empor, und sprach: Vater ich danke dir, daß du mich erhöret hast; doch ich weiß, daß du mich allezeit hörest; sondern um des Volkes willen, das umher steht, sage ich es, daß sie glauben, du habest mich gesandt. Joh. 11. 41 u. 42.

**) Was vom Fleisch geboren wird, das ist Fleisch, und was vom Geist geboren wird, das ist Geist. Joh. 3. 6. fleischlich gesinnt seyn, ist eine Feindschaft wider Gott, sintemal es dem Gesetze Gottes nicht unterthan ist, denn es vermag es auch nicht. Ihr aber seyd nicht fleischlich, sondern geistig, so anders Gottes Geist in Euch wohnet. Römer 8. 7 u. 9.

***) Er treibt die Teufel nicht anders aus, denn durch Beelzebub, der Teufel obersten. Matth. 12. 24., 9. 34. Marc. 3. 22. Lukas 11. 15.

†) Du sollst Gott deinen Herrn nicht versuchen. Matth. 4. 7. Man vergleiche überhaupt die Versuchungsgeschichte daselbst.

gehrt, der will sich seiner Pflicht entziehen. Ohne Zweifel ging Jesu, der bei seinem ersten Erscheinen auf den ersten Beweis bestand, und auch die Beweisführung versuchte, durch das Mislingen das Licht auf über das Zweite, wie ihm denn zugleich das Licht aufging über eine andere Beweisführung für die Realität des Himmelreichs, wovon sogleich. (Keine der Ehre Christi nachtheilige Behauptung.) Der individuelle Zweck war ihm aus Gott: die Welt kennen lernen und sie ihm subsumiren konnte er nur durch Erfahrung. Auch gestehen's die Apostel zu: er sey versucht allenthalben, gleich wie wir. *) Daher ohne Zweifel die anscheinend widersprechenden Behauptungen Jesu über diesen Punkt: einmal, wie es scheint, wirkliche Berufung auf seine Wunder, als Beweise seiner Göttlichkeit: **) an andern Stellen klar und ganz unzweideutig Strafreden über den irdischen Sinn, der da Wunder fordre, diesen eine Beweiskraft zuschreibe. **) Dies ist nun ganz richtig. Ehe dieser Sinn nicht ausgerottet ist bis auf die Wurzel, ist kein Christenthum. Der Wunderglaube, und

---

*) Denn wir haben nicht einen Hohenpriester, der nicht könnte Mitleiden haben mit unserer Schwachheit, sondern versucht ist allenthalben, gleich wie wir, doch ohne Sünde. Ebräer 4. 15.

**) Thue ich nicht die Werke meines Vaters, so glaubet mir nicht; thue ich sie aber, glaubet doch den Werken, wollt Ihr mir nicht glauben. Joh. 10. 37 u. 38.

***) Du sollst Gott deinen Herrn nicht versuchen. Lukas 4. 12. Dies ist eine arge Art, sie begehret ein Zeichen. Lukas 11. 29. Die böse und ehebrecherische Zucht sucht ein Zeichen, und es wird ihr kein Zeichen gegeben werden, denn das des Propheten Jonas. Matth 12. 39 Und er seufzete in seinem Geist und sprach: was sucht doch dies Geschlecht Zeichen? Marc. 8 12. Vergl. Matth. 8. 5., 16. 1—4. Joh. 4. 48.

das Halten darauf sind rein heidnisch, verstoßend gegen die ersten Principien des Christenthums.

Statt dessen bediente er sich nun der Verweisung an Moses und die Propheten, *) und an den innern Beweis. Also es sind hierin zwei Epochen etwa in dem Leben Jesu, welche die Evangelisten, die über diesen Punkt nie klar geworden, verwechselt haben. (Die Auferweckung des Lazarus **) ist freilich dagegen: dies mag nun ein Andrer untersuchen.)

Jesus hat Wunderbares in Fülle gethan, weil er ein erhabener Mensch war; sein ganzes Daseyn ist das größte Wunder im ganzen Verlaufe der Schöpfung; aber eigentliche Wunder hat er nicht gethan, nicht thun können, noch sollen, indem diese im graden Widerspruche stehen mit seinem Begriffe von Gott, und dem göttlichen Reiche. — Eben so hat Jesus ja keine Erscheinungen, Gesichte, Träume, oder des Etwas gehabt, und darauf sich berufen, wie die alten Propheten. Wie ist ihnen denn das entfallen? Alles dies sind Hexenmittel, die einen willkührlichen Gott voraussetzen.

Der andere Beweis. Wenn es wahr war, daß eine göttliche Kraft ergreife und treibe Jeden, der nur sich hingiebt, so mußte sich dies in der Erfahrung eines Jeden,

*) Suchet in der Schrift, denn Ihr meinet, Ihr habet das ewige Leben darin, und sie ist's, die von mir zeuget. Joh. 5. 39. Wenn Ihr Mosi glaubtet, so glaubtet Ihr auch mir, denn er hat von mir gezeuget. Ebendas. 21. 46.

**) Joh. 11. 1—45.

der sich hingab, bestätigen; *) er mußte sich als einen durchaus anderen Menschen, mit nie gehabten Plänen, und nie empfundener Kraft fühlen. Dies führte ihm in ihm selber den Beweis, eben so wie er Jesu geführt war in ihm selber. Für einen solchen nun fiel die Nothwendigkeit des unmittelbaren Glaubens an den Beruf Jesu weg: er erhielt die Ueberzeugung von demselben mittelbar durch die unmittelbare Erfahrung an sich selbst, in umgekehrter Richtung der Beweisführung in Jesu. Wie viel bedurfte dieser? Nur die problematische Voraussetzung: Auf diese hin sollte man es wagen. **) So erhält der Glaube an Jesu Beruf eine doppelte Gestalt: er ist theils kategorisch, theils problematisch: letzteren bedurfte Jesus: So Jemand will deß Willen thun, der mich gesandt hat, der wird inne werden, ob diese Lehre von Gott sey, oder ob ich von mir selbst rede. (Joh. 7. 17.)

Die Jünger hatten, wie gesagt, den ersten Glauben, und hielten auf ihn. Zum zweiten Beweise kamen sie we-

---

*) Von nun an werdet Ihr den Himmel offen sehen, und die Engel Gottes herauf und herabfahren auf des Menschen Sohn. Joh. 1. 51. Wer sein Zeugniß annimmt, der versiegelt es, daß Gott wahrhaftig sey; denn welchen Gott gesandt hat, der redet Gottes Wort. Joh. 3. 32 u. 33. Wer zu mir kommt, den wird nicht hungern, und wer an mich glaubt, den wird nimmermehr dursten. Joh. 6. 31 bis 35. wer an mich glaubet, von des Leibe werden Ströme des lebendigen Wassers fließen. Joh. 7. 38. Vergl. Marc. 10. 29. Joh. 4 41., 6. 68 , 10. 11. Röm. 1. 16. 2. Petri 1. 3.

**) Wer nicht wider uns ist, der ist für uns. Marc. 9 40. Luk. 9. 50. Wenn Ihr des Menschen Sohn erhöhen werdet, dann werdet Ihr erkennen, daß ich es sey, und nichts von mir selbst thue, sondern wie mich mein Vater gelehrt hat, so rede ich. Joh. 8. 28.

nigstens bei dem Leben Jesu nicht. Wohl aber nach seinem Tode; und so führten sie denn neben dem ersten auch den zweiten, den sie den Beweis des **Geistes** und der **Kraft** nannten, *) **ihn** auch sogar zu einem äusseren machend.

Wie im Fortlaufe durch Verstandes-Einsicht von der Realität des Himmelreichs ein dritter Beweis sich eingefunden habe, der die Person Jesu gänzlich überflüßig macht, (für die Seligkeit der Individuen,) werden wir sehen.

Dieser historische Satz: Jesus war durch seine Stellung in der Zeit, und durch sein Verhältniß zur Vorwelt, Mitwelt und Nachwelt der erstgeborne und eingeborne Sohn, wurde nun metaphysisch genommen. Gott erzeugte in der Zeit den Sohn, als sein Beruf ihm klar ward: dieser Moment war es, von welchem in der Zeit der Beginn des Himmelreichs datirte. **) **Klar ward**, sagen auch wir, und können nicht anders sagen, den Beruf an sich vor seiner Erscheinung im klaren Bewußtseyn voraussetzend. ***)

---

*) Und mein Wort und meine Predigt war nicht in vernünftigen Reden menschlicher Weisheit, sondern in Beweisung des **Geistes** und der **Kraft**, auf daß Euer Glaube bestehe nicht auf Menschen Weisheit, sondern auf Gottes Kraft. 1. Corinth. c. 2. v. 4 u. 5.

) Und Er ist das **Haupt des Lebens, nämlich der **Gemeine**; welcher ist der **Anfang** und der **Erstgeborne von den Todten**, auf daß Er in allen Dingen den Vorgang habe. Coloss. 1. 18.

***) Der zwar zuvor versehen ist, ehe der Welt Grund gelegt ward, aber geoffenbaret in den letzten Zeiten um Euretwillen. 1. Petri 1. 20. Mir ist gegeben, zu erleuchten Jedermann, welches da sey die Gemeinschaft des Geheimnisses,

Nein, sagte man: die Dürftigkeit und Unzulänglichkeit der Zeit überhaupt fehlt: er hat ihn gezeugt von Ewigkeit. *) Richtig. Wir haben oben den strengen Beweis geführt. Ein Christus lag schlechthin nothwendig und nach ihrem innern Gesetze in der Erscheinung: sie gesetzt, ist Er gesetzt.

Es geschieht oft, daß man, um einen einzelnen Fall bekümmert, ein allgemeines Gesetz findet, es aber nicht als allgemeines, sondern nur als dieses Falles Gesetz ansieht. So ging es hier. Alle Grund-Momente der Menschengeschichte, durch die das Geschlecht in der That weiter kommt, (nicht die Verzögerungen durch individuelle Freiheit,) liegen im Gesetze der Erscheinung. **) Eben so wie

---

das von der Welt her in Gott verborgen gewesen ist, der alle Dinge geschaffen hat durch Jesum Christi. Epheser 3. 9. Vergl. 17. 5.

*) Denn du hast mich geliebet, ehe denn die Welt gegründet war. Joh. 17. 34. Der ist's, der nach mir kommen wird, der vor mir gewesen ist. Joh. 1. 27. Ehe denn Abraham ward, bin ich. Joh. 8. 58.

**) Im Anfang war das Wort, und das Wort war bei Gott, und Gott war das Wort, dasselbige war im Anfang bei Gott. Alle Dinge sind durch dasselbige gemacht, und ohne dasselbige ist Nichts gemacht, was gemacht ist; in ihm war das Leben, und das Leben war das Licht der Menschen; und das Licht scheint in der Finsterniß, und die in der Finsterniß haben es nicht begriffen. Joh. 1. 1 bis 5. Wie uns Gott denn erwählet hat durch Christum, ehe der Welt Grund gelegt war, daß wir sollten heilig seyn und aufrichtig vor ihm in Liebe. Epheser 1. 4. Durch welchen wir auch zum Erbtheil gekommen sind, die wir zuvor verordnet sind nach dem Vorsatz deß, der alle Dinge wirket nach dem Rath seines Willens. Ebendas. 21. 11. Auf daß jetzt kund würde den Fürstenthümern und Herrschaften in dem Himmel an der Gemei-

Christus hat Gott von Ewigkeit z. B. die Mathematik, die Philosophie aus seinem Wesen gezeugt. Der Ehre Jesu geschieht dadurch kein Nachtheil. Grund- und Einheits-Punkt der Geschichte, zu welchem alles Vorhergegangene sich als Vorbereitung, und alles Künftige sich als Entwicklung verhält, bleibt er doch: der Eingeborne und Mittelpunkt, in welchem und um deßwillen alles Andere gezeugt ist. *)

Christus ist selbst Gott mit dem Vater und Geiste, sagte man ferner: Gott ist in wesentlicher Einheit ein Dreifaches. **) Daß dies nirgends mit diesen Worten in den auf uns gekommenen Urkunden steht, auch nicht irgendwo, ausser an einer einzigen Stelle des Paulus, ***) Christus

---

ne die mannigfaltige Weisheit Gottes, nach dem Vorsatze von der Welt her, welchen er bewiesen hat in Christo Jesu. Epheser 3. 20. Vergl. Matth. 25. 34. Lukas. 1. 2 u. 3.

*) Gott hat den Sohn zum Erben gesetzt über Alles, durch welchen er auch die Welt gemacht hat, welcher trägt alle Dinge mit seinem kräftigen Wort. Ebräer 1. 2 u. 3. Dieser aber ist größerer Ehre werth, denn Moses, nachdem der eine größere Ehre am Hause hat, der es bereitet, denn das Haus, Ebräer 3. 3. Denn durch ihn ist Alles geschaffen, das im Himmel und auf Erden ist, das Sichtbare und das Unsichtbare, beides die Thronen und Herrschaften, und Fürstenthümer und Obrigkeiten, es ist Alles durch ihn, und zu ihm geschaffen; und er ist vor Allem, und es besteht Alles in ihm. Coloss. 1. 16 u. 17. Vergl. 1. Corinth. 8. 6. Ebräer 2. 10.

**) Denn drei sind, die da zeugen im Himmel: der Vater, das Wort und der heilige Geist, und diese drei sind Eins. 1. Joh. 5. 7. (Welche Stelle Griesbach für eine Glosse erklärt hat.)

***) Aus welchen Christus herkommt nach dem Fleisch, der ist Gott über Alles. Röm. 9. 5. (Welche Stelle jedoch die vielen

ist Gott; daß der Unterschied *) und die Unterordnung **) des Sohnes und des Vaters, eben so des Geistes unter den letztern ***) oft unumwunden ausgesprochen wird, ist kein Widerspruch gegen jene Lehre. An den Buchstaben der Schrift, und das ewige Wiederholen derselben ohne Veränderung ist der Christ nicht gebunden. Die folgenden Lehrer hatten das Recht in Einheit zu fassen, und den Sinn herauszuheben, wenn sie ihn nur nachweisen konnten, — was sie in diesem Falle, meines Erachtens, vollkommen können, —

Varianten verdächtig machen.) Dagegen: durch die Gnade eines *einigen Menschen, Jesu Christi.* Römer 5. 15. (Inwiefern sich Christus Gottes Sohn nennt, nach Ansicht des Alterthums, erklärt Joh. 10. 34—36. Steht nicht geschrieben in Eurem Gesetz: Ich habe gesagt, Ihr [Obrigkeiten] seyd Götter? So er die Götter nennt, zu welchen das Wort Gottes geschah, sprechet Ihr denn zu dem, den der Vater geheiliget und in die Welt gesandt hat: du lästerst Gott, darum, daß ich sage: Ich bin Gottes Sohn?)

*) So haben wir doch nur Einen Gott, den Vater, von welchem alle Dinge sind, und wir in ihm, und Einen Herrn, Jesum Christum, durch welchen alle Dinge sind, und wir durch ihn. 1. Corinth. 8. 6. Christus ist das Ebenbild des unsichtbaren Gottes. Coloss. 1. 15.

**) Der Vater ist größer, denn ich. Joh. 14. 28 Was heißest Du mich gut? Niemand ist gut, denn der einige Gott. Luk. 18. 17. Matth. 19. 17. Christus ist eines jeglichen Mannes Haupt, der Mann aber ist des Weibes Haupt, Gott aber ist Christi Haupt. 1. Corinth. 11. 3 Wenn aber Alles ihm unterthan seyn wird, alsdann wird auch der Sohn selbst unterthan seyn dem, der ihm Alles untergethan hat, auf daß Gott sey Alles in Allem 1. Corinth. 15. 28.

***) Wenn aber der Tröster kommen wird, welchen ich Euch senden werde vom Vater, der Geist der Wahrheit, der vom Vater ausgehet, der wird zeugen von mir. Joh. 15. 26.

und diesen Sinn zu fassen in die Sprache ihrer Zeit; wir schreiben es uns zu, und unsern Nachfolgern. Nun aber könnte es doch seyn, daß sie, weil ihre Zeit eine gewisse Unterscheidung nicht machte, mit dem, was in dieser ihrer Sprache ganz richtig war, die Folge-Zeit, welche diese Unterscheidung macht, veranlaßt hätten, ihnen Unsinn entweder zuzutrauen, oder, nach Befinden, auch nachzusagen. Nämlich Unsinn wäre es geworden in der sich eingestellt habenden neuen Sprache, gegründet auf eine neue Unterscheidung.

Kurz und scharf: die Sache verhält sich also. Mannigfaltigkeit, wäre es auch nur Zweiheit, ist nur im Begriffe, der die *Einheit und das Zusammenfassen* derselben ausmacht, ohne welches sie nicht ist, mithin nur im Bilde, und der schon fertigen Erscheinung. Jenseit der Erscheinung, und mit völliger Abstraktion von ihrem Gesetze, ist nur absolute Einfachheit. Wer drum sagen würde, Gott jenseit seiner Erscheinung, der Gegenstand des die Erscheinung schlechthin vernichtenden Gedankens, sey ein Mehrfaches, der würde absoluten Unsinn aussprechen, den reinen Widerspruch in der höchsten Potenz, wo die Erscheinung nicht seyn sollte, und doch auch seyn. Jenen Satz aussprechen konnten nicht Jesus, noch seine Apostel, noch die ersten Kirchenlehrer; denn von ihnen war jene Absonderung, durch welche ein Gott jenseit der Erscheinung entsteht, gar nicht gemacht; Jesus ging bis auf den in ihm erscheinenden Vater; *) dieser war ihm das Letzte,

*) Niemand hat Gott jemals gesehen. So wir uns untereinander lieben, so bleibet Gott in uns, und seine Liebe ist völlig in uns. Daran erkennen wir, daß wir in ihm bleiben und Er in uns, daß er uns von seinem Geist gegeben hat. 1. Joh. 4. 12 u. 13. Daß sie den Herrn suchen sollten, ob sie ihn doch fühlen und finden möchten. Und zwar ist er nicht ferne

Unmittelbare: und so seine Nachfolger. Sie reden drum von Dreiheit in Einheit des erscheinenden Gottes; wie es heißt: Gott hat sich offenbaret als Vater, Sohn und Geist. Offenbaret: nicht in Worten, sondern in der That ist er also erschienen. Und dies ist denn offenbar und klar: denn der Vater ist das absolut Vorausgegebene, der Spaltung der Individualität Vorhergehende in der Erscheinung: der Sohn ist die absolute Steigerung derselben zur Anschauung des Reichs Gottes, und der Geist ist die Vereinigung der beiden, und die Anwendung des ersten auf das letzte, *) wie ich dies tiefer unten, wo die einzig schick-

liche

---

von einem Jeglichen unter uns, denn in ihm leben, weben und sind wir. Apostelgesch. 17. 27 u. 28. Spricht zu ihm Philippus: Herr zeige uns den Vater, so gnüget uns. Jesus spricht zu ihm: so lange bin ich bei Euch, und du kennest mich nicht? Philippe, wer mich siehet, der siehet den Vater. Glaubest Du nicht, daß ich im Vater, und der Vater in mir ist? Die Worte, die ich zu Euch rede, die rede ich nicht von mir selber. Der Vater aber, der in mir wohnet, derselbige thut die Werke. Joh. 14. 8 bis 11.

*) Es sind mancherlei Gaben, aber es ist Ein Geist, und es sind mancherlei Aemter, aber es ist Ein Herr, und es sind mancherlei Kräfte, aber es ist Ein Gott, der da wirket Alles in Allem. In einem Jeden erzeugen sich die Gaben zu gemeinem Nutzen. Einem wird gegeben durch den Geist zu reden von der Weisheit, dem Andern von der Erkenntniß, einem Andern der Glaube, einem Andern die Gabe gesund zu machen, einem Andern Wunder zu thun, einem Andern Weissagung, einem Andern Geister zu unterscheiden, einem Andern mancherlei Sprachen, einem Andern die Sprachen auszulegen. Das aber Alles wirket derselbige Eine Geist, und theilet einem Jeglichen seines zu, nachdem er will. Denn gleichwie Ein Leib ist, und hat doch

liche Stelle dazu kommen wird, zeigen werde. Die vom Christenthume ausgehenden Bestrebungen der Philosophie haben in der allgemeinen Ansicht der Christen an die Stelle des unmittelbar im Innern des Menschen erlebten, und so erscheinenden Gottes gesetzt den abstrakten Gott des reinen Begriffs, den nicht erscheinenden, ohne jedoch, da bis auf die Wissenschaftslehre die Philosophie wohl Anderes, aber nicht sich selber verstanden hat, dieses, und den Unterschied des erscheinenden recht zu wissen. Wird nun seit dieser Umwandlung des Grundbegriffs von einer Dreiheit in Gott gesprochen, so wird es verstanden von diesem allein gedachten Gotte: da ist es nun nicht zu konstruiren, weil es in dieser Weise dem Gesetze aller Konstruktion widerspricht; der Schüchterne läßt es bei dem Worte bewenden, und spricht: es sey ein Geheimniß, der Muthigere gesteht sich: es sey das Unsinn; woran er, wenn es so genommen wird, wie die Urheber der Lehre es freilich niemals genommen, vollkommen recht hat. Solche Expositionen des Lehrbegriffs sind entstanden im Streite und durch Polemik; um sie zu verstehen, muß man den Streit als die geschichtliche Veranlassung kennen. So hier: den Kirchenlehrern und Konzilien war es nicht zu thun um die Dreiheit, diese wurde zugestanden und gelebt: um die Einheit war es ihnen zu thun; diese wurde durch den Hang zum Polytheismus bestritten in den Ketzern, welche Zerspalter waren, zwei Naturen in Christo behaupteten, Manes — zwei Götter. Dies

viele Glieder, alle Glieder aber eines Leibes, wiewohl ihrer viele sind, sind sie doch Ein Leib, also auch Christus. Denn wir sind durch Einen Geist alle zu einem Leibe getauft, wir seyen Juden oder Griechen, Knechte oder Freie, wir sind alle zu Einem Geiste getränket. Gott hat die Glieder gesetzt, ein jegliches sonderlich am Leibe, wie er gewollt hat. 1. Corinth. 12. 4 bis 14 u. 18.

war gegen die Seligkeit, gegen die ruhige Hingebung, indem ja dieser Streit erst ausgemacht werden mußte. — Wer also die Einheit in der Dreiheit nicht glaubt, der ist ohne allen Zweifel verloren, der Segnungen des Christenthumes unfähig. Anders bei uns. Das Christenthum wird doch nicht an zweitausend Jahre vergebens in der Welt gewesen seyn, so daß es nicht einmal mit einem seiner Grund-Elemente hätte durchdringen können? Mit der Einheit hat es allgemein gesiegt, weil man es zum Gotte des Begriffs in allen Katechismen ohne Ausnahme gebracht hat. Diese ist jetzt nicht bestritten, wohl aber die Dreiheit. Diese den Menschen einzureden, ist also die Aufgabe der neuen Trinitarier. Auf jene Weise nun geht es nicht. Thun sie's drum auf die wahre. Ist denn nun aber die Anerkennung der Ursprünglichkeit des Sohnes und Geistes so durchaus nothwendig zur Seligkeit? Wenn nun der Sohn und der Geist in uns wirkt, gilt das Nichts, wenn es nicht im klaren Bewußtseyn anerkannt wird? Kann denn der Sohn und Geist nicht selig machen ohne Wissen und Dank des Beseligten? Ich sollte doch denken. Ohne Sohn und Geist kommt Keiner zu Gott, dies bleibt ewig wahr: daß man sie aber in seinem Bewußtseyn erfasse, ist nicht nothwendig zur Seligkeit, obwohl das Gegentheil eine Unklarheit ist, die als solche gehoben werden soll, wenn sie kann. Bei dem gegenwärtigen Zustande des Christenthums, d. i. nachdem die Einheit Gottes begriffen ist, die Lehre von der Dreieinigkeit, obwohl sie von dem sich offenbarenden Gotte verstanden, dem gebildeten Verstande klar und offenbar ist, zur Bedingung der Seligkeit zu machen, ist durchaus gegen das Christenthum, und führt vom eigentlichen Christenthume ab, eben so wie das Bestehen auf den Glauben an die Person Jesu.

Zusatz über einen Punkt. Glaube an Wunder im gewöhnlichen Sinne, d. i. ursprüngliches Eingreifen des Geistigen in die Sinnenwelt, eben so wie an Erscheinungen, und überhaupt eine magische Einwirkung des Uebersinnlichen auf das Sinnliche sey grober heidnischer Aberglaube, unwürdig des christlichen Vaters im Himmel, und aufhebend die Reinheit des Glaubens an ihn, sagte ich oben. Ich weiß wohl, daß in diesem Stücke das Christenthum noch am allerwenigsten gesiegt, und den heidnischen Hang zum Wunderbaren ausgerottet hat. Wie oft habe ich sogar unter studirenden Jünglingen einen heiligen Eifer für den Wunderglauben bemerkt. Mit der Sinnenwelt hat der wahre Gott unmittelbar gar nicht zu thun; seine Sphäre ist der Wille des Menschen, und durch diesen erst wirkt er mittelbar auf jene. Wer drum diese anders will, der will sich dieser Wirkung entziehen, und seine Pflicht geändert haben. Auf diese Einsicht kommt es an. Zum Beispiel: Wenn Jesus wirklich seinen Vater um Wunder ersucht hätte: wie hätte ihm Gott antworten müssen? Bedenke doch, daß du nicht, wie meine Gesandten der alten Welt, die Menschen nur dahin bringen sollst, daß sie Etwas äusserlich thun, wozu die Betäubung durch ein Wunder recht gut war, sondern daß sie es zufolge klarer Einsicht mit freiem Entschlusse thun, wobei jene Betäubung nur hinderlich und im Wege seyn wird. Wie du sie nun zu dieser Einsicht bringest, da siehe du zu; denn nur inwiefern du dies thust, erfüllst du deine Bestimmung, thust du deine Pflicht, und bist der Christus, der Stifter des neuen Bundes. Kannst du dies nicht, und bedarfst du der Wunder, so entziehst du dich deinem Berufe, und willst lieber seyn, was ich nicht begehre, ein Prophet der Vorzeit; du bist dann gar nicht der Christus, und dieser muß erst nach dir kommen. — Die Gelegenheit, wo das Wunder recht am Platze gewesen wäre, war, sich vom Kreuzestode zu retten: *) so wie Elias, als er gefangen werden sollte, Feuer vom Himmel fallen, und die Bewaffneten verzehren ließ. Jesus erklärte sich auch darüber: Meinet Ihr nicht, daß ich meinen Vater bitten könnte um eine Legion Engel: wie er im Sinne des Alterthums allerdings die Sache ansehen, und seinen Jüngern vorstellen konnte; aber das thue ich nicht, denn wie würde sodann die Schrift erfüllet, **) wie wäre ich sodann der Christus? Der an dieser Stelle geführte Beweis aber ist allgemein: ein Wunderthäter konnte seyn ein Moses, ein Elias, ein Romulus, aber niemals ein Christus, ein Stifter des Himmelreichs.

Diese Wunder in der Sinnenwelt (vom Himmel) leugne ich entschieden: lehrend übrigens einen lebendigen und wirkenden Gott in der Geisterwelt. Daß er Allen, die zu ihm sich nahen, ein neues Herz schafft, ist sein ewiges großes Wunder, und einzelne Wunder in dieser Sphäre, daß ein Christus kam, er Apostel fand, diese bis auf diese Stunde die ihrigen gefunden, werden wir allenthalben zu bemerken Gelegenheit haben.

---

*) Die aber vorübergingen lästerten ihn, und sprachen: der Du den Tempel Gottes zerbrichst und bau'st ihn in dreien Tagen, hilf Dir selber. Bist Du Gottes Sohn, so steig herab vom Kreuz. Desgleichen auch die Hohenpriester spotteten seiner sammt den Schriftgelehrten und Aeltesten, und sprachen: Andern hat er geholfen, und kann ihm selbst nicht helfen. Ist er der König Israels, so steige er nun vom Kreuz, so wollen wir glauben. Er hat Gott vertrauet, der erlöse ihn nun, lüstet es ihn, denn er hat gesagt: Ich bin Gottes Sohn. Matth. 27. 39 bis 43.

**) Matth. c. 26. v. 53 u. 54.

Zu dem historisch dogmatischen Inhalte des Christenthums gehört noch die Lehre von der Rechtfertigung, mit dem auf die biblischen Ausdrücke gegründeten Worte des Systems.

Ihr Inhalt für uns, natürlich ausgesprochen, ist dieser: Jeder Mensch, ohne Ausnahme, dadurch, daß er ein Mensch geboren ist, und solches Angesicht trägt, ist fähig ins Himmelreich zu kommen: Gott ist bereit, ihn zu beleben und zu begeistern; denn nur dazu eben ist jeder Mensch da, und nur unter dieser Bedingung ist er ein Mensch. *)

So nicht nach den Begriffen der alten Zeit, und besonders des Judenthums. Nach diesen bedurfte es für diese Fähigkeit einen Gott zu haben und Theil an ihm erst einer besondern Erwählung, Gnadenwahl **) durch Einverleibung in ein Bürgerthum, bei den Juden noch insbesondere durch die Beschneidung, ***) als das Zeichen des Bun-

---

*) Nun erfahre ich mit Wahrheit, daß Gott die Person nicht ansieht, sondern in allerlei Volk, wer ihn fürchtet und recht thut, der ist ihm angenehm. Apostelgesch. 10. 34 u. 35. Haltet nicht dafür, daß der Glaube an Jesum Christum unseren Herrn Ansehen der Person leide. Jak. 2. 1. u. folgende. — Und werden vor ihm alle Völker versammelt werden. Matth. 25. 32. Vergl. Römer 3. 29—30. und Note †) Seite 179.

**) Wem aber ich gnädig bin, dem bin ich gnädig, und weß ich mich erbarme, deß erbarme ich mich. 2. Mose 33. 19.

***) Ihr aber sollt die Vorhaut an Eurem Fleisch beschneiden: dasselbe soll ein Zeichen seyn des Bundes zwischen mir und Euch: und wo ein Knäblein nicht wird beschnitten an der Vorhaut seines Fleisches, deß Seele soll ausgerottet werden aus seinem Volke, darum daß es meinen Bund unterlassen hat. 1. Mose 17. 11 u. 15.

des, und des auserwählten Volkes, Halten des Ceremonialgesetzes, *) und dergleichen. Dies liegt schon also in unserer früheren Darstellung.

Nach der Sprache der Juden nun insbesondere, welche diese Denkweise bis zu einem durchgeführten Systeme ausgebildet hatten, hießen diese ausser Gott seyenden Sünder. Sünde also Ausgestoßenheit von der Gottheit, Unheiligkeit; **) entsündigt wurde man drum durch Beschneidung, Aufnahme in Mysterien, Einweihung zu Isis, Osiris und dergleichen, wie denn dies bei der Bedrängniß der Gewissen Sitte wurde. Daß Gott einen Menschen ergreifen und begeistern könne, und umschaffen nach seinem Bilde, wie das Christenthum behauptete, konnten sie allenfalls noch zugeben: nur unter der Bedingung, daß er schon vorher ein Geweihter und Gerechter sey, in ihrem Sinne, nicht ein Sünder: ***) den Sünder hört Gott nicht, †) und tritt mit ihm in keine Gemeinschaft. Dies ist die alte Bedeutung des Wortes Sünde, wie ich klar erweisen werde. An die neuerdings untergeschobene Unsittlichkeit ist nicht zu denken.

---

*) Der Mensch ist nicht von Gott, weil er den Sabbath nicht hält. Joh 9. 16 Vergl. Marc. 7. 1 bis 5. Joh. 7. 21 bis 24. Matth. 15. 1 u. 2. u. s. w.

**) Warum esset Ihr mit den Zöllnern und Sündern. Lukas 5. 30. Du bist ganz in Sünden geboren, und lehrest uns? Joh. 9 34.

***) Wo Ihr Euch nicht beschneiden lasset nach der Weise Mosis, so könnet Ihr nicht selig werden. Apostelgesch. 15. 1. Da traten etliche auf von der Pharisäer Sekte, die gläubig waren geworden, und sprachen: Man muß sie beschneiden, und gebieten zu halten das Gesetz Mosis. Ebendaselbst v. 5.

†) Wir wissen aber daß Gott die Sünder nicht höret. Joh. 9. 31.

Durch den oben aufgestellten Satz des Christenthumes wurde dieser Unterschied zwischen Ausgestoßenen und Auserwählten, Sündern und Gerechten gänzlich aufgehoben; *) im Zustande der Geburt und Abstammung Keines lag ein Hinderniß gerecht zu seyn. Die Sünde drum, und mit ihr die Entsündigung war durch das Christenthum rein ausgetilgt, und weggenommen aus der Welt. **) Seit dem

---

*) Christus hat uns erlöset vom Fluch des Gesetzes, auf daß der Segen Abrahams unter die Heiden käme in Christo Jesu, und wir also den verheißenen Geist empfingen durch den Glauben. Galater 3. 13. Denn Ihr seyd alle Gottes Kinder durch den Glauben an Christo Jesu: denn wie viele Euer getauft sind, die haben Christum angezogen. Hier ist kein Jude noch Grieche, hier ist kein Knecht noch Freier, hier ist kein Mann noch Weib, denn Ihr seyd allzumal Einer in Christo. Ebendas. 26 bis 28. Christus ist unser Friede, der uns Brüder Eins gemacht hat, und hat abgebrochen den Zaum, der dazwischen war in dem, daß er durch sein Fleisch wegnahm die Feindschaft, nämlich das Gesetz, so in Geboten gestellt war, auf daß er aus zween Einen neuen Menschen in ihm selber schaffte, und Frieden machte. Denn durch ihn haben wir den Zugang alle beide in Einem Geist zum Vater. Epheser 2. 14 — 18. Denn es ist kein Ansehen der Person vor Gott. Römer 2. 11. u. ff. Es ist hier kein Unterschied unter Juden und Griechen; es ist aller zumal Ein Herr, reich über Alle, die ihn anrufen. Römer 10., 12. Vergl. 11. 32. Matth. 3. 9.

**) Und hat Euch auch mit ihm lebendig gemacht, da Ihr todt waret in den Sünden und der Vorhaut Eures Fleisches, und hat uns geschenket alle Sünden, und ausgetilgt die Handschrift, so wider uns war, welche durch Satzungen entstand, und gegen uns war. Colosser 2. 13 — 17. Siehe das Lamm Gottes, welches der Welt Sünde trägt. Joh. 1. 29. So wisset, daß Jesus erschienen ist, auf daß er unsere Sünden wegnehme, und ist keine Sünde in ihm. 1. Joh. 3. 5.

durch Jesus erklärten Entschlusse Gottes, durchaus Jeden, der sich ihm nahe, aufzunehmen, gab es keine Sünder mehr, noch Entsündigung, *) noch des Etwas. Wir wissen, daß Gott die Sünder nicht hört. Antwort: Es giebt keine Sünder.

Dieser Lehrsatz, und die Ableugnung des Gegensatzes waren wesentlich. Mit jenen Entsündigungsmitteln, Weihung, Beschneidung, **) Taufe, ***) oder was es sey, †) bleibt Gott der willkührliche, eigensinnige Despot, der ohne Grund befiehlt, und dem man gehorchen muß ohne Ein-

---

*) So lasset nun Niemand Euch Gewissen machen über Speise, oder über Trank oder über bestimmte Feiertage, oder Neumonden oder Sabbathen. Coloss. 2. 16. Römer 14. 5 u. 6. Ihr wisset, wie ein ungewohntes Ding ist einem jüdischen Manne, sich zu thun oder zu kommen zu einem Fremdling; aber Gott hat mir gezeigt keinen Menschen gemein oder unrein zu heißen. Apostelgesch. 10. 28.

**) Denn in Christo gilt weder Beschneidung noch Vorhaut etwas, sondern eine neue Kreatur. Galater 6. 15. Ich zeuge abermal einem Jeden, der sich beschneiden läßt, daß er noch das ganze Gesetz schuldig ist zu thun. Galater 5. 3. Die Beschneidung ist Nichts und die Vorhaut ist Nichts, sondern Gottes Gebot halten. 1. Corinth. 7. 19.

***) Denn Christus hat Euch nicht gesandt zu taufen, sondern das Evangelium zu predigen. 1. Corinth. 1. 17. Ich taufe Euch mit Wasser zur Buße: der aber nach mir kommt, ist stärker denn ich, der wird Euch mit dem heiligen Geist und mit Feuer taufen. Matth 3. 11. Vergl. Joh. 133. u. 4. 2.

†) Es ist Nichts ausser dem Menschen, das ihn könnte gemein machen, sondern das von ihm ausgehet, das ist es, daß den Menschen gemein macht. Marc. 7 u. 8. Denn es ist unmöglich, durch Ochsen- oder Bocksblut Sünden zu vergeben. Ebräer 10. 4. Vergl. Coloss. 2. 20 — 23. Röm. 14. 4., 3. 22., 26.

ficht, nach dem Rechte des Stärkern, der Fürst der Welt, und Zauber-Gott; und wird nie der himmlische Vater des Christenthums, dem der Mensch, so wie er ist, kindlich und ohne Furcht sich nahen darf. *)

So ist überhaupt Jeder dazu fähig durch die Geburt als Mensch und mit menschlichem Angesichte. Daß nun aber Jemand wirklich fähig sey, sich Gott zu nahen, dazu gehört, daß er die Lehre Jesu vom Himmelreich wisse, und dieselbe entweder mit kategorischem, oder problematischem Glauben annehme. Also — der wirkliche Mensch wird gerecht allein durch den Glauben an das Evangelium, **)

---

*) Bittet, so wird Euch gegeben; suchet, so werdet Ihr finden; klopfet an, so wird Euch aufgethan. Denn wer da bittet, der empfängt; und wer da suchet, der findet; und wer da anklopfet, dem wird aufgethan. Welcher ist unter Euch Menschen, so ihn sein Sohn bittet um Brodt, der ihm einen Stein biete? So denn Ihr, die Ihr doch arg seyd, könnet dennoch Euren Kindern gute Gaben geben; wie vielmehr wird Euer Vater im Himmel denen Gutes geben, die ihn bitten. Matth. 7. 7 bis 11. In allerlei Volk, wer Gott fürchtet, und recht thut, der ist ihm angenehm. Apostelgesch. 10. 35. Vergl. Römer 8. 14 bis 17.

**) Im Evangelio wird geoffenbaret die Gerechtigkeit, welche vor Gott gilt, welche kommt aus Glauben in Glauben. Römer 1. 17. Die Gerechtigkeit vor Gott, die da kommt durch den Glauben an Jesum zu Allen und auf Alle, die da glauben. Römer 3. 22. Denn Christus ist des Gesetzes Ende, wer an den glaubt, der ist gerecht Römer 10. 4. Wer an ihn glaubet, der wird nicht gerichtet, wer aber nicht glaubet, der ist schon gerichtet, denn er glaubet nicht an den Namen des eingeborenen Sohnes Gottes. Joh. 3. 18. Wer nicht an ihn glaubet, der wird das Leben nicht sehen, sondern der Zorn Gottes bleibet über ihn. ibid. 4. 36. Wer da glaubet und getauft wird, der wird selig werden, wer aber nicht glaubet,

und ausser dieser Voraussetzung bedarf es keines andern, weder vorhergehenden, noch nachfolgenden Mittels.

Diese Aufhebung der Sünde und Entsündigung war nun für Jesus und seine Nachfolger wahr lediglich zufolge des Faktums seiner Sendung; keineswegs aber, wie für uns, zufolge der Einsicht eines Gesetzes. Aber ein Faktum kann, wenn man nicht unbesonnen ist, ein gegenüberstehendes Faktum aufheben nur der Zeit nach. „Mag wohl seyn, daß es ehemals einer Beschneidung bedurft habe; darüber weiß ich Nichts, es steht an seinem Ort, es geht mich nicht an.“ *) Jetzt, seitdem Gott durch Jesus das Gegentheil erklärt hat, ist es nicht mehr so. **) — Seit der Berufung

---

der wird verdammt werden. Marc. 16. 16. Vergl. Römer 5. 2. 2. Corinth. 5. 21. Joh. 3. 15. Galater 2. 16. Philipp. 3. 9. u. s. w.

*) Ihr Heiden denket daran, daß Ihr waret ohne Christo, fremd und ausser der Bürgerschaft Israel, und fremd von dem Testamente der Verheißung, daher Ihr keine Hoffnung hattet, und waret ohne Gott in der Welt. Epheser 2. 12. Christus hat Euch mit ihm lebendig gemacht, da Ihr todt waret in den Sünden, und in der Vorhaut des Fleisches und hat uns geschenket alle Sünden und ausgetilgt die Handschrift, so wider uns war. Coloss. 2. 13 u. 14. Vergl. Galater 3. 23 u. 24. Römer 5. 13—15. Apostelgesch. 13. 38 u. 39.

**) Ihr seyd jetzt rein um des Wortes willen, das ich zu Euch geredet habe. Joh. 15. 3. Denn der Vater richtet Niemand, sondern alles Gericht hat er dem Sohn übergeben. Joh. 5. 22. Wir haben Frieden mit Gott durch unsern Herrn Jesu Christ, Römer 5. 1. Denn es ist das Wohlgefallen gewesen, daß in Christo alle Fülle wohnen sollte, und Alles durch ihn versöhnt würde zu ihm selbst, es sey auf Erden oder im Himmel, damit

ist es so: durch sie ist die Sünde aufgehoben. Die Jünger insbesondere datirten den Beginn des Reichs Gottes vom Tode Jesu, weil sie als die Bestimmung seines Lebens nur ihre Vorbereitung ansahen, und sie erst seit diesem Tode ausgesandt wurden an die ganze entsündigte Welt. Nach ihnen ist drum die Sünde durch den Tod Jesu aufgehoben, *) sein Blut hat sie weggenommen, **) im Bilde vom jüdischen Opferdienste, er ist das Sühnopfer für die Welt, er ist uns vorgestellt zum Gnadenstuhl, ***) in welchem Bildersysteme man sich nun in's Unendliche ergehen mog über diesen Gegenstand, für die, denen dieses Bildersystem geläufig ist, wie z. B. der Apostel Paulus recht mit Liebe sich also ergehet.

---

er Frieden machte durch das Blut an seinem Kreuz durch sich selbst. Coloss. 1. 19 u. 25.

*) Christus heiliget, seit er auferstanden ist von den Todten. Römer 1. 4. Christus ist um unserer Sünde willen dahingegeben. Römer 4. 25. Er ist gestorben für unsere Sünde. 1. Corinth. 14. 3. Jesus sollte sterben für das Volk, und nicht für das Volk allein, sondern daß er die Kinder Gottes, die zerstreut waren, zusammen brächte. Joh. 11. 51 u. 52. Römer 5. 6. Coloss. 1. 22.

**) Du hast uns Gott erkauft mit deinem Blut, aus allerlei Geschlecht und Zungen und Volk und Heiden. Offenb. Joh. 5. 9. Das Blut Christi macht uns rein von aller Sünde. 1. Joh. 1. 7. Christus hat uns gewaschen von den Sünden mit seinem Blut. Offenb. Joh. 1. 5 Wir sind durch sein Blut gerecht geworden. Römer 5. 9. Vergl. Epheser 1. 7. Colosser 1. 14. 1. Petri 1. 19. Ebräer 9. 12. 1. Joh. 1. 7.

***) Welchen Gott hat vorgestellt zum Gnadenstuhl, durch den Glauben in seinem Blut, damit er die Gerechtigkeit, die vor ihm gilt, darbiete, in dem daß er Sünde vergiebt, welche bisher geblieben war unter göttlicher Geduld. Römer 3. 25.

Daß dies so ist, und schlechthin nicht anders seyn kann, erhellet aus dem Unterschiede der Heiligung von der Rechtfertigung. Die Rechtfertigung geht nach alter Lehre vor der Heiligung voraus; durch diese aber erst, durch den von Gott erschaffenen neuen Menschen, wird man, falls man die natürliche Nichtigkeit des Menschen Sünde nennen will, der wirklichen Sünde los. *) Mithin muß diejenige, die man früher durch den Glauben los wird, eine andere seyn: und es ist eben die von der Vorwelt geglaubte Verworfenheit von Gott, die auch Erbsünde genannt wird.

Des Geschlechts Sünde: für diese ist Jesus das Opfer und die Genugthuung. So redet die Schrift. Zeige man mir doch nur eine einzige Stelle, wo dem Einzelnen gesagt wird: Jesus hat für deine persönliche Sünde genug gethan, wie aus Unverstand die Neueren sagen, und dabei recht fromm und erbaulich zu reden glauben.

Weniger von Jesus selbst, der den Gegensatz wenig beachtete, und das heidnische Princip des Judenthums ohne Schonung niederschlug, als von seinen Aposteln, die bei Errichtung einer Christengemeine die Berührung mit dem Judenthume nicht vermeiden konnten, wurde dieser Punkt behandelt: besonders von Paulus, der, bei einigem Wankelmuthe der Uebrigen, **) das christliche Princip kräftig durchsetzte. Er hat den Gegenstand ausführlich und gründ-

---

**) Es werden nicht Alle, die zu mir sagen: Herr! Herr! in das Himmelreich kommen, sondern die den Willen thun meines Vaters im Himmel. Matth. 8. 21.

*) Vergl. Apostelgeschichte c. 15. v. 1 bis 11. c. 11. v. 1 bis 18. c. 10. c. 21. von v. 20. c. 22. Galater 2. 11 bis 21.

lich behandelt in den Episteln an die Römer, Galater, und sonst mehr. Jene Sündhaftigkeit gesetzt, waren die Juden eben auch Sünder; *) denn es ist nicht wahr, daß die Beschneidung und das Halten des Gesetzes rechtfertiget: die ganze alte Welt bis auf Christus war in der Sünde. **) Nur seit Erscheinung des Evangelium ist die Sünde vernichtet; und allein der Christenglaube macht in diesem Sinne gerecht. ***) Dies ist der historische, die Bedeutung bestimmende Ursprung der Lehre von Erlösung, Genugthuung, Entsündigung u. s. f., †) und der polemische Gebrauch derselben gegen das von Grund aus nicht zu widerlegende heidnische Princip von einer Sündhaftigkeit des natürlichen (durch keine Einweihung gereinigten) Menschen vor den Augen Gottes.

Dermalen ist durch die Wirkung des Christenthums diese heidnische Voraussetzung aus der christlichen Welt rein und durchaus verschwunden; sie ist sogar vergessen, und unverständlich geworden. Die Entsündigung und Rechtfertigung vor Gott ist Jesu durchaus gelungen. Wo findet sich wohl noch Jemand, der sich vor Gott scheue? Wir nahen ihm, könnte man sagen, wenn man bedenkt, daß der

---

*) Haben wir einen Vortheil? Gar keinen. Denn wir haben droben bewiesen, daß beides, Juden und Griechen, alle unter der Sünde sind. Römer 3. 9. Vergl. Joh. 9. 39 bis 41.

**) Denn es ist hier kein Unterschied, sie sind allzumal Sünder, und mangeln des Ruhms den sie an Gott haben sollten. Römer 3. 23.

***) Wer übertritt, und bleibet nicht in der Lehre Christi, der hat keinen Gott; wer in der Lehre Christi bleibet, der hat beide den Vater und den Sohn. 2. Joh. 9.

†) Auf daß Ihr wisset, daß des Menschen Sohn Macht hat Sünden zu vergeben. Matth. 9. 6.

allgemeinen Rechtfertigung so selten die Heiligung folgt, wir nahen Gotte nur zu dreist. Das zarte Kind wird durch das Christenthum gewöhnt, jede Nahrung als ein Geschenk aus der Hand des himmlischen Vaters anzunehmen, und mit seinen kindischen Angelegenheiten vertrauensvoll im Gebete sich ihm zu nahen: was da ganz recht ist und gut, wenn nur hinterher die Heiligung folgt. Also die Sache, die Erlösung, ist da, und diese lasse man ja nicht untergehen: die sie beabzweckende Lehre, die sich selbst durch sich selbst vernichtet hat, wird eine ausgestorbene Formel.

Die nun aber doch, damit Nichts umkomme, derselben ein künstliches Leben einflößen wollen, was müssen sie thun? Sie müssen dem Hauptworte Sünde einen andern Begriff unterschieben. Sünde soll seyn die Unsittlichkeit. Dies ist ein philosophischer, durch Abstraktion entstandener, durchaus kein historischer, und ein Faktum bezeichnender Begriff, dessen die alte Welt, so auch Jesus und seine Apostel, durchaus unfähig waren, (also kein christlicher Begriff.) Wenn nämlich von der äusserlichen Gesetzlichkeit, welche allein der Vorwelt bekannt war, sodann auch von den Handlungen aus Gott gethan die bloße Form abgezogen wird, so heißt diese sittlich, das Gegentheil unsittlich, und die philosophische Wissenschaft, die diese Abstraktion vollzieht, heißt die Sittenlehre. Nun aber ist keine lebendige Handlung bloße Form: es lebt sich drum niemals rein aus dem Begriffe der Sittlichkeit, oder der Unsittlichkeit, obwohl allerdings die Handlung unter Einer dieser Formen stehen wird, sondern das eigentliche Leben hat einen andern Antrieb. In dieser Rücksicht giebt es nun nach dem Christenthume, und nach vollendeter Philosophie zwei Lebensweisen: aus der sinnlichen Persönlichkeit heraus: da sey die Handlung noch so glänzend legal, so ist sie Nichts, leerer Schein, ohne Gehalt, *) nicht einmal Sünde; denn es ist selbst ein sündlicher Hochmuth des Menschen, zu glauben, daß er sündigen, und etwa den göttlichen Welt-Plan realiter stören könne. **) — Doch, um mit Diesen nur fortreben zu können, mag diese Nichtigkeit einmal Sünde genannt werden. Oder das Leben lebet aus Gott, ***) so ist es Gottes Erscheinung, und wer aus Gott geboren ist, sündiget nicht. †)

---

*) Denn ich sage Euch, daß unter denen, die von Weibern geboren sind, ist kein größerer Prophet, denn Johannes der Täufer, der aber kleiner ist im Reich Gottes, der ist größer denn er. Lukas 7. 28. Wer seine Hand an den Pflug legt, und siehet zurück, der ist nicht geschickt zum Reich Gottes. Lukas 9. 62. Es werden Viele sagen an jenem Tage: Herr, Herr, haben wir nicht in deinem Namen geweissaget? Haben wir nicht in deinem Namen Teufel ausgetrieben? Haben wir nicht in deinem Namen viele Thaten gethan? Dann werde ich ihnen bekennen: ich habe Euch noch nie erkannt, weichet alle von mir, Ihr Uebelthäter. Matth. 7. 22. u. ff. Vergl. 11. 11. 16. 23. Vergl. Note †) Seite 195.

**) Denn wir können nichts wider die Wahrheit, sondern für die Wahrheit. 2. Corinth. 13. 8. Denn fleischlich gesinnt seyn, ist eine Feindschaft wider Gott, sintemal es dem Gesetz Gottes nicht unterthan ist, denn es vermag es auch nicht. Römer 8. 8.

***) Denn welche der Geist Gottes treibt, die sind Gottes Kinder. Römer 8. 14. Ihr aber seyd nicht fleischlich, sondern geistlich, so anders der Geist Gottes in Euch wohnet. Römer 8. 9. Denn unser Keiner lebt ihm selber, und keiner stirbt ihm selber. Leben wir, so leben wir dem Herrn, sterben wir, so sterben wir dem Herrn. Darum, wir leben oder sterben, so sind wir des Herrn. Röm. 4. 7 u. 8. Vergl. 7. 4.

†) Wer in Christo bleibet, der sündiget nicht, wer da sündiget, der hat ihn nicht gesehen noch erkannt. 1. Joh. 3. 6. Denn daß Christus gestorben ist, das ist er der Sünde gestorben, das er aber lebet, das lebet er Gott: also auch Ihr haltet Euch

Von der Sünde nun im ersten Sinne, von der Nichtigkeit des Fleisches, werden wir erlöset doch wohl nur durch unsere eigene Heiligung? *) und von dieser wird doch hoffentlich Jesus uns nicht erlöst haben, und in dieser Rücksicht unsere Stelle vertreten, da ja seine eigene Heiligkeit nur eben darin besteht, daß durch ihn wir alle geheiliget werden. **) Also hat er uns auch nicht von der Sünde erlöst, die wir nur durch die eigene Heiligung los werden. Jenes Erste wollen sie auch eben nicht sagen: doch müßten sie es sagen, wenn sie irgend Etwas sagen wollen. Sie erschei-

---

dafür, daß Ihr der Sünde gestorben seyd, und lebet Gott in Christo. Römer 6. 10 u. 11. Vergl. 6 u. 7 u. 14. Titus 1. 15. Wir wissen, daß wer von Gott geboren ist, der sündiget nicht. 1. Joh. 5. 18. Vergl. 3. 9. Römer 8. 33 u. 34.

*) Es sey denn, daß Jemand von neuem geboren werde, kann er das Reich Gottes nicht sehen; was vom Fleisch geboren ist, das ist Fleisch, was vom Geist geboren wird, das ist Geist Joh. 3. 3 u. 6. Jaget nach dem Frieden gegen Jedermann, und der Heiligung, ohne welche wird Niemand den Herrn sehen. Ebräer 12. 14.

**) So wir sagen, daß wir Gemeinschaft mit Gott haben, und wandeln in Finsterniß, so lügen wir, und thun nicht die Wahrheit. So wir aber im Lichte wandeln, wie er im Lichte ist, so haben wir Gemeinschaft unter einander, und das Blut Jesu Christi, seines Sohnes, macht uns rein von aller Sünde. So wir sagen, wir haben keine Sünde, so verführen wir uns selbst, und die Wahrheit ist nicht in uns. So wir aber unsere Sünden bekennen, so ist er treu und gerecht, daß er uns die Sünden vergiebt, und reiniget uns von aller Untugend. 1. Joh. 1. 6—9. Christus heiliget seit der Zeit er auferstanden ist von den Todten. Römer 1. 4. Vergl. 2. 13., 6. 22. 1. Corinth. 7. 11.

erscheinen drum in kläglichster Verwirrung, und wissen selbst nicht, was sie reden.

Da haben sie sich z. B. folgende Heilsordnung ersonnen, auf welche, als ein Höchstes, Aehnliches unter sich Befassendes, zweckmäßig seyn dürfte, Rücksicht zu nehmen. (Die Hallischen Theologen, und nach ihnen die Brüdergemeine. Es ist aber in der Lehre des Lutherthums sehr wohl begründet, nur daß sie rechten Ernst damit gemacht haben.)

Der Mensch solle vor allen Dingen seine Sündhaftigkeit recht innig erkennen, gleichsam Höllen-Angst über sie empfinden, und in dieser Angst seine Zuflucht nehmen zum Erlöser, — welches letztere hoffentlich der lebendige, heiligende Gott selbst seyn wird, und nicht wiederum ein verwirrendes Schattenbild. — Dies sey der Weg der Buße, Bekehrung und Rechtfertigung; und ausser diesem gebe es keinen. — Als Sünder erkennen? Wie denn? Da muß er doch irgend ein Bild, ein Gesetz haben, gegen welches er in der Selbstprüfung sich halte, wie auch das System gesteht, und als dies Gesetz die heiligen zehn Gebote aufstellt. Diese soll er nicht gehalten haben? Wenn er sie nun gehalten *) und Alles gethan hätte, was er zu thun schuldig ist, seine Habe den Armen gegeben, seinen Leib

*) Was muß ich thun, daß ich das ewige Leben erbe? Jesus sprach zu ihm: Du weißt die Gebote wohl. Er aber sprach: Die habe ich alle gehalten von Jugend auf. Da sprach Jesus: es fehlt Dir noch Eins. Verkaufe Alles, was Du hast, und gieb es den Armen, so wirst Du einen Schatz im Himmel haben, und komm, folge mir nach! Da er das hörete, ward er traurig, denn er war sehr reich: und Jesus, da er das sah, sprach: wie schwer werden die Reichen in das Reich Gottes kommen! Lukas. 15. 18 — 25. Matth. 19. 16—24.

brennen lassen, wäre er denn dann weniger ein Sünder? *) Die eigentliche Sünde hat ja ihren Sitz gar nicht in den Erscheinungen der größern oder kleinern Gesetzwidrigkeit, und zu deren Erkenntniß wird er durch keine empirische Selbstprüfung kommen, welche die eigentliche Sündlichkeit erst recht befestigt, sondern durch den schlechthin apriorischen Satz des Christenthums, daß Alles, was aus dem eigenen Willen hervorgeht, und nicht aus Gott, nichtig sey, und, wenn man so reden will, Sünde. **) Warum hebt Ihr denn nicht gleich mit diesem Satze an, mit welchem Ihr doch, falls Ihr Euren Pflegbefohlenen wirklich zum Christenthume bringen, und ihn nicht in einer nichtigen Werkheiligkeit wollt enden lassen, kommen müßt? Von Angst und Schrecken soll er ergriffen werden über die Sünde: also, falls Ihr damit nicht etwa die möglichen Gesetzwidrigkeiten, sondern die eigentliche Sünde meint, darüber soll er Angst

---

*) Ist Abraham durch die Werke gerecht, so hat er wohl Ruhm, aber nicht vor Gott. Röm. 4. 2. Und wenn ich alle meine Habe den Armen gäbe, und ließe meinen Leib brennen, und hätte der Liebe nicht, so wäre mir es nicht nütze. 1. Corinth. 13. 3. Habt Ihr den Geist empfangen durch des Gesetzes Werke, oder durch die Predigt vom Glauben? seyd Ihr so unverständig? Im Geiste habt Ihr angefangen, wollt Ihr es denn nun im Fleisch vollenden? Galater 2. c. 2. v. 4. 5. Vergl. Römer 3. 27 u. 28. Galater 3. 5. Römer 3. 20., 11. 6. Titus 3. 5.

**) Daran erkennen wir, daß wir aus der Wahrheit sind, und können unser Herz vor ihm stillen, daß, so uns unser Herz verdammet, daß Gott größer ist, denn unser Herz, und erkennet alle Dinge. 1. Joh. 3. 19 u. 20. Nicht um der Werke willen der Gerechtigkeit, die wir gethan haben, sondern nach seiner Barmherzigkeit machte er uns selig durch das Bad der Wiedergeburt, und Erneuerung des heiligen Geistes. 2. Timoth. 3. 5.

empfinden, daß er ausser Gott Nichts ist, und ohne ihn Nichts kann. Soll er denn dies wunderbar finden, und es anders gewollt haben? Soll er denn glauben, daß er sich selbst habe helfen können und auf sich laden, was Gottes Sache ist?*) Der Christ will eben Nichts seyn ausser Gott, und ausser diesem seyend, will und mag er nichts Gutes an sich finden.**) Ihr aber schiebt ihm unter das antichristische Princip der Selbstliebe, und Selbstobjektivirung, fodert auf dasselbe und bestärkt es, um daran das Geschäft eurer Bekehrung zu knüpfen. Ihr macht die Menschen zu Heiden, so gut Ihr könnt, damit Ihr Gelegenheit findet, euer Kunststück, zu Christo zu bekehren, auszuüben.

In Summa: Alle Heilsordnungen ohne Ausnahme, ausser der einfachen, daß man sich selbst verleugne und vernichte in jedem Sinne, mögen dieselben nun bestehen in historischen Erkenntnissen,***) oder in gewissen, auf dieses

---

*) Denn aus Gnaden seyd Ihr selig geworden durch den Glauben, und dasselbige nicht aus Euch, Gottes Gabe ist es. Epheser 2. 8—9. Was kann der Mensch geben, damit er seine Seele löse. Marc. 8. 37. Da sprachen, die das höreten, wer kann denn selig werden? Jesus aber sprach: Was bei den Menschen unmöglich ist, das ist bei Gott möglich. Lukas 18. 26 u. 27. Vergl. Matth. 19. 26. Vergl. Joh. 3. 8. Römer 3. 24., 4—6. 1. Petri 1. 13.

**) Und wer sich selbst erniedriget, der soll erhöhet werden 14. 11. Denn ich weiß, das in mir ist, das ist in meinem Fleisch, wohnet nichts Gutes. Römer 7. 18. Nicht, daß wir tüchtig sind von uns selber, etwas zu denken, als von uns selber, sondern, daß wir tüchtig sind vor Gott. 2. Corinth. 3. 6.

***) Niemand kann Jesum einen Herrn heißen, ohne durch den heiligen Geist. 1. Corinth. 12. 3.

historische gegründeten Uebungen, *) gehen hervor aus jenem Selbst, und sind Aufrechthaltungen desselben, mithin feindselig dem Christenthume, und antichristlisch. **)

Wie die Juden stolz waren auf ihre Abkunft von Abraham, und die Menschen erst beschneiden wollten, ehe sie ihnen die Erlaubniß, sich Gott zu nahen, und die Empfänglichkeit für seine Einwirkung zugestanden, so sind bis auf den heutigen Tag die, welche dieser Art sind, stolz auf ihre Abkunft aus der Christen-Schule, und machen statt der Beschneidung das Erlernen und Bewundern ihres Katechismus zur Bedingung der Rechtfertigung. Was Paulus von den Juden, was Luther von den Papisten, in Absicht der Verfälschung der Lehre von der Rechtfertigung allein durch den Glauben an Jesus, und der Verkleinerung des Verdienstes Jesu jemals Hartes gesagt, gilt also von diesen Christianern, nicht Christen. Die Letztern sind die, welche auf das Wesen der Lehre Jesu, welches man sehr gut in die Lehre von der Rechtfertigung, die ich oben vorgetragen, setzen kann, ausschließend dringen: erstere dagegen, welche um den Buchstaben, den sie misverstehen, eifern, und die Person Jesus dem wahrhaften Christus und seiner Wirksamkeit in den Weg stellen.

Zum Verständnisse des Christenthums als einer Begebenheit in der Zeit gehören ganz vorzüglich die Weissagun-

---

*) Vergl. Lukas 11. 39—48. Matth. 23. 13 bis 39. Römer 14. 14 u. 20. u. folgende.

**) Will mir Jemand nachfolgen der verleugne sich selbst, und nehme seine Kreuz auf sich. Matth. 16. 24. u. Lukas 9. 23. Ein Jeglicher unter Euch, der nicht absagt Allem, das er hat, kann nicht mein Jünger seyn. Lukas 14. 33. Vergl. 18. 17. und 1. Corinth. 13. 1 bis 9.

gen desselben von sich selber, als seine Aussage, wie es sich selbst als historisches Princip in der Welt ansieht. Die Weissagungen überhaupt gründen sich auf den früher abgeleiteten, nachher im Zusammenhange historisch eingeführten Satz, daß eine wahrhafte Fortentwicklung des Menschengeschlechts nicht vergeblich, nicht ein bloßer Versuch seyn könne, sondern daß Alles aus ihr erfolgen, und durch sie geleistet werden müsse, was da könne, und solle. Die Weissagung ist nur die Analyse dieser Einsicht: Voraussicht der Zukunft aus der Gegenwart nach einem Gesetze. So konnte denn Jesus weissagen, und so kann es eigentlich Jeder, der etwas Tüchtiges beginnt, oder das von Andern Begonnene versteht.

Es giebt zwei Hauptweissagungen Jesu. Die eine, daß sein Werk, die Stiftung des Himmelreiches überhaupt durchgehen werde; die zweite, über das sichere und entscheidende Mittel, vermittelst dessen es werde durchgesetzt werden. Heben wir an bei der letztern, die da früher erfüllt werden, und deren Gegenstand, als Mittel, natürlich in der Zeit früher erscheinen muß.

Jesus hatte, bald belehrt, daß er keinen allgemeinen Glauben finden werde, die Aufgabe seines Lebens bald darauf beschränkt, sich nur Apostel, als ein Lehrerkollegium zu bilden. *) Wie es mit dem Glauben und der Einsicht dieser bestellt sey, und so lange er unter ihnen sey, bestellt seyn müsse, **) wie derselbe ohne alle Selbstständigkeit, sahe er wohl ein. Wie sollte nun durch solche, und ihre Nachfolger, und deren sein Werk ausgeführt werden, welches, er wußte es allgemein, ausgeführt werden würde? Er fand die Lösung der Frage, und sprach sie zum Troste

---

*) Joh. 6. 66 bis 70. Marc. 3. 14. u. ff.

**) Joh. 14. 8 u. 9. Matth. 15. 15 u. 16., 16. 6—8. u. s. f.

seiner Jünger aus. Es werde nach seinem Hinscheiden der heilige Geist gesendet werden, der vom Vater ausgehe;*) dieser werde zeugen von ihm: von dem Seinen werde er es nehmen,**) und ihnen Alles sagen,***) sie in alle Wahrheit leiten.†) So im Evangelium Johannis. Was heißen diese Worte? Wohlgemerkt, wir liefern durch die Erklärung derselben zugleich die oben versprochene Erörterung über die Art der Dreiheit im erscheinenden Gotte nach der Lehre des Christenthums.

Zuförderst: er geht vom Vater aus. Ein Glück, daß die occidentalische Kirche, welche in dieser nicht verstandenen Stelle Etwas gegen die Ehre des Sohnes witterte, und ihr zum Trotz festsetzte: der Geist gehe auch vom Sohne aus, diese Stelle nicht verfälschte, wie sie es mit andern zum Schutze ihres Systems that, und so uns die in die Augen springendste Aeusserung gewonnen hat, um in den Sinn Jesu einzudringen. Was heißt's? Eine Pa-

---

*) Wenn aber der Tröster kommen wird, welchen ich Euch senden werde vom Vater, der Geist der Wahrheit, der vom Vater ausgehet, der wird zeugen von mir. Joh. 15. 26.

**) Derselbige wird mich verklären, denn von dem Meinen wird er es nehmen, und Euch verkündigen. Joh. 16. 14.

***) Aber der Tröster, der heilige Geist, welchen mein Vater senden wird in meinem Namen, derselbige wird es Euch Alles lehren, und Euch erinnern alles deß, das ich Euch gesagt habe. Joh. 14. 26. Vergl. 16. 8—11. Luk. 12. 12.

†) Wenn aber Jener, der Geist der Wahrheit kommen wird, der wird Euch in alle Wahrheit leiten. Denn er wird nicht von ihm selbst reden, sondern was er hören wird, das wird er reden, und was zukünftig ist, wird er Euch verkünden. Joh. 16. 13.

rallel=Stelle macht es ganz klar. Als nach einer entschiedenen und tiefer gehenden Rede Jesu eine Menge von Menschen, die bisher an ihm gehangen hatten, aber durch diese geärgert wurden, ihn verliessen, es gänzlich aufgaben, ihn weiter zu vernehmen, erklärte er den noch bei ihm bleibenden Jüngern, die durch diese Erscheinung denn doch betroffen waren, dieselbe folgendermaßen: Es kann Niemand zu mir kommen, es sey denn, daß ihn ziehe der Vater. Nur die der Vater mir gegeben hat, kommen zu mir. *) Also, die Lehre Jesu setzt eine Empfänglichkeit im Subjekte voraus, und ohne diese Empfänglichkeit vorzufinden, vermag sie Nichts. Diese Empfänglichkeit nun, wo sie ist, ist ein Geschenk des Vaters, **) nicht des Sohnes, von welchem sie ja vorausgesetzt werden muß. Was ist sie drum? Eine durch die Geburt in den Individuen liegende Anlage, Verwandtschaft zur Lehre vom Himmelreiche; dunkle und unentwickelte Ahnungen, welche nur in der Lehre Jesu ihre Lösung und Klarheit finden, — eben so wie in Jesu selbst das Bild des Himmelreichs lag, das nur durch das Verständniß seines Berufs zur Stiftung desselben die Lösung fand.

---

*) Es kann Niemand zu mir kommen, es sey denn, daß ihn ziehe der Vater, der mich gesandt hat. Joh. 6 44. Ich habe deinen Namen geoffenbaret den Menschen, die du mir von der Welt gegeben hast. Sie waren dein und du hast sie mir gegeben, und sie haben dein Wort behalten. Joh. 17. 6. Wer es höret vom Vater, und lernet es, der kommt zu mir. 6. 45. Niemand kann zu mir kommen, es sey ihm denn von meinem Vater gegeben. 6. 65. Vergl. daselbst v. 37. 39. c. 10. v. 30. c. 17. v. 2.

**) Das Sitzen zu meiner Rechten und Linken zu geben, stehet mir nicht zu, sondern denen es bereitet ist von meinem Vater. Matth. 20. 23.

Was vom Vater ausgeht, ist drum eine natürlich und unabhängig von der Lehre Jesu in den Menschen liegende Verwandtschaft zur übersinnlichen Welt; was das Erste wäre.

Nun ist insbesondere in der Lehre vom heiligen Geiste die Rede nicht von etwas Natürlichem, das schon war unter den Christen, sondern das erst nach dem Hingange Jesu unter ihnen erscheinen sollte; *) und zwar unter den Christen als solchen, d. i., schlechthin bei allen Menschen, indem ja alle Menschen ohne Ausnahme zum Christenthume berufen sind: drum durchaus nicht von den besondern individuellen, gleichsam genialischen Anlagen für dasselbe, wie sie sich schon bei Lebzeiten Jesu bei Mehreren, und ganz sicher bei den eilf Aposteln fanden, die allerdings Gabe des Vaters sind, aber nicht der heilige Geist, — sondern von einer im ganzen Menschengeschlechte liegenden natürlichen Anlage für das Uebersinnliche, die damals noch nicht entwickelt war, und deren Entwicklung eben die Anwesenheit Christi im Wege stand. **) Welches ist denn nun diese? Der natürliche allgemeine Verstand ist es. Dieser Geist aus dem Vater, nicht aus dem Sohne, von dessen besonderer faktischen Erscheinung unabhängig er durch die bloße Geburt ein Antheil des Menschen ist, werde es nehmen von dem Seinen; er bedürfe das faktisch gelieferte Bild, welches er für sich nie gefunden haben würde, darin abhängig; dieses aber mache er durch die Einsicht seiner Gesetzmäßigkeit (aus dem Gesetze a priori) klar, verständlich, und verkläre so Jesus, indem aus andern, von

---

*) Denn der heilige Geist war noch nicht da, denn Jesus war noch nicht verkläret. Joh. 7. 39.

**) Es ist Euch gut, daß ich hingehe, denn so ich nicht hingehe, so kommt der Tröster nicht zu Euch. Joh. 16. 7.

ihm und seinem Zeugnisse ganz unabhängigen Gründen erhelle, daß Jesus die Wahrheit gesagt habe: *) Jesus erhalte nun einen Zeugen ausser sich. Durch diese Beschäftigung mit dem Himmelreiche wird er nun erst der heilige Geist, da er früher nur der Geist vom Vater ist, vielleicht ein profaner, der seinen Werth nur darin hat, daß er der Heilige werden soll.

Hier die Erklärung der Dreiheit: der Vater, das Natürliche, Absolute in der Erscheinung, das Allgemein-Vorausgegebene: der Sohn, die faktische Steigerung dieses zum Bilde der übersinnlichen Welt, der Geist, die Anerkennung und Auffindung dieser Welt durch das natürliche Licht des Verstandes.

Eben so liefert dieser Geist den dritten Beweis, der von Jesu, falls man historisch von ihm weiß, zeugt, und

*) Denn der Geist erforschet alle Dinge, auch die Tiefen der Gottheit. 1. Corinth 2. 20. Es sind mancherlei Gaben, aber es ist Ein Geist; in einem Jeglichen erzeugen sich die Gaben des Geistes zu gemeinem Nutzen. Einem wird gegeben durch den Geist zu reden von der Weisheit, dem Andern von der Erkenntniß nach demselben Geist, einem Andern der Glaube, einem Andern die Gabe gesund zu machen, einem Andern Wunder zu thun, einem Andern Weissagung, einem Andern Geister zu unterscheiden, einem Andern mancherlei Sprachen, einem Andern die Sprachen auszulegen, das aber Alles wirket derselbige Eine Geist, und theilt einem Jeglichen das Seine zu, nachdem er will. 1. Corinth. 14. 4—11. Es kommt die Zeit, daß ich nicht mehr durch Sprüchwort mit Euch reden werde, sondern Euch frei herausverkündigen von meinem Vater. An demselbigen Tage werdet Ihr bitten in meinem Namen, und ich sage Euch nicht, daß ich den Vater für Euch bitten werde, denn er selbst der Vater hat Euch lieb darum, daß Ihr mich liebet, und glaubet, daß ich von Gott ausgegangen bin. Joh. 16. 25—27.

ihn verklärt, seiner aber als ein Glied in der Kette der Einsicht nicht mehr bedarf, *) weil er rein a priori aus dem Gesetze geführt wird.

Dieser vom Vater ausgehende Geist war nun schon vor Christus, ohne daß er es wußte, oder zu wissen brauchte, objektiv geworden, und in dieser Objektivität faktisch herausgebrochen in dem Athenienser Sokrates; in ihm hatte der Verstand sich selbst zuerst ergriffen, und sich entdeckt als eine eigenthümliche und rein apriorische Quelle von Erkenntnissen, und war also durch die Entwicklung von Wahrheit aus ihm gebraucht worden: in Beziehung auf die Form der Wahrheit grade ein so großes Wunder, und eine so mächtige Förderung der Menschheit, als das in Jesu in Beziehung auf ihren Gehalt. Dieser so bearbeitete Verstand, dies war der Sinn der Weissagung Jesu, sollte nun im Verfolge mit dem Christenthume vereinigt, und der christliche Gehalt aufgenommen werden in die Form der Sokratik, indem nur in dieser Vereinigung es sicher zur allgemeinen Klarheit der Erkenntniß kommt. So ist es denn erfolgt, bis endlich durch Kant der letzte Schritt geschah, daß jene Sokratik, jene Kunst des Verstandes sich selbst erkannte, und sich von anderen, von dem Verstehen in der Anschauung unterscheiden lernte, wodurch nun endlich die Verwirrung zwischen historischem Verstande und der Erkenntniß durch's Gesetz gehoben ist. Nun erst vermag der Geist ein Heiliger zu werden, und den Christen Alles

*) Alle Sünde und Lästerung wird dem Menschen vergeben; aber die Lästerung wider den Geist wird den Menschen nicht vergeben; und wer Etwas redet wider des Menschen Sohn, dem wird es vergeben, aber wer Etwas redet wider den heiligen Geist, dem wird es nicht vergeben, weder in dieser noch in jener Welt. Matth. 12. 31 u. 32. Marc. 3. 29. Lukas 12. 10.

zu sagen, in alle Wahrheit sie zu leiten, und für den historischen Jesus, welchem gegenüber er seine Selbstständigkeit gewonnen hat, zu zeugen, und ihn zu verklären. Diese Epoche tritt so recht eigentlich mit unsrer Zeit ein, und durch sie erst ist jene Weissagung vollkommen erfüllt. — Wir haben, was auch zu unsrer Aufgabe gehörte, die Zeit, in der wir stehen, in Beziehung auf den absoluten Endzweck des menschlichen Lebens gedeutet.

Wohlgemerkt, weil dies späterhin auf eine entscheidende Weise gültig gemacht werden wird. — Durch diese Epoche ist nun die Fortdauer und der letzte Endzweck des Christenthums durchaus gesichert. Vorher war dieselbe bedingt durch die zufällige Form des Glaubens, jener besondern individuellen, und gleichsam genialischen Verwandtschaft zum Christenthume, die vom Vater gegeben ist, gestützt drum auf das fortdauernde Wunder, daß in der Christengemeine immer solche geboren wurden, welches Gott denn auch ohne Zweifel gethan hat, da das Christenthum bis jetzt erhalten worden ist. Seit dieser Zeit sind Jesu Alle vom Vater gegeben, und es bedarf keiner besonderen Genialität mehr, weil das Christenthum sich anknüpft an das, was eben Allen gegeben ist, an den gemeinsamen Verstand Aller. Jetzt erst ist alle Vernunft zu zwingen unter den Gehorsam des Glaubens, nicht formaliter, in dieser Hinsicht wird eben der Glaube seiner Dienste entlassen; sondern materialiter. Nachdem nun durch die Zeit diese Aufgabe gelöst ist, tritt freilich eine andere ein, von welcher zu seiner Zeit.

Ueberhaupt dies bei dieser Gelegenheit, weil es an dieser Stelle einzig klar wird. Wir sagten oben: der Fortgang der Weltgeschichte bestehe darin, daß durch den Verstand der Glaube aufgehoben werde. Dies geschieht nach einem verschiedenen Gesetze in der alten und in der neuen Welt. In jener wurde das durch den Glauben Gesetzte vom Verstande vernichtet, und das Gegentheil an die Stelle gesetzt: der Verstand war polemisch darum, weil die Anschauung der alten Welt gar nicht richtig ist, sondern nur vorbereitend auf ein künftiges Evangelium, Vorbild. In dieser wird der Glaube vom Verstande bestätigt, dasselbige durch ihn, wie durch jenen gesetzt, drum nur die Form aufgehoben, weil die Anschauung des Christenthums real ist, selbst das letzte Evangelium. Drum wäre der Eifer für die Form hier um so mehr kindischer Eigensinn, da der Gehalt ja bleibt. — Was bis jetzt freilich nicht so ganz klar und erweislich der Fall war.

So nun ist die Weissagung vom heiligen Geiste freilich durch die ersten Christen nicht verstanden worden; und vielleicht ist es jetzt das erste Mal, daß sie also erklärt wird, (weil jede Weissagung erst durch ihre Erfüllung recht klar wird.) Wir dürfen diese anderweitige Deutung nicht mit Stillschweigen übergehen. Die Jünger waren eben so wenig, als es irgend ein anderer Mensch an ihrer Stelle gewesen wäre, darauf gestellt, dem Geschäfte Jesu in Errichtung des Himmelreichs eine so lange Ausdehnung zu geben, als wir es nun wohl zu thun genöthigt sind, und doch nicht gern thun, böse werden, wenn man herrliche Sachen um Jahrtausende hinaussetzt. Grade wie wir, wollten auch sie Alles selbst erleben, und wenigstens nicht über ihr Leben hinaus sollten alle Weissagungen verziehen, wovon wir später ein treffendes Beispiel sehen werden. So auch mit der vom heiligen Geiste. Und so hielten sie denn diese Weissagung für erfüllt an sich in einem Phänomene anderer Art, in der Verwandlung und Umschaffung, die nach dem Tode Jesu mit ihnen sich zutrug, in dem neuen Menschen, der ihnen an die Stelle des anderen entstand. *) Dies ist nun allerdings eine hohe Gnadenwirkung, und die von Christo versprochene, **) aber sie ist nicht der heilige Geist, sondern sie ist der Vater selbst, und seine Einwirkung, durch die Lehre des Sohnes gesteigert, und möglich gemacht. Sie wurden seit diesem Zeitpunkt in der That wirksam für die Verbreitung des Evangelium, opferten Alles hin, litten und starben dafür, kein Irdisches mehr begehrend, und selig in der Hoffnung. ***) So ihre Nachfolger in den ersten Jahrhunderten nach ihnen. Diese Erscheinung nun des eigentlichen Himmelreichs ist von den Aposteln, und von der Kirche nach ihnen für die Wirkung des verheißenen heiligen Geistes gehalten worden, †) weil es ihnen an scharfer Son-

---

*) Und es geschah schnell ein Brausen vom Himmel, als eines gewaltigen Windes, und erfüllete das ganze Haus, da sie saßen, und man sahe an ihnen die Zungen zertheilet, als wären sie feurig. Und er setzte sich auf einen Jeglichen unter ihnen, und wurden Alle voll des heiligen Geistes; und fingen an zu predigen mit andern Zungen, nachdem der Geist ihnen gab auszusprechen. Apostelgesch. 2. 2—4.

**) Es ist noch um ein Kleines, so wird mich die Welt nicht sehen, Ihr aber sollt mich sehen, denn ich lebe, und Ihr sollt auch leben. An demselben Tage werdet Ihr erkennen, daß ich in meinem Vater bin, und Ihr in mir, und ich in Euch. Joh. 14. 18—20. Vergl. 16. 20—23.

***) Bis auf diese Stunde leiden wir Hunger und Durst, und sind nackend, und werden geschlagen, und haben keine gewisse Stätte, und arbeiten und wirken mit unsern eigenen Händen. Man schilt uns, so segnen wir, man verfolgt uns, so dulden wir es, man lästert uns, so flehen wir. Wir sind stets als ein Fluch der Welt, und ein Fegopfer aller Leute. 1. Corinth. 4. 9 bis 13.

†) Wer an mich glaubet, von deß Leibe werden Ströme des lebendigen Wassers fließen! Das sagte er aber vom Geiste,

derung der Begriffe, Umsicht und Verbreitung der Kenntniß fehlte, um jene Weissagung in ihrem wahren Sinne zu fassen.

Diese übersinnliche Kraft und Erhebung in ihnen, sage ich, ist der rechte Beweis des Christenthums von der zweiten Art, der Beweis des Geistes und der Kraft. Dies nun nannten sie den heiligen Geist. Wenn sie nun ferner Wunderthätigkeiten da miteinmischten, und auch diese dem heiligen Geiste zuschrieben, *) jene Schweißläppchen, **) die aufgelegt die Kranken gesund machten, jene Berührung durch den Schatten der vorbeigehenden Apostel, ***) die gleichfalls heilte, und dergleichen, so entrichteten sie darin die Schuld dem dicken Aberglauben ihrer Zeit, und ihres Volkes. Wie er es darüber, und mit Schriftstellern, die so etwas ernsthaft berichten, zu halten, und welches Ansehn er ihnen bei sich zu gönnen habe, weiß der verständige Christ. Eben so auch mit den späteren Ausgeburten des Aberglaubens — Alles jedoch nach der Liebe richtend, nicht nach blinder, sondern nach verständiger, welche jede Erscheinung in ihrem Zusammenhange begreift und beurtheilt, und keiner Zeit eine Erleuchtung anmuthet, die sie nicht haben kann. Der heilige Geist war ja in der That noch nicht erschienen, und hatte sie in alle Wahrheit geleitet: was Wunder, daß sie selbst über den heiligen Geist in unrichtige Ansichten fielen.

---

welchen empfangen sollten, die an ihn glaubten, denn der heilige Geist war noch nicht da, denn Christus war noch nicht verkläret. Joh. 7. 38 u. 39.

*) Apostelgesch. 19. 12.

**) Apostelgesch. 8. 17.

***) Apostelgesch. 5. 15.

Die zweite Weissagung Jesu über die sichere Ausführung seines Werks. Jesu Beruf war, Stifter des Himmelreichs zu werden auf der Erde, nicht etwa bloß Lehrer, die Ewigkeit schon hienieden in der That allgemein anzufangen. *) So sahe er sich an: also allerdings als Stifter eines Reichs, **) obwohl in dieser Welt, ***) nur nicht von dieser Welt, †) wo die Gewaltigen herr-

---

*) Er ist von Gott verordnet ein Richter der Lebendigen und der Todten. Apostelgesch. 10. 52. u. Römer 14 9. Wir warten aber eines neuen Himmels, und einer neuen Erde, in welchen Gerechtigkeit wohnet. 2. Petri 3. 13. Ich bin gekommen, daß ich ein Feuer anzünde auf Erden: was wollte ich lieber, denn es brennete schon? Aber ich muß mich zuvor taufen lassen mit einer Taufe, und wie ist mir so bange, bis sie vollendet werde. Lukas 12. 49.

**) Jetzt gehet das Gericht über die Welt, nun wird der Fürst dieser Welt ausgestoßen werden, und ich, wenn ich erhöhet werde von der Erde, so will ich sie Alle zu mir ziehen. Joh. 12 31 u. 32. Christus hat ausgezogen die Fürstenthümer und die Gewaltigen, und sie zur Schau getragen öffentlich, und einen Triumph aus ihnen gemacht durch sich selbst. Coloss. 2. 15. Alles hast du untergethan unter seinen Füßen. In dem, daß er ihm Alles hat untergethan, hat er Nichts gelassen, das ihm nicht unterthan sey: jetzt aber sehen wir noch nicht, daß ihm Alles unterthan sey. Ebräer 2. 8.

***) Jesus Christus ein Fürst der Könige auf Erden. Offenb. Joh. 1. 5. Es sind die Reiche der Welt unsers Herrn und seines Christus geworden, und er wird regieren von Ewigkeit zu Ewigkeit. Ebendaselbst c. 11. 6. Mir ist gegeben alle Gewalt im Himmel und auf Erden. Matth. 28. 18. Und hast uns unsern Gott zu Königen und Priestern gemacht, und wir werden Könige seyn auf Erden. Offenb. Joh. 5. 10.

†) Mein Reich ist nicht von dieser Welt. Wäre mein Reich von dieser Welt, meine Diener würden darob kämpfen; aber nun ist mein Reich nicht von dannen. Joh. 18. 36.

schen, *) sondern wo sie Diener sind Aller; **) wir werden zu seiner Zeit diesen Ausdruck verstehen, und wahr finden: Er sey allerdings ein König. ***) So hat er von jeher über sich gedacht. Was er nun auch etwa im Anfange seines Geschäfts über die Zeit dieser Stiftung geglaubt haben mag, †) so konnte sich ihm im Fortgange, als er das Verhältniß der vorhandenen Menschen zu seinem Antrage kennen lernte, nicht verbergen, daß eine solche Aufgabe über

---

*) Die weltlichen Könige herrschen und die Gewaltigen heißt man gnädige Herrn. Ihr aber nicht also, sondern der Größeste unter Euch soll seyn wie der Jüngste, und der Vornehmste wie ein Diener. Lukas 22. 25 u. 26.

**) Aber Viele, die da sind die Ersten, werden die Letzten seyn, und die Letzten werden die Ersten seyn. Matth. 19 30. Vergl. Marc. 10. 31. Ihr wisset, daß die weltlichen Fürsten herrschen, und die Oberherrn haben Gewalt. So soll es nicht seyn unter Euch: sondern so Jemand will unter Euch gewaltig seyn, der sey Euer Diener, und wer da will der Vornehmste seyn, der sey Euer Knecht. Matth 20. 25 bis 27.

***) Da sprach Pilatus zu ihm: So bist du dennoch ein König? Jesus antwortete: du sagst es: ich bin ein König Joh. 18. 37. Vergl. Matth. 27. 11. Marc. 15. 2. Lukas 23. 3. Da wird der König sagen zu denen zu seiner Rechten: Kommt her, ihr Gesegneten meines Vaters, ererbet das Reich, das Euch bereitet ist von Anbeginn der Welt. Matth. 25. 34. Siehe dein König kommt zu dir sanftmüthig. Matth. 21. 5. Und er wird ein König seyn über das Haus Jakobs ewiglich, und seines Königreichs wird kein Ende seyn. Lukas 1. 33. Gelobet sey, der da kommt ein König im Namen des Herrn. Lukas 19. 38. Vergl. Joh. 12. 13. Coloss. 2. 10.

†) Hebet Eure Augen auf, und sehet das Feld, denn es ist schon weiß zur Erndte. Joh. 4. 35. Gehet und sprechet: das Himmelreich ist nahe herbeigekommen. Matth. 10. 7.

über die Grenze jedes einzelnen Menschenlebens, geschweige des seinigen, dessen schleuniges, gewaltsames Ende er sich leicht prophezeien konnte, hinausliegen müsse. *) Nun sollte aber Er es thun, und kein Fremder. Dies war nur so zu vereinigen: er solle es thun durch seine Fortwirkung, durch die Folgen seines Daseyns, die er auf der Erde ließe; doch er selbst in eigener Selbstheit, indem er durch keinen Andern stellvertreten werden konnte. **) Aus dieser Sicherheit sagte er ihnen: er sey bei ihnen alle Tage, bis an der Welt Ende, ***) zuförderst im Lehrgeschäfte ihnen beiwohnend, und lehrend durch sie hindurch; †) am Ende

*) Wenn Ihr aber hören werdet von Kriegen und Empörungen, so entsetzet Euch nicht: denn solches muß zuvor geschehen; aber das Ende ist noch nicht sobald da. Lukas 21. 9. bis 12. Vergl. Matth. 10. 21 bis 25.

**) Wer aufnimmt, so ich Jemand senden werde, der nimmt mich auf. Joh. 13. 20. Bleibet in mir, und Ich in Euch. Gleichwie die Rebe kann keine Frucht bringen von ihm selber, sie bleibe denn am Weinstock; also auch Ihr nicht, Ihr bleibet denn in mir. Ich bin der Weinstock, Ihr seyd die Reben. Wer in mir bleibet, und ich in ihm, der bringet viele Frucht; denn ohne mich könnet Ihr Nichts thun. Joh. 15. 4 u. 5 u. folgende.

***) Und siehe: ich bin bei Euch bis an der Welt Ende. Matth. 28. 20. Ich will Euch nicht Waisen lassen, ich komme zu Euch. Joh. 14. 18.

†) Und es wird geprediget werden das Evangelium vom Reich in der ganzen Welt zu einem Zeugniß über alle Völker. Matth. 24. 14. Gehet hin und lehret alle Völker. Matth. 28. 19. Sie aber gingen aus, und predigten an allen Orten, der Herr aber wirkte mit ihnen. Marc. 16. 20. Und das Evangelium muß zuvor gepredigt werden unter allen Völkern; wenn sie Euch nun führen und überantworten wer-

aber dieser Lehr-Epoche werde er nicht in der Schatten-Gestalt der Lehre, sondern in aller Kraft realen Wirkens wieder erscheinen, *) und in der That und sichtbar auf der Erde sein vom Vater ihm beschiedenes Reich beginnen. **) Dann würden vor ihm alle Völker versammelt werden; ***) es sey dies das Ende der Welt, †) des Reichs, das da ist von dieser Welt, der Ueberbleibsel des Staats, die, obwohl heidnischen Ursprungs, bisher aufbehalten würden im

---

den, so sorget nicht, was Ihr reden sollt, und bedenket Euch nicht zuvor; sondern was Euch zu derselbigen Stunde gegeben wird, das redet. Denn Ihr seyd es nicht, die da reden, sondern der heilige Geist. Marc. 13. 10 u. 11.

*) Und dann werden sie sehen des Menschen Sohn kommen in den Wolken mit großer Kraft und Herrlichkeit Marc. 13. 26. Vergl Matth. 24 30. Darnach werden lebendig werden die Christo angehören, wenn er kommen wird. 1. Corinth. 15. 23.

**) Bis auf die Erscheinung unsers Herrn Jesu Christi, welche wird zeigen zu seiner Zeit der Selige, und allein Gewaltige, der König aller Könige, und Herr aller Herrn. 1. Timoth. 6. 14 u. 15.

***) Und werden vor ihm alle Völker versammelt werden. Matth. 25. 32. Denn wie der Blitz oben vom Himmel blitzt, und leuchtet über Alles, das unter dem Himmel ist, also wird des Menschen Sohn an seinem Tage seyn. Lukas 17. 24. Vergl. Matth. 24 27. Und es werden kommen von Morgen und von Abend, die zu Tische sitzen werden im Reiche Gottes. Lukas 13. 29.

†) Der Acker ist die Welt, der gute Same sind die Kinder des Reichs; das Unkraut sind die Kinder der Bosheit. Der Feind der sie säet, ist der Teufel Die Erndte ist das Ende der Welt, die Schnitter sind die Engel. Matth. 13. 38 und 39.

Christenthume, und neben demselben, als einer blossen vorbereitenden Lehr-Anstalt auch wohl bestehen konnten. In diesem Reiche werde Alles unterworfen seyn dem Sohne. Die Heiligen würden mit ihm regieren tausend Jahre, *)

---

*) Und er griff den Drachen, die alte Schlange, welche ist der Teufel und Satan, und band ihn tausend Jahre, und warf ihn in den Abgrund, und verschloß ihn, und versiegelte oben darauf, daß er nicht mehr verführen sollte die Heiden, bis daß vollendet würden tausend Jahre; und darnach muß er los werden eine kleine Zeit. Und ich sah Stühle, und sie setzten sich darauf, und ihnen ward gegeben das Gericht. Und die Seelen der Enthaupteten um des Zeugnisses Jesu, und um des Worts Gottes willen, und die nicht angebetet hatten das Thier, noch sein Bild, und nicht genommen hätten sein Maalzeichen an ihre Stirn, und auf ihre Hand; diese lebten und regierten mit Christo tausend Jahre. Die andern Todten aber wurden nicht wieder lebendig, bis daß tausend Jahre vollendet wurden. Dies ist die erste Auferstehung. Selig ist und heilig, der Theil hat an der ersten Auferstehung; über solche hat der andre Tod keine Macht; sondern sie werden Priester Gottes und Christi seyn, und mit ihm regieren tausend Jahre. Offenb. Joh. 20. 2 bis 6. Die Hochzeit des Lammes ist gekommen, und sein Weib hat sich bereitet. Und es ward ihr gegeben sich anzuthun mit reiner und schöner Seide: die Seide aber ist die Gerechtigkeit der Heiligen. Offenb. Joh. 19. 7 u. 8. Wenn aber des Menschen Sohn kommen wird in seiner Herrlichkeit, und alle heiligen Engel mit ihm, dann wird er sitzen auf dem Stuhl seiner Herrlichkeit. Und werden vor ihm alle Völker versammelt werden, und er wird sie von einander scheiden, gleich als ein Hirte die Schafe von den Böcken scheidet, und wird die Schafe zu seiner Rechten stellen, und die Böcke zur Linken. Da wird dann der König sagen zu denen zu seiner Rechten: Kommt her Ihr Gesegneten meines Vaters, ererbet das Reich, das Euch bereitet ist von Anbeginn der Welt. Matth. 25. 31 — 34. Ihr, die Ihr mir

(eine unbestimmte, jedoch lange Zeit.) Nach diesen tausend Jahren erst komme das eigentliche Ende, *) von welchem an der Sohn wieder unterthan seyn werde dem Vater, mit Allen, die er dem Vater unterwürfig gemacht hat; und wie er noch weiter in allen Weissagungen, die unter uns bekannt sind unter dem Titel der Weissagungen vom Ende der Welt und dem jüngsten Tage, sich über diesen Gegenstand ausgedrückt hat.

Die Sicherheit dieser Vorhersagung gründete sich in Jesu lediglich auf das sichere Bewußtseyn, daß Gott das durch ihn angefangene Werk ausführen werde, nicht umhin könne, es auszuführen, so gewiß er Gott sey, **) und ist

---

seyd nachgefolget, werdet in der Wiedergeburt, da des Menschen Sohn wird sitzen auf dem Stuhl seiner Herrlichkeit auch sitzen auf zwölf Stühlen, und richten die zwölf Geschlechter Israels. Matth. 19. 28. Denn es wird geschehen, daß des Menschen Sohn komme in der Herrlichkeit seines Vaters mit seinen Engeln, und alsdann wird er einem Jeden vergelten nach seinen Werken. Matth. 16. 27. Vergl. 2. Thessalon. 1. 10.

*) Wenn kommen wird darnach das Ende, wenn er das Reich Gott und dem Vater überantworten wird. 1. Corinth. 15. 24. Siehe da, eine Hütte Gottes bei den Menschen; und er wird bei ihnen wohnen, und sie werden sein Volk seyn, und Er selbst, Gott mit ihnen, wird ihr Gott seyn, und Gott wird abwischen alle Thränen von ihren Augen; und der Tod wird nicht mehr seyn, noch Leid, noch Geschrei, noch Schmerzen wird mehr seyn, denn das Erste ist vergangen. Offenb. Joh. 21. 3 u. 4 Vergl. ibid. 6. 7. 10 bis zu Ende 22. 1 bis 5. Wenn aber Alles Gott unterthan seyn wird, dann wird auch der Sohn selbst unterthan seyn dem, der ihm Alles untergethan hat, auf daß Gott sey Alles in Allem. 1. Corinth. 15. 28.

**) Dies Geschlecht wird nicht vergehen, bis daß dies Alles geschehn. Himmel und Erde werden vergehen, aber meine

eigentlich nur die Analyse dieser Versicherung: keineswegs gründet sie sich auf eine Einsicht in den Zustand der Welt, von welcher er höchstens das Judenthum, das Heidenthum aber, welches ja in seinem Plane nicht minder befaßt war, gar nicht kannte. Er konnte über jene Ausführung drum gar nichts Näheres spezifiziren, sondern nur im Allgemeinen sich darüber ausdrücken, um so mehr, da der heilige Geist erst kommen mußte, und er war sich dessen deutlich bewußt: drum auf die Frage nach dem Wann, wie im Aeussern Befangene, und sich Bedenkende fragen, antwortet er: vom Tage und der Stunde weiß Niemand, auch nicht die Engel im Himmel, auch der Sohn nicht, sondern allein der Vater. (Marc. 13. 32.) *) (Es liegt dies in dem allgemeinen schlechthin vorauszusetzenden Weltplane.)

(Wie klar und vollendet Jesus gewesen sey in seiner Beschränkung, seiner Anschauung, und wie eisern er sie durchgeführt, und Alles durch sie begriffen habe, zeigt sich hier. Daher, weil er nichts Andres war. Wie sehr verschieden von den Jüngern, die doch ein äusserliches, natürliches, durch die Umgebenheiten gebildetes Daseyn hatten zu der Lehre Jesu, welche verschiedene Bestandtheile wenig

---

Worte werden nicht vergehen. Matth. 24. 35. Marc. 13. 31. Lukas 21. 32 u. 33. Bis daß Himmel und Erde vergehen, wird nicht vergehen der kleinste Buchstabe noch ein Titel vom Gesetz, bis daß es Alles geschehe. Matth. 5. 18. Ist Gott verkläret in Jesu, so wird ihn Gott auch verklären in ihm selbst, und wird ihn bald verklären. Joh. 13. 32.

*) Vergl. Matth. 24. 36 u. 42. Die aber, die zusammengekommen waren, fragten ihn, und sprachen: Herr, wirst du auf diese Zeit wieder aufrichten das Reich Israel? Er aber sprach zu ihnen: es gebühret Euch nicht zu wissen Zeit oder Stunde, welche der Vater seiner Macht vorbehalten hat. Apostelgesch. 1. 6 u. 7.

paßten, und sich drängten. Auch nach ihrer Wiedergeburt: denn der neue Mensch knüpft denn doch sich an die persönliche Identität des alten.)

Diese Weissagung Jesu, — klar aussprechend, was wir sagten: das Christenthum ist nicht etwa bloß Lehre, es ist Princip einer Welt-Verfassung, und das Erstere ist es nur für eine Zeit, und als Mittelzustand, um zu werden das Letztere, — ist, eben aus Mangel dieser Erkenntniß, nicht verstanden worden. Man dachte sich zuförderst ein Verbrennen der Welt im Feuer, *) indem man einen bildlichen Ausdruck wörtlich nahm, eine persönliche Wiedererscheinung Jesu auf der Welt zur Auferweckung der Todten, **) und zur Abhaltung eines allgemeinen Verhörs und Gerichttages über alle Menschen. ***) Die Apostel

---

*) Also auch der Himmel und die Erde werden durch sein Wort gesparet, daß sie zum Feuer behalten werden am Tage des Gerichts und der Verdammniß der gottlosen Menschen. Es wird aber des Herrn Tag kommen, wie ein Dieb in der Nacht, in welchem die Himmel zergehen werden mit großem Krachen, die Elemente aber werden vor Hitze zerschmelzen, und die Erde, und die Werke, die dadrinnen sind werden verbrennen. 2. Petri 3. 7 bis 10.

**) Denn es wird die Posaune schallen, und die Todten werden aufstehen unverweslich, und wir werden verwandelt werden. 1. Corinth. 15. 52. Denn er selbst, der Herr, wird mit einem Feldgeschrei und Stimme des Erzengels und mit der Posaune Gottes hernieder kommen vom Himmel, und die Todten in Christo werden auferstehn zuerst. 1. Thessalon. 4. 16 u. 17.

***) Wenn Jesus wird geoffenbaret werden vom Himmel sammt den Engeln seiner Kraft, um mit Feuerflammen Rache zu geben über die, so Gott nicht erkennen, so nicht gehorsam sind dem Evangelio Christi. 2. Thessalon. 1. 7 u. 8. Chri-

konnten nicht umhin, diese Begebenheit noch bei ihren Lebzeiten zu erwarten; *) späterhin erwartete man sie von Zeit zu Zeit bei wichtigen Epochen, z. B. mit dem Schluße des ersten Jahrtausend. Ich selbst bin noch unterwiesen, das Hereinbrechen dieses jüngsten Tages mir jeden Morgen als möglich zu denken: sie herrscht besonders in christlichen Liedern, z. B. den Klopstockischen, der seine Phantasie davon, als von einem prächtigen Bilde, erfüllt hatte.

Da sich's doch verzogen hat, so wurde es ganz auf die Zerstörung Jerusalems gedeutet, wie es sich denn auch wohl nicht leugnen läßt, daß in den vorhandenen Evangelien Reden Jesu, die er bei verschiedenen Gelegenheiten über diese beiden abgesonderten Begebenheiten gehalten, zusammen geworfen, und mit einander verwechselt seyn mögen. **) Es ist allerdings wahrscheinlich, daß Jesus zur

---

stus ist zukünftig, zu richten die Lebendigen und die Todten mit seiner Erscheinung, und mit seinem Reich. 2. Timoth. 4. 1. Vergl. Matth. 25. 31—36.

*) Es ist aber nahe gekommen das Ende aller Dinge. 1. Petri 4. 7. Kinder, es ist die letzte Stunde, und wie Ihr gehört habt, daß der Widerchrist kommt, und nun sind viele Widerchristen geworden; daher erkennen wir, daß die letzte Stunde ist. 1. Joh. 2. 18. Denn noch über eine kleine Weile, so wird kommen, der da kommen soll, und nicht verziehen. Ebräer 10. 37. Dagegen: daß Ihr Euch nicht bald bewegen lasset von Eurem Sinn weder durch Geist, noch durch Wort, noch durch Briefe, als von uns gesandt, daß der Tag Christi vorhanden sey. Lasset Euch niemand verführen in keinerlei Weise Denn er kommt nicht, es sey denn, daß zuvor der Abfall komme, und geoffenbaret werde der Mensch der Sünde, und das Kind des Verderbens. 2. Thessalon. 2. 2 u. 3.

**) Und als er nahe hinzu kam, sah er die Stadt an, und weinete über sie, und sprach: Wenn du es wüßtest, so wür-

Nachachtung und Berathung der Seinigen nöthig gefunden, sie von der leicht vorauszusehenden Zerstörung Jerusalems unter andern auch zu unterrichten: in dem Ganzen der Geschichte aber ist diese Zerstörung ein so durchaus unwichtiger Gegenstand, — Jerusalem mit seinem ganzen Wesen war schon längst ein bloßes Schattenbild, und hatte in seiner größten Herrlichkeit gegen andere Staaten in Beziehung auf das Ganze wenig zu bedeuten gehabt, und die einzige wahrhaft historische Bedeutung erhalten nur durch den Auftritt Jesu in seinen Mauern — daß man ein Jude seyn muß, oder ein durchaus zum Juden gewordener Christianer, und Jesum selbst, der übrigens niemals hohe Begriffe vom Judenthume zeigt, in einen solchen verwandeln muß, um die über Alles erhabenen Bilder jener Weissagung *) auf diese Begebenheit zu deuten.

---

best du auch bedenken zu dieser deiner Zeit, was zu deinem Frieden dienet. Denn es wird die Zeit über dich kommen, daß deine Feinde werden um dich und deine Kinder mit dir eine Wagenburg schlagen, dich belagern, und an allen Orten ängstigen; und werden dich schleifen, und keinen Stein auf dem andern lassen. Lukas 19. 41—44. Vergl. Matth. 24. 15—21. Marc. 13. 14—19.

*) Und es werden Zeichen geschehen an Sonne, Mond und Sternen, und auf Erden wird den Leuten bange seyn und werden zagen, und das Meer und die Wasserwogen werden brausen, und die Menschen werden verschmachten vor Furcht, und vor Warten der Dinge, die da kommen sollen auf Erden, denn auch der Himmel Kräfte sich bewegen werden, und dann werden sie sehen des Menschen Sohn kommen in der Wolke mit großer Kraft und Herrlichkeit. Lukas 21. 25—27. Sonne und Mond werden den Schein verlieren, und die Sterne werden vom Himmel fallen, und die Kräfte der Himmel werden sich bewegen, und alsdann wird erscheinen das Zeichen des Menschensohnes im Himmel. Und alsdann

Indem man auch dies gefühlt hat, nachdem ferner durch aus der Philosophie stammende, und in allgemeinen Umlauf gekommene andere Ansichten von der menschlichen Fortdauer, die Ruhe der menschlichen Leiber in den Gräbern bis an den jüngsten Tag, *) und die Wiederbelebung derselben Leiber durch Jesu den Kredit verloren, auch durch die lange Dauer der Welt seitdem die Begriffe über die Menge der lebenden Menschen sich so gesteigert haben, daß es der Phantasie nicht wohl gelingen will, einen Platz zu finden, um sie zu einem allgemeinen Gerichtstage zu versammeln, hat man neuerdings diese Weissagung so ziemlich an ihren Ort gestellt, sie aufgegeben, und sein Nichtverständniß derselben deutlich gefühlt. Wir nehmen dieselbe

---

werden heulen alle Geschlechter auf Erden, und werden sehen kommen des Menschen Sohn in den Wolken des Himmels mit großer Kraft und Herrlichkeit. Und er wird senden seine Engel mit hellen Posaunen, und sie werden sammeln seine Auserwählten von den vier Winden, von einem Ende des Himmels zum andern. Matth. 24. 29—31. Vergl. Marc. 13. 24—27. Offenb. Joh. 6. 12—17.

*) Möchte aber Jemand sagen: wie werden die Todten auferstehen, und mit welcherlei Leibe werden sie kommen? Du Narr, das Du säest, wird nicht lebendig, es sterbe denn. Und das Du säest, ist ja nicht der Leib, der werden soll, sondern ein bloßes Korn, nämlich Waizen oder der andern eins. Gott aber giebt ihm einen Leib, welchen er will, und einem Jeglichen von dem Saamen seinen eignen Leib. 1. Corinth. 15. 35—38. Es wird gesäet verweslich, und wird auferstehen unverweslich, es wird gesäet in Unehre, und wird auferstehen in Herrlichkeit. Es wird gesäet in Schwachheit, uud wird auferstehen in Kraft. Es wird gesäet ein natürlicher Leib, und wird auferstehen ein geistlicher Leib. Hat man einen natürlichen Leib, so hat man auch einen geistlichen Leib. Ebendas. v. 42—44.

wieder auf, als den eigentlichen Schlußstein, und den Vollendungspunkt des Christenthums, weil wir anderwärts her, aus der durchgeführten Verstandes-Erkenntniß, ihren Inhalt erhalten, und die Nothwendigkeit desselben a priori einsehen. Das Christenthum ist nicht bloße Lehre, es soll eben dadurch werden Princip einer Verfassung; es muß dazu kommen noch auf dieser Welt, daß Gott allein und allgemein herrsche, als sittliches Wesen, durch freien Willen und Einsicht; daß schlechthin alle Menschen wahrhafte Christen, und Bürger des Himmelreichs werden, und daß alle andre Herrschaft über die Menschen rein und lauter verschwinde. Dies ist der Sinn jener Weissagung, und muß der Sinn derselben seyn, weil es nur diesen Sinn über das letzte Ziel des Menschengeschlechts auf der Erde giebt. Was Jesus ausgesagt als eine nothwendige Begebenheit in der Zukunft, darum, weil Gott die Welt regiere, trifft mit dem, was wir zu Anfange dieser Vorlesungen, als eine Aufgabe der Freiheit, von der Philosophie aus erkannt haben, zusammen. Daß Gott die Welt regiere, indem diese nur ist seine Erscheinung, anerkennt die Philosophie auch; sie drum und jene stimmen durchaus überein.

Was nun insbesondere die in jener Weissagung ausgesagte persönliche Wiederkunft Jesu zur Errichtung dieses Reichs anbetrifft, so muß man diesen Punkt nur richtig verstehen. Nach derselben Weissagung ist Jesus ja auch bei uns alle Tage;*) das versteht doch wohl Keiner von

*) Denn wo zween oder drei versammelt sind in meinem Namen, da bin ich mitten unter ihnen. Matth. 18. 20. Und siehe, ich bin bei Euch bis an der Welt Ende. Matth. 28. 20. Und ob ich hinginge, Euch die Stätte zu bereiten, will ich doch wiederkommen, und Euch zu mir nehmen; auf daß Ihr seyd, wo ich bin. Joh. 14. 3. Es ist noch um ein

persönlich=sinnlicher Gegenwart, sondern durch die Folgen seines einmaligen Daseyns. Wie er nun diese zweitausend Jahre immer gegenwärtig gewesen, und es heute ist, und in dieser Stunde unter uns, eben so wird er auch bei jener Epoche gegenwärtig seyn, nur nicht als bloß lehrend, sondern als wirkende Kraft, wie in seinem Leben, was man nun ein Gegenwärtig κατ᾽ ἐξοχὴν und so ein Wiederkommen nennen mag. Unmittelbar werden sodann wirken diejenigen Werkzeuge Gottes, die zu dieser Zeit leben werden, da sie aber dies nicht könnten, wenn nicht einst ein Jesus da gewesen wäre, und ihr Werk doch nur die Vollendung ist des bisher sich fortentwickelt habenden Werks, welches Gott durch Jesus rein ursprünglich, und an den absoluten Gegensatz es anknüpfend, anfing, so wird diese Wirksamkeit mit Recht Jesu, dessen Fortsetzungen sie bloß sind, zugeschrieben. Auch ist jene Einführung des Christenthums in die Welt nicht zu denken als eine einzige, momentane, blitzähnliche Begebenheit, sondern selbst sie mag ihren stillen, langsamen und der Welt unbemerkten Gang gehen, *) eben

---

Kleines, so wird Euch die Welt nicht mehr sehen. Ihr aber sollt mich sehen, denn ich lebe, und Ihr sollt auch leben. An demselbigen Tage werdet Ihr erkennen, daß ich in meinem Vater bin, und Ihr in mir, und ich in Euch. Joh. 14. 19 u. 20. Vergl. 16. 16. Vater, ich will, daß, wo ich bin, auch die bei mir seyn, die du mir gegeben hast, daß sie meine Herrlichkeit sehen, die Du mir gegeben hast. Joh. 11. 24.

*) Der Tag des Herrn wird kommen, wie ein Dieb in der Nacht. 1. Thessal. 5. 2. Vergl. Marc. 4. 26—34. Matth. 13. 31 u. 32. Marc. 13. 33 bis 37. Luk. 13. 19 u. 20. Da er aber gefragt ward von den Pharisäern: Wenn kommt das Reich Gottes? antwortete er ihnen und sprach: das Reich Gottes kommt nicht mit äusserlichen Geberden. Man

so wie die Ausgießung des heiligen Geistes ja auch Jahrhunderte gedauert hat, und noch dauern wird, ehe man so recht eigentlich und allgemein sagen kann: nun ist er da!

Eigentlich sind, indem ich hierdurch die Schilderung des Christenthums schließe, mit derselben zugleich meine Vorlesungen geschlossen, und die eigentliche Aufgabe ist gelöst. Denn auf die Frage: wird es denn zu dem von uns beschriebenen Reiche der Freiheit und des eigentlichen Rechts kommen, werden die Bedingungen der Freiheit, die ja offenbar, bloß auf die Freiheit gesehen, auch nicht eintreten könnten, ganz gewiß eintreten, — (bemerken Sie: wenn Etwas als Folge eines Naturgesetzes angesehen wird, so ist die Vergewisserung leicht, denn das Naturgesetz waltet schlechthin: wenn aber nun als des Freiheitsgesetzes; giebt es denn ein die Freiheit faktisch Bindendes? Da müssen wir höher: von dieser Art ist nun unsere Untersuchung,) — können wir auf diese Hoffnung ruhig sterben, können wir, falls wir zu diesem Zwecke beizutragen berufen sind, auch mit der Freudigkeit arbeiten, daß unser Werk, falls es nur in Gott gethan ist, und nicht aus uns, nicht verloren gehe, — ist die Antwort: Ja! Denn die Erscheinung Gottes als Erdenleben ist nichts Anderes, denn jenes Reich Gottes; Gott aber erscheint nicht vergeblich, macht nicht einen mislingenden Versuch des Erscheinens, also kommt es sicher zu diesem Reiche Gottes, und kann nicht zu ihm kommen.

---

wird auch nicht sagen: Siehe hier oder da ist es, denn sehet, das Reich Gottes ist inwendig in Euch. Lukas 17. 20 und 21.

Dies ist es eben, was die Freiheit auch faktisch bindet, daß in ihr nicht Nichts erscheine, wie es in der That ohne dieses Band seyn würde, sondern Gott. Die Freiheit bleibt darum Freiheit; es ist ihr keine Zeit gegeben, sie kann in dem Leeren sich abtreiben, und das Rechte aufhalten: darin gilt ihr Recht: aber irgend einmal, wie lange es auch dauern möge, kommt es dennoch zu dem Rechten. Dieses geht Einem nun nicht eher auf, als bis man das Princip der Geschichte begreift; denn dies ist eben das faktische Gesetz der Freiheit, eine gewisse Geschichte zu bilden. — Das nimmt der Freiheit den Grund, den sie dem Zweifel darreicht: die Freiheit muß, nur nicht Dieses oder Jenes Freiheit, sondern die Freiheit überhaupt: der Rechte wird sich schon finden.

Wenn nun gefragt wird: wie und wodurch kommt es zum Reiche? so ist heute die Antwort: durch das in der Zeit schon vorlängst niedergelegte Princip des Christenthums, welches, zur größeren Bestätigung, nach der Weissagung Jesu nun auch mit dem an sich davon verschiedenen Principe des Geistes, des zu einer Kunst erhobenen Verstandes-Gebrauchs durchdrungen zu werden anfängt. —

Es bleibt drum bloß noch übrig, dieses Wie näher zu beschreiben.

Das von der Vernunft gefoderte Reich des Rechts, und das vom Christenthume verheißene Reich des Himmels auf der Erde, ist Eins und dasselbe. Für das Erste drum bürgt das Zweite. Das daß ist ohne Zweifel. — Nur zum Ueberflusse, und nächstdem für unsere eigene Belehrung und Berichtigung über die dahin einschlagenden Gegenstände, über das Wie.

Wir heben an mit einer genaueren Beschreibung dieses Reichs. (Schon oben deren zwei.)

Das Himmelreich ist Theokratie in dem deutlichen Bewußtseyn eines Jeden, und durch dieses Bewußtseyn; wie das Reich der alten Zeit, mit welchem die Geschichte begann, Theokratie war für den blinden Glauben Aller. — Jedermann soll gehorchen nur Gotte nach seiner eignen klaren Einsicht von Gottes Willen an ihm; und inwiefern er doch gehorchen würde einem Menschen, so soll auch dies nur geschehen, zufolge seiner klaren Einsicht, daß dieses Menschen Stimme nicht sey des Menschen, sondern Gottes an ihn. Jede andere Macht auf den Willen der Menschen, ausser der des Gewissens eines Jeden, soll wegfallen. Wie läßt eine solche Verfassung auf der Erde, und in der gegenwärtigen Welt, und unter dem Gesetze derselben sich denken? denn so ist die Frage gestellt.

1) Grundgesetz dieser Welt ist, daß die Menschen geboren werden mit unentwickeltem Verstande. Durch die Erfahrung der abgelaufenen Weltalter hat sich's bestätigt, daß dieser Verstand nicht durch sich selbst (und gleichsam nach einem Naturgesetze, so wie der Leib in die menschliche Gestalt hineinwächst,) sich entwickelt zur richtigen Einsicht des Willens Gottes, sondern es hat dazu einer Kunst bedurft, die bisher nur wenigen Begünstigten gelungen. Es ist drum klar, daß für die Möglichkeit einer solchen Verfassung vorausgesetzt wird, daß Alle zur Fähigkeit, den Willen Gottes an sie klar einzusehen, erzogen werden; und da Alle ohne Ausnahme, die da geboren werden, zu dieser Einsicht gebildet werden sollen, ohne Unterschied, (ohne etwa eine besondere Genialität und Verwandtschaft zum Uebersinnlichen vorauszusetzen;) daß es eine sichere, unfehlbare, und an jedem gegebenen Individuum ihren Zweck erreichende Kunst einer solchen Menschenbildung geben müsse.

2) So lange die Welt unter diesem Reiche fortdauern wird, so lange wird fortdauern Tod und Geburt; drum die Nothwendigkeit der Erziehung der Nachgeborenen: es muß drum eine ununterbrochen fortdauernde Anstalt zu dieser Erziehung geben: diese Erziehungsanstalt ist drum ein das Reich in seiner Fortdauer begleitendes, und von ihm unabtrennliches Bestandtheil.

3) Diese Erziehung läßt durch ihren allgemeinen Zweck sich leicht bestimmen. Jeder soll mit klarer Einsicht verstehen den Willen Gottes an ihm: sich in klarer Selbstanschauung, die kein Unterricht in ihm stellvertreten kann, subsumiren jenem allgemeinen Gesetze der Geisterwelt. Dies setzt voraus die klare allgemeine Einsicht, daß der Mensch unter dem Willen Gottes stehe, und daß er ohne den Gehorsam Nichts sey, und eigentlich gar nicht da. Diese Einsicht ist nun die des Christenthums, oder auch, welches in diesem Zusammenhange gleichgeltend ist, der Wissenschaftslehre. Die geforderte Erziehung muß drum die Kunst besitzen, alle Menschen ohne Ausnahme unfehlbar zu dieser Einsicht zu bringen, und damit dies möglich sey, die Menschen von Beginn an, aus dem, was Allen gemeinschaftlich ist, also zu bilden, daß diese Kenntniß mit Sicherheit an sie gebracht werden könne. — (Diese Kunst ist nun noch nicht erfunden: bis jetzt rechnet der Unterricht in der Wissenschaftslehre auf ein Ohngefähr, auf eine Verwandtschaft: ihr Besitz aber ist vorläufige Bedingung jenes Reichs.) Dies ist das Allgemeine, welches schlechthin Jeder durch die Erziehung erhalten muß.

4) Unter dieses allgemeine Gesetz soll Jeder in seiner Selbstanschauung sich subsumiren, um zu erkennen den Willen Gottes an ihm. Die durch Vernunft a priori eingesehene Voraussetzung ist nämlich die, daß Jedem unter den freien Individuen im göttlichen Weltplane angewiesen sey seine bestimmte Stelle, die nicht sey die Stelle irgend

eines andern zu derselben Zeit in demselben Ganzen Lebenden, indem der göttliche Wille nicht mit sich selbst streiten kann; daß drum, wenn Alle den Willen Gottes über diese ihre Stellen nur klar verstehen, eben so wenig zwischen ihnen selbst ein Widerstreit der Kräfte, der durch eine Rechtsverfassung vermittelt werden müßte, entstehen könnte. *) Diese seine Stelle soll eben Jeder klar erkennen, und so würden sie an derselben arbeiten zum gemeinschaftlichen Zwecke ohne allen Streit unter einander.

5) Jene Erziehung der Menschen, zu der wir zurückkommen werden, die da ist die Unterwerfung der dem Menschen angeborenen Natur unter den Begriff, und dadurch unter den Willen Gottes, indessen abgerechnet, bleibt dem Menschen als Auftrag des göttlichen Willens übrig die Unterwerfung der äussern Natur, der Sinnenwelt unter den Begriff. In dieser Naturunterwerfung nun müßte im Plane Gottes Jedem, den er nicht zur Erziehung bestimmt, sein Platz angewiesen seyn, und diesen müßte Jedweder erkennen.

6) Die Erweiterung der Herrschaft der Vernunft über die Natur geht schrittweise. Es muß in einem gewissen Punkte erst durch gemeinsame Kraft die Herrschaft über sie errungen werden, und sodann erst ist von diesem Punkte aus möglich das Fortschreiten zu einem weiteren Siege nach einem klaren Zweckbegriffe des ganzen Geschlechts. Es bedarf drum in dieser regelmäßigen Bearbeitung zweier Stücke: 1) eines Verstandes, der die Gesammt-Arbeit an der Natur übersieht, und jedesmal den Punkt erkennt, wie in der Unterwerfung derselben regelmäßig fortgeschritten werden

*) Denn Gott ist nicht ein Gott der Unordnung sondern des Friedens, wie in allen Gemeinden der Heiligen. 1. Corinth. 14. 33.

den müsse, und 2) der Gesammtkräfte, die unter der Anleitung jenes Verstandes arbeiten. Dieser Verstand braucht nicht in Allen vorhanden zu seyn, indem sodann Alle in dieser Rücksicht einen und eben denselben Verstand haben würden, sondern es reicht hin, wenn er nur überhaupt immer während der Dauer der Welt unter diesem Reiche in der Welt vorhanden ist: nach seinem Plane aber müssen alle Kräfte der Einzelnen die Richtung erhalten. Jener Verstand wird drum in der That nicht bei Allen, sondern nur bei Einzelnen vorhanden seyn, und die Letztern werden in dieser Rücksicht der Einsicht der Erstern folgen müssen. Damit sie nun jedoch auch hierin nur folgen ihrer eigenen Einsicht, so wird entstehen müssen das gemeinsame, und durchaus übereinstimmende Bewußtseyn in Allen, welche berufen seyen zum erstern Geschäfte, zur Leitung, welche dagegen zum zweiten, dem Gehorchen der Leitung. Sehen die Letztern dieses in Beziehung auf sich selbst ein, sehen sie ferner ein, wie sich ihnen in ihrem Begriffe von Gott ja aufdringt, daß dieser Mangel in ihrer Verstandesanlage, dagegen der Besitz derselben bei jenen, auch Gottes Fügung sey; *) so erkennen sie klar, daß sie in der Verfügung jener nicht gehorchen ihnen, sondern allein dem als Gesetz Gottes erkannten Naturgesetze ihrer verschiedenen Verstandesanlagen.

7) Wie soll die zuletzt geforderte Verstandes-Einsicht und Subsumtion jedes Individuums unter dieses Grundgesetz möglich seyn? Ich sage also: Ausser jener religiös-sittlichen Bildung muß Allen mitgetheilt werden ein bestimmtes Bild und eine Uebersicht des dermaligen Geschäfts der

*) Sitzen zu meiner Rechten und Linken stehet nicht mir zu, sondern denen es bereitet ist von meinem Vater. Matth. c. 20. v. 23. Vergl. 1. Corinth. 12. 4 — 31.

Freiheit an der Natur, als des zweiten Grundbestandtheils der allgemeinen Menschenbildung. Diese zerfällt natürlich in die zwei Theile, der Kenntniß der Natur, und der menschlichen Kraft, in wie weit sie bis jetzt entwickelt ist. Wenn dieses Bild an den Zögling gebracht, und von demselben wohl gefaßt ist, kann erfolgen nur zweierlei; entweder sein Verstand wird durch dasselbe befriedigt, und beruhigt sich dabei, oder das gegebene Bild wird ihm schöpferisch für ein höheres, und neues. Durch das Letztere wird bewiesen der göttliche Ruf an dieses Individuum, den Fortgang und die Erweiterung der Verstandesherrschaft zu leiten; durch das Erstere dieser Beruf verneint, und er angewiesen, an dem gemeinsamen Geschäfte, wie es bis jetzt vorliegt, seinen Antheil zu nehmen.

Dagegen, daß die schöpferische Fähigkeit, die wohl vorhanden sey, sich nicht etwa verstecke, und hinterher, nachdem der Stand schon entschieden ist, zum Vorschein komme, daß drum der Schluß vom sich nicht Zeigen in der Erziehung auf das Nichtvorhandenseyn richtig sey, und ohnfehlbar, ist gesorgt dadurch, daß die Erziehung eine sichere Kunst ist, wie denn auch nur unter der Bedingung, daß sie dies sey, sie bürgen kann für die Untrüglichkeit ihres Urtheils. Die bisherige Menschenbildung regt nicht die menschliche Kraft auf in ihrer Tiefe, und in ihrem letzten Quellpunkte, und verfolgt nicht diese Aufregung in systematischer Ordnung, wie die Kraft nach ihrem Gesetze sich entwickelt, sondern sie greift ein, wohin sie trifft, wie die eigene Bildung des Lehrers, und drum seine Lust und Liebe es mit sich bringt, und so kann sich ihr gar leicht ein schlummerndes Talent verbergen; nicht aber derjenigen systematischen Kunst der Menschenbildung, welche das Daseyn des Reichs, von dem wir reden, voraussetzt.

In Absicht des besondern Zweiges dieser Arbeit nun hat ja die Erziehung ihm ein Bild der ganzen gegeben, und versucht nach den Anleitungen, die ihr die Natur des Zöglings, besonders seine Neigung — da Neigung hier wohl, zumal da die Phantasie nicht durch Meinungen misleitet wird, für Können zeugt, — an die Hand gab, das Vermögen desselben. Wo sich dies am besten zeigt, dafür bestimmt ihn seine Natur oder Gott. Die Wahl eines bestimmten Geschäfts beschließt seine Erziehung, die hierdurch sich selbst als vollendet ausspricht: und nun ist er freies Mitglied der Gemeine, da er bisher unter der Zucht der Erziehung stand. So lange diese Wahl sich nicht entscheidet, ist sie nicht geschlossen, und der Mensch bleibt unmündig: die geistige Individualität ist in ihm noch nicht reif, gesondert und anerkannt: er hat drum noch keine in einem Reiche des klaren Verstandes, sondern bleibt in der verschmolzenen Masse, aus welcher die Individuen erst durch die Kunst der Erziehung nach Anleitung Gottes — die Erziehung ist hier ein Erforschen des göttlichen Willens — herausgebildet werden.

8) Die Erziehung selbst fällt anheim der zweiten Klasse der schöpferischen Geister: denn zuförderst ist man nur von dem recht sicher, daß er das Leben im Geiste, und dessen Gesetze begreife, dessen Auge sich auch sogar die leblose und durch ihr Gesetz abgeschlossene Natur in ein geistiges Fortschreiten verwandelt: sodann sollen ja die künftigen Generationen nicht grade zur Wiederholung des Lebens der unmittelbar früheren, sondern vielleicht zu einer neuen Entwicklung desselben an der Natur gebildet werden; der Erzieher drum, der nicht bloß das Bild der früheren Erziehung wiederholen, sondern für das Fortschreiten bilden soll, muß bestimmt wissen, wie dieses Geschlecht in Bildung der Natur fortschreiten kann. Diese Erzieher organisiren sich in sich selbst und durch Ernennung unter sich, allenthalben sich gründend auf die in der Erziehung gezeigte Individualität, zu einem Regenten- und Lehrer-Corps.

9) Wissen ist nicht Thun, nicht freudige, nichts Anderes begehrende Unterwerfung: wie will man sich ihres Willens versichern? Ich sage: in unserer Welt, und bei unserer Erziehung, in der man nicht einmal mit Sicherheit es zu irgend einem Erkennen bringt, sondern das gewöhnliche Erkennen nur ist ein an seinen Ort gestellt seyn lassen, weil man Nichts dagegen hat, ohne eigentliche Ergebung des Willens darein, weil es auch nicht bis zur Verbindung mit dem Willen fortgesetzt ist, ist diese Frage ganz gerecht. So aber nicht dort, wo der ganze Mensch aus Einem Stücke gebildet wird, wovon ja das Daseyn des Reiches abhängt. Auch läßt sich schon jetzt anzeigen, worauf diese Sicherheit der Willensbestimmung beruhen werde. Der Mensch sieht ein, daß er ohne diese Ergebung seines Willens in den göttlichen Nichts ist, dies sieht er ein lebendig, so daß er von dem Gefühle dieses Nichts ergriffen ist: aber Niemand will Nichts seyn: an dem Seyn halten wir Alle. Wir auch: nur uns stellt es sich in einer Täuschung dar. Diese Täuschung aufzuheben haben Jene die vollkommene Kunst: es ist drum dem Menschen aller Anhalt geraubt. Dies der eigentliche und der einzige Zwang, der über ihn von der Erziehung ausgeübt wird, der aber auch allen andern ersetzt.

(Wir sind durchaus das Entgegengesetzte eines solchen Zustandes. Zerflossen, und der Realität beraubt in der Wurzel: ermangelnd der Anschauung, wie sie die alte Welt hatte, des lebendigen Begriffs, wie die geschilderte sie haben wird, leben wir nur in einem problematischen und probirenden Begreifen, so daß es uns sogar schwer wird, einen solchen besseren Zustand uns zu bilden. Doch wäre dies gut, um unsern Gegensatz desto deutlicher zu empfinden. Dieser Mangel muß nun von Einigen aus, in denen er sich nicht findet, in Allen ausgefüllt werden. Dies nicht bedacht, bleibt unverständlich und unglaublich, was ich über dieses Zeitalter sage.)

10) Hiermit ist nun das Reich Gottes wirklich dargestellt in der Welt. Jesus, d. i. die von ihm eingeführte und durchgesetzte Freiheit des Hingebens an Gott, herrscht. So wird nun die Natur fortschreitend unterworfen, bis sie es ganz ist, bis sie keinen Widerstand mehr leistet dem reinen Begriff, sondern dieser unmittelbar, wie er ist, heraus tritt in der Erscheinung; und nun betritt das Menschengeschlecht die höhere Sphäre des rein aus sich Erschaffens nach dem göttlichen Bilde. *) Nun ist auch die Natur in ihr selbst, d. i. in einem Willen, der doch widerstehen könnte, und sich losreißen könnte, ohnerachtet er es freilich nie wollen kann, aufgehoben, und der Mensch will durch sein bloßes Seyn nichts Andres, als was Gott will. Es ist drum nun auch der Sohn, durch welchen bisher der Vater regierte, unterthan und aufgegangen im Vater, der

*) Und ich sahe einen neuen Himmel und eine neue Erde. Denn der erste Himmel und die erste Erde verging, und das Meer ist nicht mehr. Und hörete eine große Stimme von dem Stuhl: die sprach: Siehe da, eine Hütte Gottes bei den Menschen; und er wird bei ihnen wohnen, und sie werden sein Volk seyn, und er selbst, Gott mit ihnen, wird ihr Gott seyn. Und Gott wird abwischen alle Thränen von ihren Augen; und der Tod wird nicht mehr seyn, noch Leid, noch Geschrei, noch Schmerzen, denn das Erste ist vergangen. Offenb. Joh. 21. 1—4. Das neue Jerusalem bedarf keiner Sonne, noch des Mondes, daß sie ihr scheinen, denn die Herrlichkeit Gottes erleuchtet sie, und ihre Leuchte ist das Lamm, und ihre Thore werden nicht verschlossen des Nachts, denn da wird keine Nacht seyn, und wird nicht hinein gehen irgend ein Gemeines, und das da Gräuel thut und Lügen, sondern die geschrieben sind in dem lebendigen Buch des Lammes. Ebendas. 23. 25. 27.

nun allein, und unmittelbar durch sich, und ohne Zuthun eines Sohnes, als des die Freiheit bestimmenden, regiert. Die Heiligen aber, welche mit Jesu regieren tausend Jahre, sind die beschriebenen Regenten und Lehrer in diesem Reiche.

11) Die faktischen Bedingungen dieses Reichs von einer Seite haben in dieser Darstellung sich gezeigt. Zuförderst muß die Anerkennung des Himmelreichs unabhängig gemacht werden vom historischen Glauben, und der besonderen Gemüthsverwandtschaft Einzelner dazu, und die Form annehmen eines von Jedermann, der nur menschlichen Verstand hat, zu Erzwingenden. Diese Bedingung ist wirklich erfüllt durch die Erscheinung der Wissenschaftslehre, die freilich noch ringt, und vielleicht noch Jahrhunderte ringen wird um ihr Verständniß und ihre Anerkenntniß unter den Gelehrten. Untergehen können ihre in der Welt begonnenen Anfänge nicht, denn sie ist eine absolute Foderung des Geschlechts durch Gott, und aus Gott: sie muß aber die Beziehung nehmen auf das Reich Gottes, und ausdrücklich dies als ihren Grundpunkt aussprechen, denn nur so nimmt sie in sich auf eine lebendige Kraft, und erhebt sich über die Leerheit an praktischer Wirksamkeit, die der bloßen Spekulation beiwohnt. Unter den Gelehrten: die Gelehrten-Gemeine ist das Lehrer-Corps des Christenthums, des Reiches Gottes, die angefangene Gesellschaft aus deren ununterbrochener Fortdauer jene Regenten und Bildner im geschilderten Reiche hervorgehen werden; ob sie sich nun in einzelnen Gliedern dafür erkenne, oder nicht, davon geht sie aus, darauf geht sie hin: in der Mitte eines langen Weges kann man wohl den Anfangs- und End-Punkt aus dem Auge verlieren. Eben durch die Schwierigkeit, welche die Wissenschaftslehre finden wird, sich annehmlich zu machen, und dadurch, daß sich ihr der eigentliche Sitz dieser Schwierigkeit, ein Mangel in dem

geistigen Auge selbst, nicht verbergen kann, führt sie bei sich die Aufgabe der Kunst, dieses Auge für den Zweck zu bilden; also der Erziehungskunst. Da diese Kunst sich wendet an das menschliche Auge schlechtweg und allgemein, so fällt, sie einmal gefunden, in dieser Rücksicht der Unterschied zwischen Gelehrten und Ungelehrten weg. (Die ersten Erfinder sind schöpferisch; das einmal Erfundene aber wird ein Gegebenes, das schlechthin an Alle zu bringen ist. Jetzt scheint es sonderbar, Bauerkindern in der Schule die Wissenschaftslehre zu lehren, doch ist's nicht sonderbarer, als es etwa dem Ersten, dem darüber ein Licht aufging, gedäucht haben würde, daß sie einen Begriff von der Einheit Gottes, und von seinem Verhältnisse zu uns als gütigen Vaters in der That erhalten. Diese Bildungskunst des Menschen, welcher durch die Wissenschaftslehre selbst erst ihr letztes Ziel, ihr Anfangspunkt, sich als Geist zu erkennen, und das Mittel, sich selbst zu verstehen, gegeben ist, ist die nächste Aufgabe, die an der Zeit ist. (Unser Zeitalter hat sie in der That schon ausgesprochen in Pestalozzi. Ihr Hauptcharakter ist Unfehlbarkeit. Früher brachte man durch psychologisch-mechanische Hülfsmittel zum Lernen; hier durch den Begriff der eigenen Thätigkeit, und die Regel derselben.)

Sodann bedarf es einer so gründlichen Uebersicht der Natur, und des Verhältnisses der menschlichen Kraft zu ihr, (der Bedürfnisse, und ihrer Unterordnung) daß aus derselben ein gemeinschaftlicher Plan für eine jene bearbeitende vereinigte Menschenmasse sich entwerfen lasse. Das Zeitalter strebt mit aller Kraft einer solchen Natureinsicht entgegen, und ist durch glückliche Entdeckungen, um in das Innere derselben einzudringen, ausgezeichnet gewesen.

Diese begonnene, und bis auf diese Höhe gediehene Bahn der Lehrer-Gemeine bürgt nun durch sich selbst für ihre Fortdauer, für ihre Steigerung und für ihr Gelangen zum Ziele, ohne alle äussere Beihülfe, oder Antrieb, (allenthalben diese Garantie zu erblicken, darauf kommt es uns ja an.) Die Erkenntniß ist darin wahrhaft göttlicher Geist, daß sie aus sich selbst lebt, den Menschen, den sie einmal ergriffen hat, festhält, und in ihm sich fortbildet nach ihrem Gesetze. Es ist unmöglich, daß ein von ihr Ergriffener schlecht sey, und sinnlichen Zwecken diene, träg werde, und abfalle. Wer also thut, der hat die Erkenntniß nie um ihrer selbst willen geliebt, sie auch niemals erhalten, sondern nur Traditionen derselben um eines äusserlichen Zwecks willen aufgefaßt. *) Sie kündigt sich ferner an durchaus als nicht persönlicher Besitz, sondern als ein Gemeingut, sie treibt zur Mittheilung, und wer eine Wahrheit begriffen, der kann nicht ruhen, bis sie auch Andere ausser ihm begriffen haben. Sie entwickelt sich so nach dem Gesetze des Verstandes nothwendig bis zum Ende. Man kann sagen, daß die Fortdauer und das Wachsen der Erkenntniß, wenn es nur einmal in einer stehenden Gelehrten-Schule Wurzel gefaßt, und die äusserlichen Bedingungen der Fortdauer einer solchen gegeben sind, der menschlichen Freiheit und Willkühr ganz entnommen ist. Es ist ein geistiges Leben, das sich selbst gestaltet, und die Personen aus und durch sich. Dieses innere Gesetz ist nun recht lebendig einzusehen.

12) Der Fortgang ist gesichert, wenn nur die äusseren Bedingungen einer stehenden Gelehrten-Schule gegeben sind, sagte ich. Dies führt uns darauf, daß wir die Bedingungen des Reiches Gottes, und was für die Erscheinung desselben bürgt, wie wir auch gesagt, nur von Einer Seite

*) Sie waren nicht von uns, denn wären sie von uns gewesen, so wären sie ja bei uns geblieben. 1. Joh. 1. 19.

betrachtet haben: es bleibt übrig: — ob denn auch diese äusseren Bedingungen gegeben seyn werden, und was uns für diese bürgt. Da aber jenes von diesen abhängig ist, so fällt, wenn diese nicht nachzuweisen, auch das erst Erwiesene hin. — Wer sichert der Gelehrten-Schule die Erhaltung, die Ruhe, die Muße? Da ferner wir wohl gezeigt haben, daß die von der Erkenntniß schon Ergriffenen freilich nicht wieder abfallen können, wir aber Alles zur Erkenntniß versammeln wollen, wer vermittelt denn die Verbreitung, und bringt die, welche gar keine Lust haben, (wie aller natürliche Mensch,) in die Schule der Erkenntniß!

Von einer andern Seite: durch das Reich fällt aller äussere Rechtszwang weg; (weil ein Widerstreit in ihm gar nicht mehr möglich ist:) fällt überhaupt weg alle Ungleichheit durch die Abstammung, die Familie (Alle nur Eine), des persönlichen Eigenthums; alle Grundbesitzer und Gemeingenießer, kurz alle die Erscheinungen des alten, durch die neuere Zeit fortgepflanzten Staates. Der Zwang aber, unter andern auch zur Aufrechthaltung dieser Bestimmungen des herkömmlichen Staats, ist unter uns, und dauert fort: welches sind denn seine Bedingungen, besonders unter der Regierung eines sein Reich vorbereitenden Gottes? fallen diese Bedingungen weg, fällt er, und wie fällt er dann selber weg? Wie löst dem Reiche Gottes zu Gunsten der Staat, der von dieser Welt ist, sich auf? Dies der zweite Theil: der Rest unserer Untersuchung.

1) Das Christenthum wurde durch sich selbst eine Lehranstalt: so betrachtete Jesus sich selbst, so seine Jünger, so die ganze erste Kirche, und natürlich, so lange sie von Unchristen in der Gesellschaft, in der sie unmittelbar lebten, umgeben waren. Diese hat theils an ihrem Inhalte, theils an der formalen Beschaffenheit aller Erkenntniß eine Bürgschaft ihrer innern Fortdauer. Der heidnische Staat,

in dem sie zuerst sich bildete, war mit ihr im Widerstreit der Principien; erkennbar jedoch, und erkannt als gleichsam der um sie herumgezogene Zaun, der ihren Frieden und ihr Fortbestehen sicherte gegen die Willkühr der Einzelnen. Jedermann soll unterthan seyn der Ordnung des Staates; selbst Gewalt leiden, *) um erhalten zu werden; dies sey der Wille Gottes **) aber nicht der ordnende, — dieser erst im Reiche Jesu, — sondern der zulassende; ***) d. i. ein Stoff, der erst durch Freiheit bestimmt werden sollte.

So konnte es nicht bleiben: theils, das Christenthum würde durch die Entfernung in der Zeit von Jesu, und die Verblassung seines persönlichen Andenkens schwächer, der heidnische Staat dagegen in seinem Kriege gegen dasselbe stärker geworden, und das Christenthum durch diese beide Fortschritte ausgetilgt worden seyn. Sodann, die Zeitgeschichte, die mit einem absoluten Staate begann, sollte in eine absolute Kirche enden, es bedurfte drum des Mittelzustandes eines Staates, der die Kirche anerkannte, und ihr in der Rücksicht, welche einst im Reiche zur höch-

---

*) Ihr Knechte seyd unterthan mit aller Furcht dem Herrn, nicht allein den gütigen und gelinden, sondern auch den wunderlichen. 1. Petri 2. 18.

**) Jedermann sey unterthan der Obrigkeit. Denn es ist keine Obrigkeit ohne von Gott, wo aber Obrigkeit ist, die ist von Gott verordnet. So seyd nun aus Noth unterthan, nicht allein um der Strafe willen, sondern auch um des Gewissens willen. Römer 13. 1—7. Bittet Jeder für die Könige und alle Obrigkeit, auf daß wir ein ruhiges und stilles Leben führen mögen in aller Gottseligkeit und Ehrbarkeit. 1. Timoth. 2. 2. Vergl. 1. Petri 2. 13—20.

***) Gebet dem Kaiser, was des Kaisers ist, und Gott, was Gottes ist! Lukas 20. 25.

sten sich entwickeln sollte, das Primat anerkannte. Dieser zweite Staat erzeugte sich aus den Germanischen, und aus den nachher mit ihnen in den Völkerverein getretenen Nationen, welche den eigentlichen Staat gar nicht gekannt, sondern im Naturzustande gelebt hatten, und erst durch das Christenthum, und gleichzeitig mit der Annahme desselben, den Staat bildeten; drum den heidnischen Staatsgott nicht zu vergessen brauchten, weil sie ihn nie gehabt. Gott lernten sie kennen nicht als Stifter des Staats, und darin aufgehend, sondern als sittlichen Gesetzgeber: den Staat drum als eine nur menschliche Einrichtung, eine künstliche, unter den Grundgesetzen des Christenthums, und diesem nicht entgegen; als Einrichtung menschlicher Klugheit, und dieser freigegeben bis zu jenen Gesetzen: dies der Grundbegriff des neueren Staates, der sich allenthalben bestätigt. Nur unter der Bedingung des Christenthums, und damit dieses bestehen könne, wurde er anerkannt, sodann unter der Bedingung seines Grundgesetzes absoluter Gleichheit der Menschen in der Kirche, und der bürgerlichen, daß jene bestehen könne: so ferner der Gewissensfreiheit: kein Staatsgesetz gegen Gottes Gebot. Aus dem Ersten folgte seine Pflicht, das Christenthum als eine Lehranstalt zu erhalten, und die Menschen in die Schule desselben zu nöthigen. Staat und Kirche kamen dadurch in gegenseitige Wechselwirkung: der Staat wurde der Zwingherr der Kirche, inwiefern sie einen solchen bedurfte, und zulassen konnte, nämlich zur Schule, und zur Erhaltung derselben, (zum Glauben und zur Erkenntniß nicht.) Die Kirche hinwieder erleichterte dem Staate sein Geschäft, indem sie Gehorsam, nicht zwar als gegen ein unmittelbares göttliches Gebot, aber als ein mittelbares, als gegen eine menschliche Ordnung befahl. Dadurch, daß der Staat gleich im Grundbegriffe aufgestellt war als ein Werk menschlichen Verstandes, ohne alle höhere und göttliche Autorität, war der Fortschritt desselben gesichert, der Verstand in diesem Felde grade zu durch den Glauben selbst unabhängig gemacht vom Glauben, und durch diese freie Wirkungssphäre ihm ein kräftiges Bildungsmittel angewiesen, das der Kirche selbst zum Nutzen gereichen mußte. So wurde der Staat durch diese seine Form auf eine andere Weise dienstbar der Kirche, die ihm erst diese Form gegeben, und dadurch im Voraus sich selbst gedient hatte. — Daß ich diese höchst wichtige Epoche in der Geschichte scharf bezeichne. Ursprünglicher Verstand war bei dieser Entstehung des christlichen Staats nirgends zu finden, weder im Staate selbst, der so eben erst ausging aus dem Naturstande, noch in der Kirche, die auf den faktischen Glauben sich gründete. Der frei gegebene Verstand mußte drum gesucht werden in der alten Welt. Das war es auch eigentlich, was in der neueren Zeit erst zur Tradition, sodann zur Litteratur des Alterthums führte; das Bestreben, die Regierungskunst von ihm zu lernen. (Das Studium des römischen Rechts war der eigentlich praktische Antrieb bei der Wiedererweckung der alten Litteratur; daß Philologie angefangen wurde, geschah nur auf jene Veranlassung. — Nur auf den Verstand ging man aus, der allein begehrt wurde. Da geschah die Absonderung: den Glauben oder Aberglauben ließ man liegen. So machen wir es noch immer fort. Daher meine Klage, daß das Alterthum sehr wenig verstanden werde.)

Diese Entwicklung des freien Verstandes an weltlichen Dingen, worüber die Kirche ihn frei gegeben hatte, konnte nun nicht ermangeln, sich auch an die Kirche selbst zu wenden, und dadurch ein höchst wichtiges Werk in der menschlichen Entwicklung zu vollziehen. — Der heidnische Aberglaube nämlich konnte in der alten Welt durchaus nicht mit dem Verstande durchdrungen, und aufgelöst werden; weil auf ihm der Staat beruhte, drum dieser zugleich aufgelöst worden, und die Welt zu Grunde gegangen wäre. Wenn der Chemiker eine Gasart vereinigt mit einem Stoffe nicht verflüchtigen kann, so lockt er sie in Verbindung mit einem andern: so der göttliche Welt-Plan mit dem Aberglauben. Nach dem Untergange des Heidenthums flüchtete er sich in das Christenthum. In diesem konnte er aufgelöst und verflüchtigt werden, weil dieses sich auch mit dem Verstande vereinigt, und der Staat durch dasselbe in jeder Form gesichert war. — Der neuere Staat also war zunächst das Mittel, durch welches, nach christlicher Sprache, der heilige Geist einkehren konnte in das Christenthum. Auf eine höchst merkwürdige Art wurde ein auffallender Anfang dieser Operation gemacht durch Luthers Reformation, indem sie abschaffte die Tradition und die Satzungen der Kirche, und allein band an den Inhalt der schriftlichen Urkunden. Dieses Band konnte kaum für die erste Betäubung und Ermattung von der großen Anstrengung widerhalten: denn theils gründet sich ja die Aechtheit, das kanonische Ansehn, und die Unfehlbarkeit dieser Bücher selbst auf Tradition und Satzungen; die Reformation läßt drum an dieser Stelle gelten, was sie überhaupt leugnet: theils ist, da der authentische Erklärer an der Kirche und ihrem Oberhaupte aufgehoben ist, die Erklärung anheimgefallen dem Verstande, der nicht umhin kann, die Analogie des Glaubens, d. i. was aus der Einheit des Begriffs folgt, als die Erklärungsregel aufzustellen, und so zu erklären, wie ich oben in der früheren Schilderung des Christenthums erklärt habe. Es kommt drum eben zu dem Resultate, welches wir vielfältig ausgesprochen haben.

2) Durch diese Entwicklung des Christenthums vom Staate aus geräth jedoch dasselbe mit diesem in eine Ver-

legenheit anderer Art. Wenn der Staat dasselbe als Lehranstalt aufrecht erhält, und die Unterthanen in die Schule nöthigt, so thut er dies selber als ein Gläubiger, und aus dem Glauben; weil er durch die Unterlassung sich den Zorn Gottes, und alles Unglück zuzuziehen glaubt, oder, weil er die Verstärkung des Gehorsams vom Christenthume aus erwartet, welches ein Staat, der sein Handwerk versteht, durchaus nicht bedarf. Fällt nun dieser Aberglaube weg, fällt er auch bei den Staatsbeamten weg, was soll sie denn ferner verbinden, die Kirche zu erhalten, und für sie Güter und Kräfte aufzuwenden, die wohl anderwärts für ihre Zwecke besser angewendet wären. Auf dem historischen Principe bestehend, wird die Kirche sogar leugnen, daß jene, das Historische im Christenthume nur als eine Sache der Verstandesbildung behandelnde, und übrigens das Wesentliche nur auf den Verstand gründende Lehre überhaupt noch Christenthum sey, sondern menschliche Aufklärung, welcher der Schutz des Staates keinesweges versprochen, und welche unter die nach den Verkommnissen zu tolerirenden Konfessionen auf keine Weise gehöre. Was soll denn sodann, nachdem die Lehranstalt selbst ihre bisherige Stütze im Staate sich hinweggezogen hat, dieselbe erhalten?

Ich antworte: ein ganz anderes Princip im christlichen Staate, das, nach Aufhebung jenes sich erst recht deutlich aussprechen, und eine kräftige Wirksamkeit erhalten wird. Es verhält sich also: der christliche Staat, nach keinem Verstandesbegriffe gebaut, sondern durch das Ohngefähr hier und da auf den Boden des alten Reichs anschießend, zerfiel in mehrere Staaten; so mußte es kommen nach dem Naturgesetze, und nach der Absicht Gottes mit demselben. Die Unterthanen aller waren sich gleich in dem, was das Christenthum giebt, und dies ist viel: waren drum zu brauchen, ohngefähr wie sie sind, mit nicht sehr bedeutenden Umbildungen in jedem Staate; daher die Tendenz, nicht, wie im Alterthume, zu zerstören, sondern sich einzuverleiben, und sich zu vergrößern: und die durch diese Tendenz allen auferlegte Nothwendigkeit, drum die Aufgabe, so volkreich, so reich, so stark zu seyn, als irgend möglich, für den Widerstand. Der Krieg Aller gegen Alle nöthigt sie mächtig zu seyn. Nun fängt es aber schon an deutlich zu werden, und wird, je mehr der Verstand sich verbreitet, es immer mehr werden, daß das sicherste Mittel für Macht und Reichthum eines Staates dieses ist, die verständigsten und gebildetsten Unterthanen zu haben. Dies wird ihnen von der Seite der Natur-Erkenntniß, und der Kunstentwicklung ein fortdauerndes Interesse für die Erhaltung, Erhöhung und Verbesserung sogar der Schule geben, sie werden nicht Schulen genug haben können. Kümmern sie sich nicht um Christen, so kümmern sie sich um geschickte Handarbeiter und Ackerbauer, und alles dieses beruht auf Verstandes-Erkenntniß. Die Lehrer aber, durch den oben beschriebenen Geist geleitet, einsehend, daß der letztere nicht ist ohne den ersten, werden, um den letzten hervorzubringen, und überhaupt nach der Kunst des Ganzen verfahrend, den ersten bilden. So ist es schon geschehen. Arzneikunde und Staatswirthschaft bringt die Wissenschaft durch. Die letzte ist ein vortreffliches Surrogat für den eingegangenen Respekt gegen das Christenthum. Was sonst der Beichtvater, das jetzt der Leibarzt, und ganz besonders der Finanzminister.

Jenes Streben nach Macht hat noch einen Nebenvortheil, das Aufheben der Ungleichheit auch des persönlichen Besitzes. Der Staat will, daß Alle ihm gleich unterworfen sind, und hat gar keine Lust, zugestandene Privilegien zu ehren, will über das Eigenthum Aller verfügen, und macht so gleich, falls es nach seinem Sinne geht, daß

Keinem mehr übrig bleibt, als die bloße Nothdurft. Dazu hilft die Erkenntniß: da verschwindet Adel und Reichthum.

So läßt sich auf die Fortdauer des nothwendigsten Zwanges rechnen, so lange er nöthig seyn wird. Der Staat glaubt sich selbst zu dienen, und dient, ohne sein Wissen oder Willen, einem höheren Zwecke.

3) Dieser wesentliche Zwang wird unnöthig, sobald es keine Eltern mehr unter dem Volke giebt, die sich nöthigen lassen, die Ihrigen der Schule zu übergeben, und diese durch ihre Beiträge zu erhalten. Dadurch hat die Kunst der Menschenbildung die erste offenkundige Probe abgelegt, daß es ihr gelungen, wenn sie eine solche Liebe für Verstandesbildung über die Nation verbreitet hat, daß Keiner mehr ist, der seine Liebe gegen die aus ihm Geborenen anders auszusprechen wüßte, und die Aeusserung der Liebe des bei sich haben Wollens dagegen aufgiebt. Da diese Wirkung in der Kunst der Menschenbildung selbst liegt, so ist sicher, so gewiß diese Kunst nicht in Verfall gerathen kann, vielmehr durch Uebung steigen muß, daß sie fortdauern wird, und die Nothwendigkeit dieses Zwanges einmal aufgehoben, sie nie wiederkehren kann. Daß bei der Erkenntniß seiner besondern Bestimmung durch Jeden, und der Liebe, sie zu erfüllen, als dem nothwendigen Resultat der allgemeinen Volksbildung von nun an jedweder andere Zwang, das Unrecht zu vermeiden, wegfällt, indem ein Unrecht, und eine Versuchung dazu gar nicht da ist, hat schon oben eingeleuchtet.

4) Noch ein Zwang, der zum Kriege. — Der Krieger bildet keinen besondern Stand, und kann im Reiche Gottes auf der Erde kein besondrer Stand werden, und zum Kriege werden, ausser in besonderen Fällen, die ich schon in einer früheren Vorlesung angezeigt habe, die Menschen niemals willig seyn. — Es müßte drum, um die

Zeit

Zeit des ersten Durchbruchs des Reichs Gottes in einem christlichen Volke, der christliche Völkerverein in der Lage gegen einander seyn, daß zwar die Bereitschaft zum Kriege fortdauerte, (um das Interesse der Staaten für ihre Macht, und so für die Schule zu erhalten,) des wirklichen Kriegs aber Alle herzlich müde wären, weil eben Keiner, bei dem allgemeinen Eifer, sich so mächtig als möglich zu machen, des Sieges sicher ist, Jeder drum sich scheute anzufangen, und so ein sehr langwieriger Friede entstände. In eine solche Epoche, wo bloß des inneren Zwanges Möglichkeit statt fände, müßte die erste deutliche Wahrnehmung eintreten, daß keiner mehr nöthig sey, indem die Zwingenden und Regierenden ohne alle Beschäftigung blieben, und Alles schon gethan fänden, wenn sie es gebieten, und unterlassen fänden, wenn sie es verbieten wollten, durch die Kraft der allgemeinen Bildung. — Eine solche Abneigung und Scheu vor dem Kriege kann eintreten, wir haben sie in der That an dem in gleichmäßiger Geschichte fortschreitenden Staate gesehen, der durch die frechsten Griffe eines revolutionirenden Staates kaum aufgeregt wurde.

Auf diese Weise wird irgend einmal irgendwo im Reiche des Christenthumes die hergebrachte Zwangsregierung allmählig einschlafen, weil sie durchaus Nichts mehr zu thun findet. Was der gute und wackre Mensch schon jetzt kann, und wovon es unter uns nicht an Beispielen fehlt, dem Richter, der Polizei, und aller nöthigenden Gewalt mit sich gar kein Geschäft zu machen, *) das werden sie dann

*) Denn die Gewaltigen sind nicht den guten Werken zu fürchten, sondern den bösen. Willst Du dich aber nicht fürchten vor der Obrigkeit, so thue Gutes, so wirst Du Lob von derselben haben. Römer 13. 3.

Alle so halten, und so wird denn die Obrigkeit Jahr aus Jahr ein kein Geschäft finden. Die Angestellten werden sich drum ein anderes suchen: und es ist zu hoffen, daß der Uebrigbleibende, der etwa durch Geburt für diesen Platz sich bestimmt hält, wenn auch etwa in einer künftigen Generation, müde werden wird, eine Prätension fortzusetzen, von der kein Mensch ausser ihm mehr Kunde nimmt. So wird der dermalige Zwangsstaat ohne alle Kraftäusserung gegen ihn an seiner eigenen durch die Zeit herbeigeführten Nichtigkeit ruhig absterben, und der letzte Erbe der Souverainität, falls ein solcher vorhanden, wird eintreten müssen in die allgemeine Gleichheit, sich der Volksschule übergebend, und sehend, was diese aus ihm zu machen vermag. Zum Troste, falls Etwas von dieser Weissagung vor ihnen verlauten sollte, läßt sich hinzusetzen, daß sie weichen werden nur Gotte, und seinem Sohne Jesu Christo.

5) Dies, sage ich, wird eintreten in einem Zwischenraume, da äusserer Krieg, und drum Zwang zu demselben nicht statt findet. Wäre die Möglichkeit desselben in der Welt dennoch nicht gänzlich aufgehoben, und würde späterhin ein Volk, in welchem die Theokratie schon feste Wurzel gefaßt, mit demselben überzogen, so ist keine Frage, ob nicht dieses Volk eben so gegen den äusseren Feind stehen werde mit gemeinschaftlicher Kraft, als Ein Mann, wie es gegen den innern Feind, die Natur, immerfort steht, und ob es nicht bei seiner überwiegenden Naturkenntniß, Kunstfertigkeit und gottbegeisterten Muthe entschiedener Sieger seyn werde. — Wenn nicht Anderes, so wird dies die übrigen christlichen Völker anreizen, ihm nachzufolgen, und von ihm die Bedingungen seiner Verfassung und die Verfassung selbst sich anzueignen: und so wird sie denn allmählig sich über alle Völker des Christen-

thums verbreiten. Solche Völker aber bekriegen sich nicht, und unter ihnen ist ewiger Friede, und ewiges Bündniß da. Mit den übrigen noch unchristlichen, ungebildeten Völkern stehen sie im natürlichen Kriege, oder diese vielmehr mit ihnen. Es kann nicht fehlen, daß sie nicht Sieger seyen: und dieser Sieg kann keine andere Wirkung haben, als daß auch sie aufgenommen werden in den Schooß des Christenthums, und durch Nachbildung in die Verfassung desselben, und so das ganze Menschengeschlecht auf der Erde umfaßt werde durch einen einzigen innig verbündeten christlichen Staat, *) der nun nach einem gemeinsamen Plane besiege die Natur, und dann betrete die höhere Sphäre eines anderen Lebens.

So ist unsere Aufgabe vollständig gelöst. — Ueber die Weltereignisse können wir ruhig seyn, sogar unsere

---

*) Und die Heiden, die da selig werden, wandeln in demselbigen Licht, und die Könige auf Erden werden ihre Herrlichkeit in dieselbige bringen. Offenb. Joh 21. 24. Und er zeigte mir einen lauteren Strom des lebendigen Wassers, klar wie ein Krystall; der ging von dem Stuhl Gottes und des Lammes mitten auf ihre Gasse. Und auf beiden Seiten des Stroms stand Holz des Lebens, und die Blätter des Holzes dienten zu der Gesundheit der Heiden. Und wird kein Verbanntes mehr seyn; und der Stuhl Gottes und des Lammes wird darinnen seyn; und seine Knechte werden ihm dienen, und sehen sein Angesicht, und sein Name wird an ihren Stirnen seyn, und wird keine Nacht da seyn, und nicht bedürfen einer Leuchte oder des Lichts der Sonne, denn Gott der Herr wird sie erleuchten, und sie werden regieren von Ewigkeit zu Ewigkeit. Offenb. Joh. 22. 1 bis 5.

Ruhe verstehen, und über den Grund derselben Rechenschaft ablegen. Die sich rein den Wissenschaften widmen, haben das beste Theil erwählt: ein Ewiges, Unberührtes von dem verworrenen, und zuletzt doch in Nichts endenden Treiben der Welt. Ich schließe, und wünsche Allen die Früchte, die ich Ihnen dabei zudachte.

Erste Beilage.

J. G. Fichte's

Rede an seine Zuhörer,

bei

Abbrechung der Vorlesungen über die Wissenschafts-lehre am 19. Februar 1813.

Ich sehe mich bestimmt, die begonnenen Vorträge über die Wissenschaftslehre zu beschliessen; und bei dieser Gelegenheit Ihnen einige Worte zu sagen über meine Ansicht der Zeitumstände, die mich zu diesem Schlusse bewegen.

Denn, Vereinigung zu redlicher Forschung vereinigt die Gemüther auch sonst. Es entsteht Freundschaft. Es ist mir von Vielen unter Ihnen bekannt, daß sie mit herzlicher Liebe und Vertrauen an mir hängen; und ich habe Proben davon: ich darf es auch wohl von manchen Anderen voraussetzen, die zu Beweisen nicht Gelegenheit gehabt haben: und ich kann Ihnen versichern, daß diese Zuneigung von mir herzlich erwiedert wird. In schwierigen Vorfällen wünscht man dieselben mit einem Freunde, besonders mit einem solchen, der sich in ähnlicher Lage mit uns befindet, laut durchzudenken: oder sie einen solchen gemeinschaftlich vor uns laut durchdenken zu lassen. Ich bin Ihrem Vertrauen zu mir, meiner herzlichen Liebe zu Ihnen dieses schuldig. Eher habe ich es nicht gethan: weil ich eher nicht in mir selbst gewiß war, nicht zwar über die Grundsätze der Beurtheilung, aber über den zur Beurtheilung vorliegenden Fall. Ich werde dies mit aller der Freimüthigkeit thun, die Sie aus meinen übrigen wissenschaftlichen Vorträgen gewohnt sind, und die für ein Freundesgespräch gehört. Meine Aeusserungen sind ja keine amtmäßigen Mittheilungen, und ohnerachtet sie sich nicht gerade scheuen, weiter gesagt zu werden, so beabsichtigen sie auch dieses nicht, sondern sind berechnet auf den bestimmten Umkreis dieser meiner Zuhörer.

Ich kann Ihnen natürlich nur sagen wollen, wie ich aus meinem Standpunkte den gegenwärtigen Zeitmoment ansehe, und mich selbst ansehe ihm gegenüber: keinesweges aber will ich irgend Einem vorschreiben, wie er sich selbst demselben Momente gegenüber ansehen solle, oder seine Ansicht auf mein Gewissen nehmen. Nämlich: obwohl die Gesetze der Sittlichkeit allgemein sind, und ohne Ausnahme gültig, so ist doch der Fall ihrer Anwendung allemal ein einzelner, und in diesem liegt allemal eines Jeden persönliches Ich, nicht zwar seinen Neigungen nach, die wegfallen müssen, aber doch seinem Vermögen nach, als mögliches Werkzeug für den sittlichen Zweck. — Und darum kann in Gegenständen dieser Art Keiner absolut gemeingültig urtheilen für irgend einen Anderen. Ich will drum Keinem unter Ihnen rathen; ich will nur, die es bedürfen, durch Darlegung der Rechnung, die ich mit mir selbst angestellt, leiten, sich selber zu rathen.

1) Ich weiß sehr gut, und bin durchdrungen von der Ueberzeugung, daß dem Reiche des alten Erbfeindes der Menschheit, dem Bösen überhaupt, welcher Feind in verschiedenen Zeitaltern in den verschiedensten Gestaltungen erscheint, durch Nichts so sicherer und größerer Abbruch geschieht, als durch die Ausbildung der Wissenschaft im Menschengeschlechte. Daß ich darunter nicht verstehe ein historisches Wissen, sondern die Verwandlung des Wissens, der Vernunft, der Weisheit in das Leben selbst, und in dessen höchsten Quell und Antrieb, ist Ihnen bekannt.

Die Siege, durch diese Waffen erfochten, erstrecken sich über alle Zeit, indem sie fortdauern durch alle Zeit, und in jeder Folgezeit sich durch sich selbst vermehren. Wer einen einzigen lichten und thatbegründenden Gedanken in der Menschheit einheimisch macht, thut dem Feinde größeren Schaden, als ob er hunderttausend Feinde erschlüge; denn er verhindert Millionen, daß sie auf eine gewisse Weise gar nicht feindlich werden können. — Nur treten diese Siege, weil sie sich über alle Zeit erstrecken, und das Verkehrte vor seiner Entstehung vernichten, nicht sehr sichtbar und merklich ein in irgend eine Zeit, und für die gewöhnlichen Augen: jedoch thut dies in denen, die das Verdienst wahrhaft zu schätzen wissen, dem Werthe derselben keinen Abbruch.

Es könnte drum gar keine Frage seyn, worauf, in dem Falle, da alles Andere gleich stände, derjenige, der beides auf die gleiche Weise könnte, eingreifen mit persönlicher Kraft in die vorliegende Zeit, oder mit der allgemeinen, rein geistigen Kraft zu gestalten alle Zeit, ein solcher seine Kräfte und seine Aufmerksamkeit richten müsse: die erste Wirksamkeit trägt den Zeitcharakter, und vergeht mit derselben; die zweite erstreckt sich über alle Zeit, und gestaltet und bildet alle die nach ihr kommenden Zeiten.

2) Aber dieser geistige Krieg gegen das Böse erfordert äusseren Frieden, Ruhe, Stille, Sicherheit der Personen, die ihn führen. Wenn diese gefährdet wäre, wenn freie Geistesausbildung in der Welt gar nicht mehr erlaubt und geduldet werden sollte, dann müßte vor allen Dingen diese Freiheit erkämpft, und Nichts geschont, und Gut und Blut dafür aufgeopfert werden. Denn wenn sie nicht erkämpft würde, und so lange bis sie erkämpft wäre, ließe irgend eine Verbesserung der menschlichen Verhältnisse sich nicht erwarten, und das Menschengeschlecht wäre so lange vergebens, ohne Zweck, und nur sich selbst zur Schmach da. Wäre das Böse jemals konsequent, so müßte es frei-

lich die Geistesbildung aus der Welt austilgen, denn diese ist sein kräftiger, und einzig beharrlicher Feind, der es in jeglicher Gestalt, die es annimmt, sicher überlebt. Aber das Böse kann niemals konsequent seyn bis ans Ende, weil sein Gesichtskreis selbst nicht bis ans Ende, und bis in die Wurzel hineingeht. Uebel es meinen mit Geistesbildung und scheel zu derselben sehen, wird es immer. Aber immer ist es viel zu kurzsichtig, das wahrhaft für sich Gefährliche in derselben zu entdecken; dieses gerade verachtet es, und sieht vornehm herab auf dasselbe.

So ist es immer gewesen, so muß es fast seyn, und so hat es sich meiner ehemals auch bestimmt ausgesprochenen Ansicht zufolge, auch gegenwärtig verhalten. Niemand hat uns verhindert frei zu forschen, in jeder Tiefe, und nach allen Richtungen hin, und die Resultate dieser Forschung auszusprechen; und in jeder Weise zu arbeiten, um das aufblühende Geschlecht besser zu bilden, als das gegenwärtige gebildet war.

In dem so eben gesetzten Falle befindet drum unsere Zeit sich nicht. Für Eroberung der Freiheit zur Geistesbildung bedarf es nicht, die Waffen zu ergreifen. Wir haben diese Freiheit; und es bedürfte bloß, daß wir uns derselben recht emsig bedienten.

3) Aber ferner, wenn nun zwar diese gewährt wird, aber die wirklichen und lebendigen Weltkräfte, welche von jener Geistesbildung nach ihren Zwecken gestaltet werden sollen, durch andere nichtswürdige Zwecke unterjocht und gefangen genommen werden; sonach der Geistesbildung ihr eigentlicher Zweck für das Leben geraubt wird, — was sollen, was können die Freunde der Geistesbildung sodann thun? Daß ich den Fall deutlicher bezeichne: Man hat selbst das Verhältniß ausgesprochen in diesen Worten: mens agitat molem, und eine Erklärung dieser Worte in der Anwendung auf unsere Zeit drückt dieselbe, meines Erach-

tens, treffend aus. Moles sind die **unbestimmten**, in sich ihre feste Richtung nicht tragenden Weltkräfte, die drum wenigstens aufhorchen, und suchen, und der Bestimmung durch den höheren Geist, durch das Gesicht allerdings fähig wären. Solche Kräfte müssen dem, der gar nicht weiß und niemals davon etwas vernommen hat, daß es auch ein Gesicht gebe, erscheinen als rohe und ungebundene Massen und Kräfte. Diesen glaubt nun ein solcher durch seine mens, durch seinen verkehrten Eigendünkel, durch seine aus thörichter Ansicht der Geschichte entstandene Sucht, auch einer ihrer Heroen zu werden, durch seine aus gereizter Eitelkeit entstandene Rachsucht, und wie die verkehrten Leidenschaften noch alle heißen mögen, durch diese mens, Einheit und Richtung geben zu müssen: und entzieht dadurch diese Kraft allerdings der Bildung durch das Gesicht, welche letztere auf ihr Fortbestehen in dieser Bestimmbarkeit, und auf die ruhige Fortentwicklung der Zeit in ihrem gleichmäßigen Gange rechnet.

In einer solchen Lage nun, was können die Freunde der Geistesbildung thun? Ich habe schon früher meine Ueberzeugung ausgesprochen, daß, wenn die Gesellschaft, der Inhaber dieser materiellen Kräfte, dieses so will, und sich gefallen läßt, sie dagegen durchaus Nichts thun können, oder sollen, als was sie ohne dies thun würden, sich und Andere mit allem Eifer bilden. Sie sind ein höchst unbedeutender, gegen das Ganze in Nichts verschwindender Theil der vorhandenen Körperkraft; wohl aber sind sie **alle** bis auf ihren bildenden Punkt entwickelte Geisteskraft, die vorhanden ist. In ihnen ist niedergelegt das Unterpfand eines einstigen besseren Zustandes. Zeit kann verloren gehen, aber auf diese kommt Nichts an, denn wir haben eine unendliche vor uns: daß aber die in ihnen niedergelegten, und aus ihnen sich entwickelnden Principien eines besseren Zustandes nicht verloren gehen, darauf kommt Alles an. Sie müssen drum sich selbst, ihre äussere Ruhe, und Sicherheit, und, was sie eigentlich schützt, ihre scheinbare Unbedeutsamkeit erhalten, so gut sie können, und durch nichts die öffentliche Aufmerksamkeit auf sich ziehen wollen.

Wir haben ein leuchtendes Bild dieses Betragens an denen, die wir als die Fortpflanzer der höchsten auf uns herabgekommenen geistigen Bildung betrachten müssen, an den ersten Christen. Daß in ihrem Zeitalter ihre Grundsätze hätten eingreifen sollen, und umbilden die der Welt gebietende Kraft, war ein durchaus unausführbarer Zweck. Sie mußten nur suchen, sich selbst zu erhalten, so lange als es gehen mochte, um im Stillen zu entwickeln die Grundsätze, welche Jahrhunderte nach ihrem Tode allerdings eine weltgestaltende Kraft werden sollten, und wurden, und mußten drum dulden, und tragen.

Dieses gerade ist, meiner nicht verhehlten, sondern auch im öffentlichen Drucke ausgesprochenen Ansicht zufolge bis jetzt unsere Lage gewesen.

4) Wenn nun aber in dieser Lage die neue Veränderung einträte, daß die Gesellschaft diese Unterjochung ihrer Kräfte für fremde Zwecke nicht mehr dulden, sondern diese Kräfte frei machen wollte für selbst zu wählende Zwecke; die nun auch wohl, wenn auch nicht sogleich und auf der Stelle, die Zwecke der höheren Ansicht seyn oder werden könnten: was könnten und sollten die Freunde der Geistesbildung sodann thun?

Ich glaube, folgende Betrachtungen müßten in der Fassung eines Entschlusses sie leiten.

Zuförderst, wie aus dem schon Gesagten hervorgeht, wird der Kampf begonnen im letzten Grunde für ihr Interesse; ob auch nicht Jeder es so meint, und versteht; sie können es so verstehen; denn die gebundenen und gemisbrauchten Kräfte sollen befreit werden, und es kann gar nicht fehlen, daß nach dieser Befreiung auch der Geist, wenn er nur seine Zeit erwarten, und Nichts ungeduldig übereilen will, auf die Bestimmung derselben einfließen werde.

Sodann soll das Ganze von der Schmach, welche die Unterdrückung auf dasselbe warf, gereinigt werden. Diese Schmach ist auch auf sie mit gefallen; freilich unverdient, ja zu ihrer Ehre, weil um höherer Zwecke willen sie dieselbe frei und entschlossen duldeten. Diese höheren Zwecke der Duldung fallen nun weg; sie sind durch die herrschende Kraft selbst aufgefordert, nicht mehr zu dulden. Jetzt möchte es scheinen, als ob der, der nicht das Seinige thut, die Schmach abzuwälzen, gern geduldet hätte, nicht um höherer Zwecke willen, sondern aus Mangel an Muth geduldet hätte.

Doch, so möchte es auch nur scheinen, und wer nur seines wahren Muthes sich bewußt wäre, könnte auch den haben, über diesen Schein sich hinwegzusetzen; Ehre, Muth, Werthachtung dessen in seiner Person, was allein zu achten ist, der sittlichen Würde, kann er fortzeigen durch rücksichtslose Bearbeitung seiner Wissenschaft, und Erfüllung seines Berufes. Um Muth zu zeigen, bedarf es nicht, daß man die Waffen ergreife; den weit höheren Muth, mit Verachtung des Urtheils der Menge treu zu bleiben seiner Ueberzeugung, muthet uns das Leben oft genug an.

Aber, wenn ihnen die Theilnahme an dem Widerstande nicht nur freigelassen wird, wenn sie sogar zu derselben aufgefordert werden; wie verhält es sich sodann? —

Der Entschluß der Befreiung ist in jedem Falle achtungswürdig, und muß Achtung und Vertrauen einflößen zu denen, die ihn fassen, in Jedem, der sich auf Achtungswürdiges versteht.

Die Masse der zum Widerstande nöthigen Kräfte können nur diejenigen beurtheilen, die jenen Entschluß faßten, und die an der Spitze des Unternehmens stehen. Nehmen sie Kräfte in Anspruch, die in der Regel nicht dazu bestimmt sind, so müssen wir, nachdem wir überhaupt Vertrauen zu ihnen haben können, ihnen auch darin glauben, daß diese Kräfte nöthig sind. — Und wer möchte, in dem Falle, daß das Unternehmen scheitern sollte, oder nicht auf die gehoffte Weise gelingen sollte, den Gedanken auf sich laden, daß durch sein Sichausschließen und durch das Beispiel, das er dadurch gegeben habe, das Mislingen veranlaßt sey? Das Bewußtseyn, meine Streitkraft ist nur klein, wenn es auch ganz gegründet wäre, könnte dabei nicht beruhigen: denn wie, wenn nicht sowohl auf die Streitkraft, als auf den durch das Ganze zu verbreitenden Geist gerechnet wäre, der hoffentlich aus den Schulen der Wissenschaft ausgehend ein guter Geist seyn wird; wie wenn gerechnet wäre auf das große, den verbrüderten deutschen Stämmen zu gebende Beispiel eines Stamms, der einmüthig und in allen seinen Ständen ohne Ausnahme sich erhebt, um sich zu befreien?

Endlich kann ja auch dies nicht die Meinung seyn, daß Jeder ohne Ausnahme nur als Massenkraft wirke; es giebt ja da so viele andere Geschäfte; nur dies scheint gefordert zu werden, daß Jeder, mit Beiseitsetzung weit aussehender Zwecke, seine Kräfte dem dargebotenen großen Momente widme, zu Jedem, wozu sie in diesem Momente am tauglichsten sind.

5) Endlich falls alles dieses noch nicht entscheiden sollte, dasjenige, was bei den weit stärkeren Aufforderungen,

die ich hatte, meinen angelegten Lebensplan nicht unterbrechen zu lassen, mich bewogen hat, ihn dennoch zu unterbrechen, und die zwischen uns stattfindende Vereinigung aufzuheben, ist Folgendes.

Ernsthafte und tiefe Beschäftigung mit der Wissenschaft bedarf der Ruhe, der äussern, in den Umgebungen, der innern in den Gemüthern. Bis jetzt ist es mir für meine Person gelungen, die letztere über mich zu erhalten. Sie werden es nicht als Tadel ansehen — wie unbillig wäre dieser! — sondern bloß als Geschichtserklärung, wenn ich bemerkt zu haben glaube, daß sie durch alle die Bewegungen, die in uns vorgegangen sind, in den letzten Stunden doch einige Male ein wenig unterbrochen worden ist. In der Zukunft, nachdem so Viele unserer geliebten Freunde und Bekannten abgegangen sind, von deren Schicksalen wir Nachrichten, vielleicht falsche beunruhigende Gerüchte vernehmen werden, nachdem auf alle Fälle entscheidende Vorgänge vorfallen müssen, die aus der Ferne und getrübt uns zukommen werden, wie könnten wir die zu dieser Abstraktion der Wissenschaftslehre nöthige Fassung behalten? Ich selbst wenigstens, ohnerachtet ich mich vielfältig in der Kunst der Selbstbesinnung geübt, traue es mir nicht zu. Dies ist die entscheidende Betrachtung, die mir den schweren Entschluß abgenöthigt hat, dermalen diese Betrachtung zu unterbrechen. Schon einmal, im Jahre 1806, bin ich durch den Krieg genöthigt worden, eine sehr glückliche Bearbeitung der Wissenschaftslehre abzubrechen. — Jetzt hatte ich von Neuem eine Klarheit errungen, wie noch nie, und ich hoffte diese in der Mittheilung an Sie, meine Herrn, ein vorbereitetes, empfängliches, und tief ergriffenes Auditorium, wie ich auch noch nie gehabt habe, zur allgemeinen Mittheilbarkeit zu erheben. Es thut mir weh, diese Hoffnungen weiter hinauszuschieben.

Aber wir müssen alle der Nothwendigkeit gehorchen, und dieser muß denn auch ich mich fügen. Vielleicht geht durch Anstrengung Aller diese bald vorüber. Vielleicht sehe ich Sie im künftigen Winterhalbjahre wieder zu demselben Zwecke vereint vor mir. Damit richte ich mich auf in dieser unangenehmen Stunde des Abschieds. Was Sie auch thun, lassen Sie die geistige Gemeinschaft zwischen uns, die sich erzeugt hat, fortdauern.

Zweite Beilage.

J. G. Fichte:

Ueber die einzig mögliche Störung der akademischen Freiheit.

Eine Rede,

gehalten beim Antritte seines Rektorats an der Universität zu Berlin den 19. Oktober 1811.

Höchstzuverehrende Anwesende!

Und zuförderst Sie verehrungswürdige Herren Amtsbrüder!

Es würde ohne Zweifel eine große Anmaßung seyn, wenn ich vorauszusetzen schiene, daß meine Rede Ihnen irgend etwas, entweder an Belehrung, oder Erhebung und Begeisterung, geben könne, das Sie nicht eben sowohl aus sich selbst durch eigene Betrachtung zu erzeugen vermöchten. Ich folge drum ohne Bedenken dem mächtigen Zuge meines Herzens in dieser Stunde, der mich zu Ihnen treibt, herzlichgeehrte inniggeliebte Jünglinge, die Sie bei uns sich den Wissenschaften widmen; der mich treibt, Sie zu begrüßen, und Sie willkommen zu heißen in dieser der Wissenschaft gewidmeten Wohnung. Diese meine Herren Amtsbrüder, Ihre Lehrer, Ihre väterlichen Freunde, so wie ich, werden sehr gern sich zu Zeugen machen, dessen was ich Ihnen sage, und zu Theilnehmern der Gesinnungen, welche in aller Namen ich vor Ihnen ausspreche.

Sie sind im Begriffe ein neues Jahr Ihrer Arbeiten zu beginnen. Was wir alle bei diesem Beginnen Ihnen am innigsten wünschen, ist volle Freiheit und Unbefangen heit des Geistes, die mit Aufgebung alles andern rein und ganz in die Wissenschaft sich versenke, fröhlicher Muth, freudige Zuversicht auf sich selbst, und auf die Umgebungen, in denen Sie sich befinden. Indem mir der Auftrag ertheilt ist, Sie in die neu eröffnete Laufbahn gleichsam einzuführen, und Ihren ersten Schritt mit segnendem Worte zu weihen, glaube ich diesem Auftrage auf keine zweckmäßigere Weise genügen zu können, als indem ich suche, diesen Muth und diese Zuversicht in Ihnen zu beleben, und alles das, was etwa die Freiheit Ihres Geistes befangen könnte, vor Ihren Augen in sein Nichts verschwinden zu lassen.

Der eigentlich belebende Odem der Universität, M. H. die himmlische Luft, in welcher alle Früchte derselben aufs fröhlichste sich entwickeln und gedeihen, ist ohne Zweifel die akademische Freiheit. Diese ist eben drum allen Studierenden mit Recht über alles theuer, und nichts kann ihre Liebe, Lust und Freudigkeit so niederschlagen, als wenn Sie glauben, für diese befürchten zu müssen. Ich werde drum die heitere und freudige Stimmung, mit der ich Sie für Ihre Laufbahn ausrüsten möchte, am sichersten dadurch in Ihnen erzeugen und beleben, wenn ich Ihnen zeige und sichtbarlich darthue, daß auf keiner Universität in der Welt diese akademische Freiheit mehr gesichert, und fester begründet seyn könne, als gerade hier, auf dieser unserer Universität. Es wird Ihnen dies vollkommen einleuchten, wenn Sie zuvor mit mir bedenken, und in Ihre Erinnerung zurückrufen, was eine Universität eigentlich sey, sodann, welches die durch das Wesen derselben gefoderte akademische Freiheit sey.

Was also ist die Universität? Die Einsicht in das Wesen derselben gründet sich auf folgende Sätze. Die gesammte Welt ist lediglich dazu da, damit in ihr dargestellt werde das Ueberweltliche, die Gottheit; und zwar, damit es dargestellt werde vermittelst besonnener Freiheit. Dieses Ueberweltliche zwar offenbart sich selbst durch sich selbst, und stellt sich dar, wie es ist, dem Vermögen der Freiheit, dem menschlichen Verstande; aber so wie dieser Verstand in sich selbst zu immer höherer Klarheit sich ausbildet, erscheint in ihm fortdauernd jenes Bild des Göttlichen gleichfalls in höherer Klarheit und Reinheit. Der ununterbrochene und stetige Fortschritt der Verstandesbildung unsers Geschlechts ist drum die ausschließende Bedingung, unter welcher das Ueberweltliche, als Muster der Weltbildung, immer fort in neuer und frischer Verklärung heraus treten kann in der Menschheit und von dieser dargestellt werden kann in der Außenwelt; diese Fortbildung des Verstandes ist das Einzige, durch welches das Menschengeschlecht seine Bestimmung erfüllt, und wodurch jedes Zeitalter seinen Platz sich verdient in der Reihe der Zeitalter. Die Universität aber ist die ausdrücklich von Menschen für Sicherung der Ununterbrochenheit und Stätigkeit dieses Fortganges getroffene Anstalt, indem sie derjenige Punkt ist, in welchem mit Besonnenheit und nach einer Regel, jedes Zeitalter seine höchste Verstandesbildung übergiebt dem folgenden Zeitalter, damit auch dieses dieselbe vermehre, und in dieser Vermehrung sie übergebe seinem folgenden, und so fort bis an das Ende der Tage. Alles dieses aber lediglich in der Absicht, damit das Göttliche immerfort in frischer Klarheit heraustrete im Menschlichen, und der Zusammenhang beider, und der lebendige Einfluß des erstern in das letztere, erhalten werde; denn ohne diesen Zweck ist sogar die Verstandesbildung, obwohl sie das Höchste ist unter dem Nichtigen, und der unmittelbare Vereinigungspunkt des Nichtigen mit dem wahrhaft Seyenden, dennoch in der That auch nur leer und nichtig. — Ist nun die Universität dies, so ist klar, daß sie die wichtigste Anstalt und das Heiligste ist, was das Menschengeschlecht besitzt. Indem die Mittheilung auf derselben alles, was jemals Göttliches in der Menschheit herausbrach, wenigstens in seinen letzten Folgesätzen aufbehält, und weiter giebt, lebt in ihr das eigentliche Wesen der Menschheit sein ununterbrochenes, über alle Vergänglichkeit hinweg gesetztes Leben, und die Universität ist die sichtbare Darstellung der Unsterblichkeit unsers Geschlechts, indem sie nichts wahrhaft Seyendes ersterben läßt; indem über diese Mittheilung hinaus, und in dem zum Inhalte derselben neu hinzutretenden die Gottheit immerfort sich entwickelt zu einem neuen und frischen Leben, ist in der Universität alle Trennung zwischen dem Ueberweltlichen und Weltlichen aufgehoben, und sie ist die sichtbare Darstellung der Einheit der Welt, als der Erscheinung Gottes, und Gottes selbst.

Was zur innern Einrichtung einer Universität gehöre, geht aus der dargelegten Bestimmung derselben hervor. Von der Einen Seite: die gesammte Verstandesbildung des Zeitalters, und die gesammten Hülfsmittel und Gegenstände dieser Bildung müssen in der Gesammtheit der Lehrer, als den Stellvertretern desjenigen Zeitalters, welches seine Bildung übergiebt, vollständig umfaßt seyn, und jeder einzelne Lehrer muß theils für sein Fach auf der Höhe der Ausbildung dieses Faches in seinem Zeitalter stehen, theils die Fähigkeit und Geschicklichkeit besitzen, sich vollständig und innigst mitzutheilen. Von der andern Seite müssen, als die Stellvertreter desjenigen Zeitalters, welchem die höchste Bildung des gegenwärtigen übergeben wird, Lehrlinge vorhanden seyn, die zu der Stufe, auf welcher der Universitätsunterricht anhebt, und nothwendig anheben muß, wenn er in das Höchste enden soll, durch den früher erhaltenen Unterricht gehörig vorbereitet sind. Ist durch die Sammlung und Aneinanderfügung dieser beiden Grundbestandtheile die Universität erst errichtet, und wird sie von nun an immerfort in diesem ihrem wesentlichen Bestehen erhalten, so geht sie ihren zweckmäßigen Gang durch sich selbst fort, und bedarf über diesen Punkt hinaus keiner Nachhülfe von aussen. Vielmehr sind dergleichen äussere Einwirkungen und Eingriffe schädlich, und für den beabsichtigten Fortgang der Verstandesbildung störend. Eine Universität muß drum, falls sie ihren Zweck erreichen, und in der That seyn soll, was sie zu seyn vorgiebt, von diesem Punkte aus sich selbst überlassen bleiben; sie bedarf von aussen und fodert mit Recht vollkommene Freiheit, die akademische Freiheit in der ausgedehntesten Bedeutung des Worts.

Das gegenwärtige Zeitalter soll seine frei errungene Bildung ohne Rückhalt mittheilen dem künftigen, damit dieses auf jene fortbauen könne; es darf drum dem Lehrer durchaus keine Grenze der Mittheilung gesetzt werden, noch irgend ein möglicher Gegenstand ihm bezeichnet und ausgenommen, über den er nicht frei denke, und das frei gedachte nicht mit derselben Unbegrenztheit dem dazu nur gehörig vorbereiteten Lehrlinge der Universität mittheile. Der Lehrling der Universität, als Stellvertreter des zweiten Zeitalters, soll ungetheilt und ganz sich hingeben der Mittheilung, die ihm geschieht; es muß ihm drum die schon als Menschen ihm zukommende persönliche Freiheit gesichert seyn, innerhalb der Schranken des Gesetzes und der guten Sitte seine äusserliche Lebensweise so sich zu bestimmen, wie er es für seinen Zweck am angemessensten findet, und innerhalb dieser Grenzen seine erst sich entwickelnde Besonnenheit auf alle Weise zu versuchen; er muß für die Zeit seines Studierens anderer bürgerlicher Lasten und Anforderungen überhoben seyn, um Zeit und Kräfte ganz seinem nächsten hochheiligen Zwecke zu widmen; es wird wünschenswürdig seyn, daß er selbst von den Verwickelungen der strengen Rechtsform befreit, und unter einen möglichst einfachen Gerichtsstand gesetzt werde; endlich, da der letzte

Zweck alles seines Studierens der ist, daß das Göttliche in ihm erscheine, und sich darstelle von irgend einer neuen Seite, dafür aber er in derjenigen sittlichen Unbefangenheit und Unverdorbenheit erhalten werden muß, in welcher allein sich abbilden kann die Gottheit, — der letzte und höchste Zweck der Universität, sage ich, erfodert, daß die grundverderbenden Aergernisse und die Versuchungen, die über die Kräfte des noch Ungeübten gehen, ganz entfernt werden aus dem Wege des Studierenden. Dies sind in kurzem die wesentlichen Bestandtheile der akademischen Freiheit, welche eine Universität mit Recht fodert.

Ob unsere Universität die zuerst aufgestellten innern und wesentlichen Eigenschaften an der Beschaffenheit ihrer Lehrer und der Gesammtheit derselben, sodann auch an der Beschaffenheit der Lehrlinge an sich trage, darüber ein Urtheil zu fällen kommt wohl schon jetzt, beim Beginnen des Werks, am allerwenigsten uns Lehrern zu, eben so wenig, als es Ihnen, M. H., zukommen würde, das Urtheil sich antragen zu lassen, und es zu übernehmen. Wie es damit sich verhalten habe, wird wohl am treffendsten erst nach einiger Zeit unser Werk an Ihnen aussprechen müssen; und dermalen wird in dieser Rücksicht beiden Theilen bloß die Anstrengung und das Ineinandergreifen aller ihrer Kräfte aufgelegt, damit dieses Urtheil vortheilhaft für beide Theile ausfallen möge. Dagegen, ob die äussern Bedingungen des Gelingens gegeben seyen, ist eine leichtere, schon jetzt füglich zu beantwortende Frage, indem seit einem Jahre die Vordersätze zu ihrer Beantwortung vor unser aller Augen liegen; es ist eine Frage, an deren Beantwortung den beiden Hauptbestandtheilen der Universität schon jetzt alles liegt, indem sie mit Recht, noch ehe sie an die Arbeit gehen, wissen wollen, ob sie vernünftiger Weise die Hoffnung des Gelingens fassen können. Ich habe drum kein Bedenken getragen, Ihnen heute eine Untersuchung dieser Frage anzubieten, um, falls ich es vermag, die freudige Zuversicht in dieser Rücksicht, die Mir wenigstens beiwohnt, über Sie alle zu verbreiten.

Daß in diesem Zeitalter, unter der Herrschaft dieses Königsstamms, und desjenigen erhabenen Zweiges dieses Stammes, den wir als unsern König verehren, bei der hellen Denkart aller derer, die zu den Höheren der Nation gehören, irgend eine Beschränkung derjenigen Mittheilung, über die es unter Menschen keine höhere giebt, der Mittheilung an Universitäten, etwa durch äussere Vorschriften des allein zu lehrenden, zu besorgen sey, hat durchaus nichts für sich, alles aber gegen sich, und ich würde meine Worte zwecklos verlieren, wenn ich eine Befürchtung heben wollte, die wohl nicht einer der Anwesenden hegt. Auch die persönliche Freiheit der Studierenden ist durch das Gesetz anerkannt und gesichert; für die einfache Pflege ihres Gerichts ist alles fest gesetzt, was geschehen konnte und sollte, ohne von einer andern Seite der akademischen Freiheit den Schutz, dessen sie am meisten bedarf, zu entziehen. Eben so hat sich nun auch durch die Erfahrung gezeigt, was jeder Sinnige auch unabhängig von derselben in voraus wissen konnte, daß in dieser großen Stadt, die uns umgiebt, gegen die sittliche Herabwürdigung und Entheiligung derer, die zu Werkzeugen des Heiligsten bestimmt sind, entweder eben so gut, oder auch, wie ich glaube, noch weit besser gesorgt sey, als in kleineren Städten. Nirgend wird derjenige, der nur allein zu seyn vermag, leichter und lieber allein gelassen, als in einer recht großen Stadt; und indem durch das lebhaftere Ringen so vieler Mitbewerber alle Stände nachdrücklicher an Ihre Geschäfte gedrängt werden, findet auch der Studierende, hier mehr als irgend wo, sich gar bald abgeschnitten, und ohne Störung von aussen auf Sein Geschäft des Studierens sich beschränkt. Dazu kommt, daß in einer großen Stadt, so wie alle Lebensweisen, also auch das Laster, seine zahlreiche geschlossene Gesellschaft schon hat, und weit weniger genöthiget ist, zu bekehren und anzuwerben; und daß drum hier das Verderben mehr aufgesucht werden muß, als daß es zu uns in unsre reine Wohnung kommen sollte.

Und so sind denn in so fern die äussern Bedingungen einer Universität allhier gegeben; für die akademische Freiheit derselben ist nicht die mindeste Gefahr zu befürchten, weder von Seiten der Regierung, die sie verbürgt hat, noch von Seiten der andern uns umgebenden Stände, die natürlicher Weise, und wenn man sie nur sich selbst überläßt, irgend eine Berührung mit uns ganz und gar nicht begehren.

Wohl aber könnte es scheinen, daß von einer andern weit bedenklicheren Seite unsrer akademischen Freiheit große Gefahr drohe; soll ich sagen von aussen, da ich so eben gezeigt habe, daß von aussen wir durchaus gesichert seyen, oder soll ich sagen von innen, da ich auf keine Weise zuzugeben gedenke, daß das uns bedrohende Element zur Universität gehöre. — Allerdings, M. H., könnte, bei Erwägung dessen, was man über den Zustand anderer Universitäten häufig vernimmt, die Gefahr, auf die ich ziele, befürchtet werden; ja es ist mir sogar bekannt, daß sie von vielen unter Ihnen wirklich befürchtet wird; daß diese meine Rede gerade an diesem Punkte erwarten, und von mir Beruhigung über ihre Besorgniß sich versprechen. Ich muß diesen gerechten Erwartungen Genüge thun.

Dasjenige Element, woran diese für ihre Freiheit Gefahr besorgen, ist jene bekannte Menschenart, die, da sie in der That nichts ist, und in den übrigen menschlichen

Verhältnissen nirgends geduldet wird, sich für Studierende ausgiebt, und sich an die Universitäten anschließt. — Indem ich diese Menschenart fürs erste zu schildern habe, muß ich, um die ruhige Fassung, mit der ich angehört zu seyn wünsche, zu sichern, noch ausdrücklich dasjenige erinnern, was sich ohnedies von selbst versteht, daß, da ich späterhin zu erweisen gedenke, es werde eine solche Menschenart unter uns niemals möglich seyn, ich eben darum auch nicht voraussetze, daß sie sich dermalen unter uns befinde; daß sonach nichts von allem, was ich über diese Art sagen werde, irgend einen, der hier gegenwärtig ist, trifft; oder wenn es doch, wie ich nicht voraussetze, einen träfe, dies ganz ohne mein Wissen und meiner klaren Absicht zuwider also geschehen würde. Oder, daß ich recht unumwunden mich ausspreche! Diejenigen, von denen ich zunächst reden werde, sind, meinem besten Wissen nach, Sie insgesammt, die Sie hier zugegen sind, nicht; so weiß ichs, und anders weiß ichs nicht, noch kann ich es meiner Lage nach anders wissen. Sollte doch irgend Einer es seyn, so thut mir dies herzlich leid; aber es würde für uns beide das Beste seyn, wenn ein solcher weder jetzt noch in Zukunft meinen Irrthum mich bemerken machte, und ich in meiner glücklichen Unwissenheit verbliebe.

Die Menschenart, die ich meine, entsteht auf folgende Weise: Indem solche, die durch eigene Erfahrung durchaus keinen Begriff sich zu machen vermögen vom Studieren, Universitäten sehen, und die mancherlei Eigenthümlichkeiten derselben erblicken, können sie, bei ihrem gänzlichen Unvermögen, alle diese Anstalten sich zu denken als das Mittel für den ihnen völlig verborgenen Zweck, dieselben nicht anders begreifen, denn als einen besondern Stand von Studenten, der eben so, wie etwa der Adel-, oder Bürger-, oder Bauernstand, auch in der Welt seyn müsse, aus keinem andern Grunde, als um zu seyn, und um die Zahl der Stände voll zu machen; und welcher nun einmal, zufolge seines Daseyns, die und die Befreiungen und Privilegien von Gott und Rechtswegen besitze. Der eigentliche Mittelpunkt und Sitz ihres Irrthums liegt klar am Tage. Das Studieren ist ein Beruf; die Universität mit allen ihren Einrichtungen ist nur dazu da, um die Ausübung dieses Berufs zu sichern; und nur derjenige ist ein Studierender, der eben studiert. Diese aber können die Sache nur also begreifen, daß es eine besondere Gattung von Menschen gäbe, die da Studenten sind, ob sie nun studieren oder nicht studieren, oder was sie treiben; und daß der Stand dieser Studenten gewisse Privilegien besitze, die durch sein bloßes Daseyn gesetzt, und von demselben unabtrennlich seyen. Man setze, daß Menschen, deren Fassungskraft sich nun einmal nicht weiter erstreckt, entweder durch die Sitte der Stämme, denen sie entsprossen sind, oder durch irgend ein Bedürfniß in der Zukunft einige auf einer Universität zugebrachte Lebensjahre nachzuweisen, bewogen werden, sich selbst in diesen von ihnen also begriffenen Stand zu begeben; wie werden solche diesen ihren Grundbegriff weiter bestimmen? — Es ist ein befreiter privilegirter Stand. Wo liegen die Grenzen dieser Befreiungen? In der wahren Ansicht von der Universität haben dieselben ihren Grund, und drum auch ihren Maaßstab: das Studieren, als ausschließender und einziger Beruf des Lebens, soll nicht gestört werden; so weit drum reicht die Möglichkeit der Störung, so weit reicht, keinesweges aber weiter, die Befreiung. In dieser Ansicht sind die Befreiungen schlechthin, und ohne allen Grund; sie sind drum auch ohne Maaß, und von unendlicher Ausdehnung. Soll diese Unendlichkeit denn doch in der Anschauung dargestellt, und unter einen Grundsatz gebracht werden, so läßt sie sich nur in der Formel fassen. Der Studenten-

Stand solle zu alle dem berechtigt seyn, was allen übrigen Ständen durch Gesetz und Sitte verboten ist, grade darum, weil es ihnen verboten ist, indem nur dadurch das Ausschließende des Rechts dargestellt wird. Und woher stammen diese Freiheiten? Hat sie etwa der Staat verliehen, der nun auch ohne Zweifel der ursprüngliche Ausleger seines Freiheitsbriefes bleiben, und das Recht behalten wird, seine Verfügungen nach den Zeitbedürfnissen abzuändern? Keinesweges, sondern sie gebühren diesem Stande durch göttliches und natürliches Recht, welches durch die Anerkennung aller Zeiten bestätigt ist, und älter ist als alle bestehende Staaten, diese selbst bindet. Errichtet drum ein Staat eine neue Universität, so kommt es nach diesem Lehrgebäude keinesweges ihm zu, die Rechte derselben zu bestimmen. Diese sind schon bestimmt, bloß dadurch, daß das Wort Universität ausgesprochen wird; es sind die bekannten hergebrachten. Wäre es nicht so, so wäre es ja keine Universität, sondern etwas anderes, und Ehrenmänner, wie diese, könnten in eine solche Verfassung sich nicht begeben. Und welch einen Rang mag dieser also privilegirte Stand, der zu Folge natürlichen Rechts als Berechtigung in sich aufnimmt, was alle andere Stände in sich als Verbot aufnehmen, — welch einen Rang mag er in der menschlichen Gesellschaft einnehmen? Nicht nur den höchsten, sondern einen solchen, der zu dem ganzen übrigen Menschengeschlechte gar kein Verhältniß hat; sie stellen dar das auserwählte Volk Gottes, alle Nichtstudenten aber werden befaßt unter den Verworfenen. Drum müssen alle andern Stände ihnen weichen, und ihnen allenthalben, wo sie hinkommen, den Vortritt oder Alleinbesitz lassen; alle müssen von ihnen sich gefallen lassen, was ihnen gefällt denselben aufzulegen, keiner aber darf es wagen, ihnen zu misfallen; alle Nichtstudenten, ihre Lehrer und unmittelbare Obrigkeiten am wenigsten ausgenommen, müssen durch ehrerbietigen Ton, durch Reden nach dem Munde, durch sorgfältige Vermeidung alles dessen, was ihre zarte Ohren nicht gern hören, sich ihrer Geneigtheit empfehlen; das ist die Pflicht Aller gegen sie: sie aber dürfen alle Menschen ohne Ausnahme aus dem Gefühl ihrer Erhabenheit und Ungebundenheit herab behandeln, das ist ihr Recht auf Alle. Daß sie unter andern auch die Berechtigung in Anspruch nehmen werden, mitten im Frieden die Waffen zu führen, und durch Krieg und Blutvergießen des Rechts unter einander zu pflegen, ist um so natürlicher, da sie, die ja dürfen, was ausser ihnen schlechthin Niemand darf, in dieser Rücksicht neben sich noch einen andern Stand sehen, der aus einem gleichen natürlichen, und von allen Zeiten anerkanntem Rechte, dasselbe thut. Da nach ihnen der Studentenstand nur dazu da ist, um diese Gerechtsamen auszuüben, und darin die ganze Bestimmung desselben aufgeht, so müssen sie nothwendig wollen, daß diese Gerechtsame wirklich in einer ununterbrochenen Folge immerfort geübt werden, und daß durch sie, die gegenwärtigen Verwalter des Studenten-Lebens, als Glied in der Kette, dieselben so ungeschmälert auf die Folgezeit überliefert werden, wie sie sie erhalten haben von der Vorzeit, keinesweges aber, daß durch Nichtübung sie in Vergessenheit gerathen und verjähren; sie müssen wollen, daß Jeder, der auf den Namen des Studenten Anspruch macht, sie ausübe, indem er ja nur unter dieser Bedingung und zu diesem Zwecke ein Student ist, und ohne allen Streit derjenige nicht für einen Ehrenmann gelten kann, der sich seine Rechte auf eine feige Weise vergiebt. Und so fällt denn ganz natürlich dieser Menschenklasse, die, ungestört durch Studieren oder irgend ein anderes Geschäft, alle ihre Zeit diesem Zwecke widmen kann, auch noch das Zwangsrecht anheim, alle Mitbürger der Universität streng dazu anzuhalten, daß sie ihre Privilegien wirklich ausüben: daß sie, damit Regel in das Geschäft komme, an gewissen Tagen zu feierlicher Begehung der symbolischen Akte ihrer Freiheit sich versammeln, daß sie ihre Streitigkeiten durchaus auf keine andere Weise, als mit dem Degen in der Hand abmachen, und was noch sonst in der Grundverfassung des Standes liegt; alles dieses unter der gleichfalls ganz natürlichen Strafe, im Uebertretungsfalle vom Studenten-Stande ausgeschlossen, mit dem Banne belegt, und als unehrlich geachtet und behandelt zu werden. Bei der Lauigkeit und Nachlässigkeit so vieler vom Stande selbst, die auf der Universität auch noch etwas anderes, z. B. das Studieren, zu treiben haben; auch gegen die eifersüchtigen Eingriffe anderer Stände sowohl, als der Obrigkeit, müssen denn auch noch besondere, durch Eidschwüre befestigte zu Schutz und Trutz stets bewaffnete Bündnisse, unter dem Namen von Landsmannschaften oder Orden, geschlossen werden, welche durch ihre Obern immerfort das Ganze übersehen und leiten. Es kann diesen durch ihr Herz und durch ihren äussern Beruf eingesetzten Beschützern der Gerechtsame des Standes nicht an Begeisterung fehlen, die zu kühnen Thaten führt; indem nichts den Menschen kräftiger begeistert, als das klare Bewußtseyn seines Rechts, diese aber bei ihrer übrigen tiefen Unwissenheit nicht anders wissen, als daß seit undenklichen ja ewigen Zeiten dieses alles also gegolten und bestanden, daß auch die Störer ihrer Rechte selbst dies wohl wissen, und selbst zu ihrer Zeit es genossen haben, mithin in offenbarem Unrechte, und in arger Tücke sich befinden; und es muß diese Beschützer ein mächtiger Unwille ergreifen, daß gerade während ihrer Verwaltung der Gerechtsame diese geschmälert, und eben ihnen dieser Verrath an der Nachwelt aufgelegt werden solle.

Daß ein solches Lehrgebäude über das Universitäts-Leben entstehen, und bis zu der Vollständigkeit und Folgerichtigkeit, in der wir es so eben aufgestellt, sich ausbilden könne nur in äusserst verschrobenen und wissenschaftlicher Begriffe durchaus unfähigen Köpfen, ist schon erinnert, und wird vorausgesetzt: aber dennoch läßt sich dieses Lehrgebäude, nachdem es nun erfunden ist, mit einem täuschenden Scheine umgeben, der selbst den wohlgesinnten, und des Höchsten nicht unfähigen Jüngling blenden kann. Die Vorstellung von einer ganz besondern und eigenthümlichen, aller Fesseln des gewöhnlichen Erdenlebens entbundenen Lebensweise, die uns nur einmal zu Theil werde, und die schnell vorübergehe, schmeichelt dem Hange zum Wunderbaren und nicht wohl Begreiflichen. Die Vorspiegelung des ausnehmenden Ranges, in welchen man in Einem Sprunge durch die Zauberkraft des Universitätsbriefes eingesetzt werde, empfiehlt sich der jugendlichen Eitelkeit. Die Aussicht auf innig sich hingebende, und mehrere zu vollkommener persönlicher Einheit verschmelzende Freundschaft, die Darlegung persönlicher Tapferkeit, Selbstständigkeit, festen Beruhens auf sich, spricht gerade die edelsten Regungen jugendlicher Gemüther an. Das Bild einer republikanischen Verfassung endlich, in der man sich selbst seine Gesetze gebe, und selbst über die Ausführung derselben halte, ist besonders für gewisse Zeitalter ein höchst verführerisches Spiel. Und finden sich ja noch einige Jünglinge, welche Kaltblütigkeit und Urtheil genug haben, um die Täuschung zu durchschauen; wie wenige unter diesen werden mit diesem reifen Urtheile zugleich den hohen Muth verbinden, einzeln stehend der gegen sie vereinigten Menge sich zu widersetzen, und den Schmähungen, so wie den stets sich erneuernden Angriffen derselben zu trotzen; wie wenige endlich werden mit diesem Muthe die Weisheit verbinden, in dieser aufgedrungenen Selbstvertheidigung den sie belauernden Augen aller niemals eine Blöße zu geben, und, indem sie nur sich selbst frei erhalten wollen von der allgemeinen Schuld, niemals sich selbst als Schuldige hinzustellen? So werden denn auch diese, die zwar nicht getäuscht werden konnten, hineingeschreckt in dieselbe Lebensweise, und müssen nothgedrungen eine Sitte mitmachen, die ihnen innerlich widerstrebt.

Daß durch eine solche Sitte, wenn sie überhand nimmt und herrschend wird, die akademische Freiheit in allen Punkten angegriffen und vernichtet, ja das ganze Wesen der Universität aufgehoben wird, ist unmittelbar klar. Wo ein ausgelassenes, der Sitte ins Angesicht trotzendes Leben, als einzige Bewahrheitung seines Standes als Student gefodert wird, wo Trinkgelage als ein Herkommen begangen werden müssen, wo Schlägereien als Ehrenpunkte betrachtet werden, und wo es den Gipfel des guten Namens ausmacht, für einen stets fertigen Schläger und Händelmacher zu gelten; da könnte ein Funke sich erhalten jener kindlichen Unschuld und Reinheit, in der das Göttliche sich gestalte zu einer sichern und unüberwindlichen Macht über alles Irdische? Wo die Ehre darein gesetzt wird, daß man, unter dem lauten Widerspruche seines innern Gefühls, und verfolgt von dem Hohngelächter der ganzen übrigen Welt, einigen kindischen Satzungen Folge leiste, und dadurch sich den Beifall einiger Wüstlinge erwerbe, wo der Muth darein gesetzt wird, daß man durch einen kurz vorübergehenden Zweikampf die Feigheit eines ganzen in schmähliger Sklaverei, und in knechtischer Furcht vor verächtlichen Menschen hingebrachten Lebens auslösche; wie möchte daneben die wahre Ehre, die die mächtigste Triebfeder ist aller großen Thaten, und der wahre Muth, der die einzige Bedingung derselben ist, stehen bleiben? Wo jedem, der nur Mitglied der Universität wird, die Sorge für die Ausübung und Beschützung der mannigfaltigen Gerechtsame des Studenten-Standes zum ersten und Hauptberufe gemacht wird, und er zu allen den, alle Leidenschaften aufregenden, die Besonnenheit, die Klarheit und den innern Frieden des Gemüths störenden Geschäften, die in jener Bestimmung liegen, täglich sich aufgefordert findet, wie viele Zeit und Kraft kann ihm noch übrig bleiben für das Studieren, und wie wäre es möglich, daß alles sein Denken und Sinnen, wie es soll, versunken sey in seine Wissenschaft? Solche, denen von ihres gleichen beträchtliche Abgaben und Kontributionen aufgelegt werden, die unter Gesetzen stehen, wie die folgenden: durchaus nur mit diesen und diesen genannten Umgang zu pflegen, ob sie nun zu ihnen irgend eine Neigung fühlen oder nicht, und schlechthin mit keinem andern, wie sehr sie sich auch zu demselben angezogen fühlen möchten; ihre Streitigkeiten durchaus nur mit dem Degen in der Hand abzumachen, und nicht eher sich zu vertragen, bis sie Blut gesehen haben, häufig auch fremde Streitigkeiten mit ihrem Blute zu verfechten, oft und aus geringfügigen Ursachen sich in Gefahr zu setzen gemordet zu werden, oder auch zu morden, vielleicht einen innig geliebten Freund, — und alles dieses unter keiner geringern Strafe, denn dieser, als unrein ausgestoßen, und auf alle Weise, die ein hierin geübter Witz erfinden kann, gemißhandelt zu werden, dem Uebel nicht einmal durch freiwillige Meidung dieser Universität entgehen zu können, indem der Bund alle deutschen Universitäten umfaßt, und die Vergehungen gegen seine Gesetze dem Schuldigen überall hin nachfolgen — können solche, die unter solchen Abgaben, solchen Gesetzen, solchen Strafen stehen, und noch unter so vielem andern, welches die Würde und Schaamhaftigkeit dieser Rede zu erwähnen verbietet, können solche sich wohl der allermindesten persönlichen Freiheit rühmen, wie sie fast allem, was menschliches Angesicht trägt, zu Theil wird, und müssen sie nicht bekennen, daß sie in das härteste Diensthaus verkauft sind? So ist drum durch solche Universitätssitte alle sowohl menschliche als akademische Freiheit des Studierenden, als des Einen Bestandtheils der Universität, rein ausgetilgt und vernichtet. Ja selbst die allgemeine Freiheit der ganzen Universität, die Lehrfreiheit, wird dadurch beeinträchtiget: denn es ist ja dieser Menschenklasse eingefallen, die Lehrer ohngefähr so anzusehen, als vom Staate zu ihrer Belustigung angestellte Schauspieler einer besondern Art, die nur das sagen dürften, was solche Zuhörer gern hörten, und durchaus nichts anderes, und denen diese Zuhörer, falls sie sich vergriffen, diese Fehlgriffe durch Zeichen, die gleichfalls vom Schauspielhause entlehnt sind, nur anzuzeigen hätten. Wären die Lehrer so, wie sie dieselben voraussetzen und fodern, so würde bald der allein gültige Lehrkanon durch solche Zuhörer zu Stande gebracht seyn.

Ich weiß nicht, M. H., ob die Klagen, die von mehreren Seiten gleich wie nach einem lange gehaltenen Stillschweigen gewaltsam ausbrechen und sich Luft machen, die Klagen, daß seit einer Reihe von Jahren die deutschen Universitäten immer tiefer verwildern; daß z. B., was freilich an sich nicht das schlimmste, aber nur ein sogar gemeinen Augen auffallendes Zeichen des schlimmen ist, daß, sage ich, in jedem Jahre mehrere unserer studierenden Jünglinge durch das Schwert ihrer Mitstudierenden fallen, als aus eben einem so starken Heerhaufen in mancher entscheidenden Schlacht gefallen sind — ich weiß nicht, und ich will jetzt nicht wissen, ob diese Klagen Grund haben: aber dieses sehe ich klar ein, daß, wo die geschilderte Menschenart und die beschriebene Sitte festen Fuß faßt, alles dieses nothwendig erfolgen muß, und daß es mit dem Beginnen eines jeden Halbjahres ärger werden muß. Wenn nun aber etwa jene Klagen Grund haben sollten, wie hat es doch geschehen können, daß man jenem Lehrgebäude über

Universitätswesen erlaubt, Wurzel zu fassen, und sich ruhig zu verbreiten? Unterscheiden wir zwei Klassen, die diese Entwickelung, und diesen Fortgang des Verderbens der deutschen Universitäten hätten hindern sollen: zuerst das ganze gebildete Publikum überhaupt, welches sowohl durch seine allgemeinen Urtheile und Ansichten, als durch seine Theilnahme an andern öffentlichen Verwaltungsbehörden, einen zwar nur mittelbaren, jedoch bedeutenden Einfluß auf diese Angelegenheit hat; sodann die unmittelbaren Verwalter und Aufseher des Universitätswesens. Irre ich mich nicht, so sind unter den ersten sehr viele, die sogar unter die geistreichern gehören, in eine leichte, dem Ernste und der hohen Bedeutung des Gegenstandes durchaus nicht angemessene Stimmung gebracht worden, durch folgenden Umstand. Es hat sich des Deutschen, insonderheit des Norddeutschen öffentlichen Lebens ein allgemeiner Ernst und eine feste Abgemessenheit bemächtiget, und es giebt in demselben ein öffentliches hochkomisches eigentlich gar nicht mehr, ausser das beschriebene Studentensystem und Studentensitte; dieses allein eignet sich noch dazu, den Abgang der aus der Sitte gekommenen öffentlichen Possen zu ersetzen, und dem Volke zuweilen ein ausserdem schwer an sich zu bringendes herzliches Gelächter zu verursachen. Dieses Schauspiel mochten diejenigen, welche den Gegenstand also ansahen, dem Volke wohl gönnen; jene, die es gäben, seyen nun einmal für jede andere Genießbarkeit verdorben; was neben ihnen noch durchkommen solle, komme doch durch; was es denn viel zu bedeuten habe, wenn alle Jahre einige Hunderte von deutschen Jünglingen mehr verdürben; auch erholten sich einige noch nachher; es sey auch überhaupt mit den Universitäten nicht gar viel, was da gelehrt würde, könne man auch aus Büchern, ja noch bequemer in öffentlichen Häusern und auf Reisen durch Konversationen mit gelehrten Männern an sich bringen. Daß die tragischen

Ausbrüche jener Lebensweise, durch welche diese Beobachter freilich nicht ergötzt wurden, mit den lustigen unabtrennlich zusammen hängen, und aus ihnen nothwendig erfolgen, sahen sie nicht ein; und meinten, es stehe bei den unmittelbaren Aufsehern der Universitäten, bloß die lustige Narrheit aufkommen zu lassen, der tragischen aber alsbald einen Damm entgegen zu setzen. Diese fröhliche und leichte Ansicht der Sache konnte nun freilich bei der andern Klasse, den unmittelbaren Aufsehern der Universitäten, keinen Eingang gewinnen; denn wenn man diese Lebensweise täglich unter den Augen hat, und mit denen, die sie führen, in den allernächsten Beziehungen steht, so ist sie keinesweges ergötzlich, sondern höchst beunruhigend und peinigend; und was in der Entfernung von einigen Meilen eine lustige Geschichte giebt, giebt oft in der Nähe einen höchst ärgerlichen Anblick. Was also konnte — immer unter der Voraussetzung, daß die angeführten Klagen Grund haben — was konnte diese Klasse bewegen, das Uebel zu dulden, und demselben nicht die ernstlichsten Maaßregeln entgegen zu setzen? Wenn ich auch gerade dieses nicht sagen könnte, so vermag ich doch recht wohl zu sagen, was es sey, wovon die Vertheidiger der Studenten-Gerechtsame festiglich glauben, daß es jene bewege. Nämlich das letzte Strafmittel, welches diese Vertheidiger, in dem Falle, daß es durchaus nicht nach ihrem Sinne gehen solle, anzudrohen pflegen, ist dies, daß sie sodann alle die Universität verlassen und weiter ziehen werden. Was mag doch in dieser Drohung, der sie eine so große Kraft zuschreiben, das eigentlich gebietende und schreckende seyn? Welches mag das in ihnen ruhende Verdienst seyn, um dessen Willen sie voraussetzen, daß man sich eher alles andere werde gefallen lassen, als den Verlust ihrer Gegenwart? Ihre persönlichen Liebenswürdigkeiten sind es offenbar nicht, denn daß man an diesen keinen Wohlgefallen gefunden, haben sie eben gehört. Es bleibt nichts übrig, als daß sie meinen, es sey das Geld, welches sie ausgeben.

Allerdings, M. H., ist es gerade dies, was sie meinen. Sie rechnen bei ihren Vorgesetzten, als auf etwas das gar nicht anders seyn könne, auf folgende Grundsätze: der Hauptzweck, warum eine Universität errichtet worden, sey der, um dem Orte, wo dieselbige ihren Sitz hat, eine Nahrungsquelle zu eröffnen; und diesem Zwecke ordne jeder verständige Vorgesetzte alle anderen Zwecke unter. Seine letzte Absicht sey, daß so viele Studierende als möglich, und diese so reich als möglich, in der Universitäts-Stadt ihr Geld verzehren; was dieser Absicht zuwider laufe, könne ein solcher unter keiner Bedingung thun, und falls er unvorsichtiger Weise in Gefahr komme, es doch zu thun, so müsse man es ihm nur sagen, und er werde sogleich alle andere Rücksicht seinem Hauptzwecke unterordnen. Für Geld sey einer verständigen Universitäts-Verwaltung alles feil, und ein höherer Zweck denn der, Geld zu gewinnen, sey für sie gar nicht denkbar. Wer anders rechne, der sey unverständig; ein solcher Unverstand aber sey niemals und in keinem Falle vorauszusetzen.

Es gehört nicht hieher, zu untersuchen, ob irgend eine deutsche Universität sich in der Lage befinde, daß eine gewissenhafte Verwaltung derselben in Vollbringung ihrer Pflicht wenigstens irre und wankend gemacht werden könne durch die gegründete Vorstellung, daß wenn sie jeden wollen ziehen lassen, der die eigentlichen Studierenden stört, gar bald die Familienväter der Stadt kein Brod mehr für die Ihrigen haben würden. Unsere Universität wenigstens, die hier in dieser ersten Residenzstadt der preußischen Monarchie errichtete Universität, befindet sich nicht in dieser Lage. Dies ist es, geehrte und innigstgeliebte Jünglinge, die Sie lediglich in der Absicht, um hier Schätze der Weisheit und Tugend zu sammeln, sich zu uns begeben haben, und die Sie zu diesem Geschäfte unsern Schutz auffodern — dies ist es, was ich Ihnen zeigen wollte, um Ihnen dadurch darzuthun, daß das einzige Element, von welchem aus Sie eine Beeinträchtigung Ihrer akademischen Freiheit besorgen könnten, bei uns durchaus nicht aufkommen kann, indem der einzige Grund, zufolge dessen es hier oder da geduldet worden seyn mag, hier durchaus nicht Statt findet, daß sonach die akademische Freiheit auf keiner Universität in der Welt mehr gesichert und fester begründet seyn kann, als auf der unsrigen.

Der Beweis des aufgestellten Satzes läßt sich sehr kurz fassen. Das war sicherlich nicht die Absicht, der Stadt eine Nahrungsquelle zu verschaffen, um welcher Willen man die Universität hierher verlegte. Die Stadt hat in sehr gutem Wohlstande geblüht, ehe an eine Universität in derselben gedacht wurde; die Stände, welche allenthalben auf ihren Erwerb zuerst sehen, haben dieselbe gar nicht gewünscht, sie haben sie vielmehr gefürchtet, vielleicht weil sie eine Universität gar nicht anders kannten, noch sich denken konnten, ausser unter dem Bilde des so eben beschriebenen wüsten, und aller menschlichen Sitte ins Angesicht trotzenden Lebens. Die höchste Summe, welche durch die gesammten Studierenden in Umlauf gesetzt werden könnte, hat zu der Summe, welche durch den Königlichen Hof, durch die höchsten Landesbehörden, durch einen bedeutenden Handel und so viele höchst ausgebreitete Gewerbe, durch eine Menge begüterter Privatpersonen, die ihre Einkünfte aus den Provinzen ziehen, sich schon im Umlaufe befindet, ganz und gar kein Verhältniß und verschwindet in Nichts. Mögen in manchen andern Universitätsstädten die Studierenden die Mehrzahl ausmachen derer, die reinen Geldgewinn bringen, hier machen sie die in Nichts verschwindende Minderzahl aus; mögen sie dort diejenigen seyn, die nach Köpfen gerechnet am meisten ausgeben, hier geben sie nach demselben Durchschnitte ganz sicherlich am allerwenigsten aus. Wenn auch hier alle Studierende ohne Ausnahme an Einem Tage zum Thore hinauszögen, wie sie wohl schon sonst an andern Orten die Einwohner dadurch geängstigt haben, so würde dadurch kaum irgend eine merkliche Veränderung im öffentlichen Gewerbe erfolgen: was könnte denn also in dieser Rücksicht uns die Anwesenheit oder Abwesenheit Einzelner verschlagen? Wenn drum eine solche Drohung an jedem Orte in der Welt höchst verkehrt und unwürdig ist, und an keinem Orte in der Welt die Standhaftigkeit dessen zu loben ist, der sich dadurch bewegen läßt; so ist sie hier noch oben drein höchst lächerlich, und wer hier vor derselben sich fürchtete, müßte sich des Orts im Raume, wo er lebt, gar nicht bewußt worden seyn.

Sie sehen klar, M. H., daß hier weder einzelne, noch auch noch so starke Verbindungen jemals durch die Summen, die sie ausgeben, uns die Bedrückungen, welche sie Ihnen aufzulegen gedenken, und die Störungen, die sie Ihrem Geschäft entgegen setzen wollen, abkaufen können: denn gesetzt, wir wären ganz so, wie sie uns wollen und begehren, versunken in jene staatswirthschaftliche Ansicht, und das Geld für das einzige Gut haltend; wie viel müßten sie wohl einbringen das Jahr, wenn ihr Ertrag irgend ein Gewicht in der Waagschale abgeben sollte?

Diese Lage unserer Universität haben auch die Gesetzgeber derselben richtig durchschaut und benutzt. Sie haben uns nicht aufgelegt auf jedwede Bedingung aus allerlei Bestandtheilen einen Haufen sogenannter Studenten aufzubringen, sondern nur derjenige, dessen ausschließender und einziger Lebensberuf dermalen das Studieren ist, kann als Mitbürger unserer Universität aufgenommen werden, und nur derjenige, welcher wirklich studirt, und in jedem Halbjahr seinen Fleiß in sichtbaren Proben nachzuweisen vermag, kann unser Mitbürger bleiben. Jene Klasse der nicht studierenden Studenten ist also, ganz unabhängig von ihrer anderweitigen Schädlichkeit oder Unschädlichkeit, schon durch den einzigen Umstand, daß sie nicht wirklich studieren, von uns ausgeschlossen, und sobald wir sie als solche kennen, wozu gar leicht zweckmäßige Anstalten zu treffen sind, können wir ohne offenbaren Ungehorsam gegen den ausdrücklichen Buchstaben des Gesetzes sie gar nicht länger dulden. Wir sind drum durch den klaren Buchstaben dieses Gesetzes aller Sorge und aller Rücksicht auf die sogenannte Frequenz unserer Universität gänzlich entbunden, und auf diejenige Zahl angewiesen, die nach jenen Grundsätzen sich von selbst machen wird. Es ist uns durch dieses Gesetz dasjenige, wozu ohnedies alle für Geistesbildung und Sittlichkeit entbrannte Gemüther schon ihr Herz treibt, auch noch zur besondern Pflicht gemacht worden, an dem Studierenden durchaus keinen andern Werth gelten zu lassen, als seinen persönlichen, den er durch seinen Fleiß und sein sittliches Betragen sich selbst erwirbt; einem einzigen fleißigen und sittlichen Studierenden einen höhern Werth beizulegen, als Hunderten von Unfleißigen und Ungesitteten, und wenn beide Theile sich nicht neben einander vertragen können, wie sie es denn nie können, die Hunderte dem Einzigen weichen zu lassen. An Frequenz, falls etwa dieselbe aus andern Gründen, denn aus jenen staatswirthschaftlichen, wünschenswürdig seyn sollte, wird es uns drum, besonders wenn wir nur unsere Zeit erwarten wollen, nicht fehlen. Wenn die eben erwähnten Klagen gegründet seyn sollten, wenn es drum wahr seyn sollte, daß die Mehrzahl der deutschen Universitäten weder ihre Uebel länger zu ertragen vermag, noch das Heilmittel dagegen, so wird es allen, denen diese Angelegenheit am Herzen liegt, höchst erwünscht seyn, wenn eine solche auftritt, die wenigstens das Heilmittel muthig erträgt. Legen wir nur eine kurze Zeit vor aller Welt Augen dar, unsern rechten Ernst, die Schlechten nicht unter uns zu dulden, so werden bald von allen Enden her alle Guten, die eine solche sichere Stätte schon längst gewünscht haben, sich zu uns versammeln; die Eltern, welche ungern die wissenschaftliche Bildung, die auf den gewöhnlichen Universitäten zu suchen ist, gegen die Gefahr erkaufen, ihre Geliebten auf der Universität zu begraben, oder sie am Geiste verschroben, am Leibe als Siechlinge, von derselben zurück zu erhalten, werden die Ihrigen mit Vertrauen uns übergeben; andere Universitäten, unter denen gewiß keine einzige ist, die wirklich Wohlgefallen an diesem Zustande der Dinge hätte, und welche nur entweder durch jene staatswirthschaftliche Rücksichten, oder durch die Meinung, daß gegen dieses Uebel nun einmal nichts auszurichten sey, bisher verhindert worden, ernste Maasregeln dagegen zu ergreifen, diese andern Universitäten werden sich mit uns vereinigen, werden, indem sie sehen, was uns möglich ist, unserm Beispiele folgen; und ehe ein Jahrzehend vergangen seyn wird, wird über den ganzen deutschen Boden hinweg diese Klasse von Studenten verschwunden seyn, indem es nirgend mehr einen Ort im Raume geben wird, wo man sie duldet; und, was nicht von geringerer Bedeutung ist, die ganze Ansicht der Nation über diesen tiefeingreifenden Gegenstand wird verändert seyn.

Sie sehen, H. H., Sie, mit denen wir das Werk beginnen, und von denen ich voraussetze, und nach aller meiner Kunde von Ihnen nicht anders wissen kann, als daß Sie alle noch rein und unbefleckt sind von den beschriedenen Irrsalen, Sie sehen, welche Bestimmung Ihnen zu Theil geworden, und welcher hohe Beruf an Sie ergeht. Ausser dem allgemeinen, daß auch auf Ihnen mit die Hoffnung unsers Geschlechts beruht, und die Zuversicht begründet ist, daß bis an das Ende der Tage das Göttliche in ungehemmter Verbindung bleiben werde mit dem Menschlichen; — ausser dem besondern, daß Sie die Gelegenheit haben und den Beruf, denjenigen, welche ohne Zweifel die höchste geistige Bildung unserer preußischen Nation in diesem Zeitalter darstellen, dazu einer Menge mit anderen Sorgen beschäftigter Stände, unter deren Augen Sie sich befinden, immerfort die herrliche Erscheinung darzubieten solcher Gemüther, die von dem Streben nach dem Höchsten und Heiligsten innig ergriffen sind; — ausser diesem allen ergeht an Sie auch noch der eigenthümliche Beruf, daß von Ihnen aus eine ganz andere Gestalt dieser Bildungs-Schulen für das Höchste, und eine ganz andere Ansicht derselben über die ganze deutsche Nation sich verbreite. In den Gedanken der Heiligkeit dieses Berufs versenken Sie sich immer, und erfüllen Ihr Herz mit dem edlen Stolze, und mit der heiligen Werthachtung Ihrer selbst, die aus diesem Berufe hervorgehen. Nach jenem gemeinen Werthe in den statistischen Tabellen, der sich nach dem Ertrage richtet, den Sie den gewerbtreibenden Bürgern bringen, werden Sie weder von uns, noch in den Gesetzen der Stiftung dieser Universität angeschlagen.

An die Erfüllung dieses erhabenen Berufs gehen Sie nun mit sicherer Festigkeit, treten Sie an mit freudigem Muthe dieses neue Jahr Ihrer Arbeiten; für Ihre Sicherheit vor allen Störungen, die Sie vielleicht in einer andern Lage der Dinge zu besorgen hätten, für Ihre allervollkommenste persönliche Freiheit, welche die Bedingung ist jedes persönlichen Werths, ist von allen Seiten gesorgt.

Auf Wen könnten Sie, auf Wen könnten Wir hiebei zuerst unsere Augen richten, als auf unsern erhabenen König, unter dessen segnendem Angesichte die neue Universität beginnt? — und hier finden Sie denn zuerst das theuerste Unterpfand Ihrer Freiheit: des Königs eigene und persönliche Einsicht des Wahren, die mit seinem väterlichen Wohlwollen sich vereinigt. Sein erhabenes Wort, daß Er diese Stiftung ganz eigentlich als eine Pflanzschule einer bessern Zukunft ansehe, ist bekannt und vielfältig erwogen. Ferner leuchtet aus allen Anordnungen und Verfügungen, die in Beziehung auf die Universität unmittelbar von Ihm ausgegangen sind, klar hervor, daß dasjenige, was oft sogar solchen, die ihren ganzen Blick auf diese Dinge beschränken, sich verborgen zu haben scheint, die wahre Quelle aller Universitäts-Uebel, jener Traum von einem besondern Studenten-Stande, und natürlichen Vorrechten desselben vor allen andern Menschen, daß gerade dieses Seinem über das Ganze verbreitetem Blicke nicht entgangen ist; und daß es Sein Königlicher Wille ist, keinesweges daß der Strom fließe, und ihm nur da, wo seine Ausbrüche zu sehr beunruhigen, ein Damm entgegengesetzt werde, sondern daß die Quelle desselben verstopft, und selbst die versteckteste und leiseste Regung des eigentlichen Uebels nicht geduldet werde. Worauf könnten wir nach diesem unsere Augen zuerst richten, als auf die Männer, die in den höchsten Regierungsbehörden sitzen, und alle mittelbar oder unmittelbar auf das Wohl unserer Universität, auf Ihr Wohl, M. H., einfließen; diese Männer, in denen ohne Zweifel der erleuchtete Thron die höchste Geistesbildung der Nation um sich her versammelt hat. Aber je gebildeter jemand selbst ist, desto innigern Antheil nimmt er an dem Wachsthume der Bildung, und es ist gerade dies seine höchste Herzensangelegenheit. Dies ist ein Grundsatz, der ohne Ausnahme gilt, und welcher einen sichern Maaßstab hergiebt, um die wahre Bildung jedes Einzelnen zu schätzen. Sie können drum ganz sicher darauf rechnen, daß alle diese Männer dasjenige, was sie für Ihr Wohl und für die Beschützung Ihrer wahren Freiheit zu thun haben werden, vollbringen werden, nicht bloß als eine Pflicht, die ihnen ihr Amt auflegt, sondern als ein Bedürfniß, durch welches sie die dringendsten Wünsche ihres eigenen Herzens befriedigen. Sie dürfen nicht befürchten, daß jene leichtere Ansicht der Sache jemals dieser Männer sich bemächtige, und daß das Wohlwollen derselben getäuscht werden, und auf jene Ihre natürlichen Feinde, Widersacher und Unterdrücker sich wenden könne, weil dieselben mit Ihnen einerlei Namen führen; die unmittelbare Gegenwart wird gegen diese Täuschung Sie sichern, und dieselben werden durch den Anblick die wirklich Studierenden von denen, die bloß diesen Namen sich geben, um ihn zu entehren, sehr wohl unterscheiden lernen. Ich beklage, daß die für diese Versammlung beliebte Einrichtung mir nicht erlaubt hat, diese Männer selbst zu gegenwärtigen Zeugen zu machen des Versprechens, das ich Ihnen, M. H., in die Seelen derselben gebe; um aus der Freudigkeit, mit der ich dasselbe in ihrer Gegenwart gesagt haben würde, und aus der stillschweigenden Billigung, mit der sie es vielleicht angehört haben würden, Sie schließen zu lassen, daß ich ganz richtig voraussehe, was alle thun werden.

Unter diesen allen wählen ohne Zweifel Ihre Blicke zutrauungsvoll sich aus die verehrungswürdigen Mitglieder der unmittelbar uns vorgesetzten Behörde. Ausser jener allgemeinen Theilnahme aller Gebildeten an Verbreitung der Bildung, auf welche bei diesen im allerhöchsten Grade zu rechnen schon ihre Erwählung zu diesem Amte, und ihre Annahme dieser Wahl Sie berechtigt, haben dieselben

Ihnen auch noch das bestimmtere Unterpfand der durch sie selbst entworfenen und eingeleiteten Gesetzgebung dargereicht. Wäre es nicht verkehrt nach einem solchen Unterpfande von solchen Männern auch nur die Möglichkeit zu denken, daß jemals Mitleid mit der Erbärmlichkeit des Einzelnen das Erbarmen mit dem heilig zu ehrenden Ganzen, welches Sie bilden, und welches jener zu entehren oder zu verführen droht, niederwiegen könnte, und daß dieselben nicht alle zu Ihrer Beschützung getroffenen Anstalten mit ihrer ganzen Kraft unterstützen sollten?

Sie richten ihre Augen auf uns, Ihre Lehrer, und auf den aus uns gebildeten akademischen Senat. Wie ich wenigstens diese Ihre Lehrer alle kenne, kann ich versichern, und ich muß hiebei freilich bitten, daß Sie meiner Versicherung einigen Glauben schenken, — ich kann versichern, daß unter ihnen kein einziger ist, der nicht sein wahres gesellschaftliches Verhältniß zu Ihnen, Ihnen väterlicher Freund zu seyn, oder auch älterer und gesetzterer Bruder, recht wohl kenne. Durch dieses Verhältniß sind nun Sie, M. H., zu denen ich rede, befriedigt; Ihr richtiger Verstand und Ihre natürliche Bescheidenheit ist weit davon entfernt, ein anderes zu wünschen. Nur jene ihre natürliche Feinde begehren ein anderes. Diese wollen an ihren Professoren Schmeichler haben, und unterwürfige Diener, die die Miene der Abhängigkeit von ihrem Wohlwollen keinen Augenblick ablegen, die ihnen nach dem Munde reden, ihre Thorheiten billigen, ihre Ausschweifungen verdecken helfen, jeden ernsthaften Beschluß, der gegen sie gefaßt werden könnte, hintertreiben, unter der Einrede, daß dies alles nun einmal nicht zu ändern stehe, daß es von jeher so gewesen sey, und auch wohl so bleiben werde, und welche auf diese Weise sich zu Werkzeugen der Unterdrückung der akademischen Freiheit machen, und um Studenten-Freunde zu heißen, Feinde und Widersacher werden des Studierens selbst, und aller Studierenden. Ich wollte mich wohl dafür verbürgen, daß diese Klasse unter uns keinen, der ihren Wünschen gemäß wäre, und der ihnen wohlgefallen könnte, antreffen würde. — Und wenn Ihnen auch nicht sonst alles dafür bürgte, so müßte es schon der Umstand, daß wir eine neue Universität beginnen. Denn diese Ueberzeugung kann sich nimmermehr verbergen, daß es im Anfange noch leicht und möglich ist, jenes Verderben abzuhalten; wo es aber einmal festen Fuß gefaßt hat, und eingewurzelt ist, da ist es nur noch durch Aufhebung der Universität selbst auszurotten, so wie ein verpestetes Gewand nur dadurch unschädlich zu machen ist, daß es durch das Feuer verzehrt wird. Auch würden wir, immerfort unter den Augen des Königs und der höchsten Behörden uns befindend, unsern wahren Zustand nicht lange verheimlichen, noch durch täuschende Vorspiegelungen unser inneres Elend verbergen können.

Was zuletzt mich anbetrifft, den dieser akademische Senat zum Geschäftsträger aller seiner liebevollen Gesinnungen für Sie gemacht hat, hoffen Sie, daß ich meine Kraft aufbieten werde, um dem guten Zeugnisse für mich, das er dadurch abgelegt zu haben scheint, nicht zu widersprechen.

Rechnen Sie drum mit der festesten Zuversicht auf uns alle, als auf die eifrigsten Vertheidiger Ihrer akademischen Freiheit. Nur wenn Sie selbst, was durchaus sich nicht erwarten läßt, und was keiner unter uns erwartet, nur wenn Sie selbst sich alle in das Joch schlagen ließen, ohne daß auch nur Einer laut seufzte, könnten wir vielleicht getäuscht werden. Gehen Sie drum mit Muth und Freudigkeit an die Arbeiten des neu beginnenden Lehrjahres. Sie sehen, daß wir die Wichtigkeit und hohe Bedeutung dieser

Arbeiten kennen. Wir und mit uns alle verständige und gebildete Menschen wollen in Ihrem Anblicke, M. H., die Gegenwart vergessen und uns über dieselbe trösten; wir haben unsre theuerste Hoffnung, die, daß es immer besser und besser werde mit dem Menschengeschlechte, auf Sie niedergelegt, und auf Ihre Häupter geflüchtet; wir wollen durch unser Werk an Ihnen unser Daseyn und unsere Schuld an alle vorhergehende Zeitalter bezahlen; wir wollen einst freudig sterben, in dem Bewußtseyn, daß Sie über unsern Gräbern leben werden unser verklärtes Leben. Gehen Sie hin in diesem Frieden und dieser Freudigkeit! der süßeste Lohn des mir aufgelegten Amts ist mir schon in dieser Stunde zu Theil geworden, Ihr kräftiges Gedeihen im Geiste voraus zu erblicken, und unsere Hoffnungen von Ihnen, so wie die Segenswünsche für Sie, von denen um Sie herum aller Herzen schlagen, über Sie auszusprechen.

FSC
www.fsc.org
MIX
Papier | Fördert gute Waldnutzung
FSC® C083411

Kolibri 360 GmbH
Ferdinand-Jühlke-Straße 7
99095 Erfurt, Deutschland
produktsicherheit@kolibri360.de